Fl

ADOBE® FLASH® CS3

必修课堂

ACAA专家委员会 DDC 传媒 主编

薛欣 编著

人民邮电出版社

北 京

图书在版编目（CIP）数据

ADOBE FLASH CS3必修课堂 / ACAA专家委员会DDC传媒
主编；薛欣编著.—北京：人民邮电出版社，2009.6
（Adobe中国教育认证计划及ACAA教育发展计划必修课堂）
ISBN 978-7-115-19479-4

I. A… II.①A…②薛… III.图形软件，Flash CS3—教材 IV.TP391.41

中国版本图书馆CIP数据核字（2009）第000129号

Adobe 中国教育认证计划及 ACAA 教育发展计划必修课堂

ADOBE®FLASH® CS3 必修课堂

- ◆ 主　　编　ACAA 专家委员会　DDC 传媒
  　　编　著　薛　欣
  　　责任编辑　李　际

- ◆ 人民邮电出版社出版发行　　北京市崇文区夕照寺街 14 号
  　邮编　100061　　电子函件　315@ptpress.com.cn
  　网址　http://www.ptpress.com.cn
  　北京艺辉印刷有限公司印刷

- ◆ 开本：800×1000　1/16
  　印张：17.5
  　字数：454 千字　　　　　　　　2009 年 6 月第 1 版
  　印数：1 – 4 000 册　　　　　　 2009 年 6 月北京第 1 次印刷

ISBN 978-7-115-19479-4/TP

定价：28.00 元

读者服务热线：**(010)67132705**　印装质量热线：**(010)67129223**
反盗版热线：**(010)67171154**

内 容 提 要

  本书是"Adobe 中国教育认证计划及 ACAA 教育发展计划必修课堂"中的一本。为了让读者系统、快速地掌握 Flash CS3 软件，本书全面细致地介绍了 Flash CS3 的各项功能，包括 Flash CS3 操作基础，图形的绘制和编辑，颜色、文本对象和滤镜的使用，如何规划时间轴，以及视频处理、幻灯片模式、使用脚本、行为等众多方面的知识。

  本书由行业资深人士、Adobe 专家委员会的专业人员编写，使用通俗易懂的语言，由浅入深、循序渐进，并配以大量的图示，特别适合初学者学习，而且对有一定基础的读者也大有裨益。本书对 Adobe 认证产品专家（ACPE）和 Adobe 中国认证设计师（ACCD）考试具有指导意义，同时也可以作为高等学校美术专业计算机辅助设计课程的教材。另外，本书也非常适合其他各类相关培训班及广大自学人员参考阅读。

序

在过去的几年中，人们的信息交流方式发生了翻天覆地的变化。全球已经有超过 7 亿互联网用户，平均每小时就有 13 亿封电子邮件发出，有 15 亿用户在使用移动设备与他人沟通……我们已经进入了一个不折不扣的网络信息时代。

Adobe 公司作为全球最大的软件公司之一，创建 25 年来，从参与发起桌面出版革命，到提供主流创意软件工具，以其革命性的产品和技术，不断变革和改善着人们思想和交流的方式。在扑面而来的海量信息中，我们无论是在报刊、杂志、广告中看到的，抑或是从电影、电视及其他数字设备中体验到的，几乎所有的图像背后都打着 Adobe 软件的烙印。

近两年，我惊讶地发现"PS（Adobe Photoshop 软件的简称）"已经成为国内互联网上一个非常流行的专有名词。像这样一个软件产品如此深刻地介入到亿万民众的生活，说明更具视觉冲击力的影像信息已经更多地取代传统文字和声音，渗透到我们生活和工作的方方面面。

不仅如此，Adobe 主张的富媒体互联网应用（Rich Internet Applications，RIA）——以 Flash、Flex 等产品技术为代表，强调信息丰富的展现方式和用户多维的体验经历——已经成为这个网络信息时代的主旋律。随着 Photoshop、Flash 等技术不断从专业应用领域"飞入寻常百姓家"，我们的世界将会更加精彩。

"Adobe 中国教育认证计划"是 Adobe 中国公司面向国内教育市场实施的全方位的数字教育认证项目，旨在满足各个层面的专业教育机构和广大用户对 Adobe 创意及信息处理工具的教育和培训需求。启动 8 年来，已经成功地成为连接 Adobe 公司与国内教育合作伙伴和用户的一座桥梁。

在这样一个互联网创新时代，人们对数字媒体处理技术的学习和培训需求将日益高涨，我们希望通过 Adobe 公司和 Adobe 中国教育计划的努力，不断提供更多更好的技术产品和教育产品，与大家一路同行，共同汇入创意中国腾飞的时代强音之中。

Jemy Lin

奥多比系统软件（北京）有限公司 董事总经理

2008 年 3 月 28 日

前　言

秋天，藕菱飘香，稻菽低垂。往往与收获和喜悦联系在一起。

秋天，天高云淡，望断南飞燕。往往与爽朗和未来的展望联系在一起。

秋天，还是一个登高望远、鹰击长空的季节。

心绪从大自然的悠然清爽转回到现实中，在现代科技造就的世界不断同质化的趋势中，创意已经成为21世纪最为价值连城的商品。谈到创意，不能不提到两家国际创意技术巨头——Apple和Adobe。

1993年8月，Apple带来了令国人惊讶的Macintosh电脑和Adobe Photoshop等优秀设计出版软件，带给人们几分秋天高爽清新的气息和斑斓的色彩。在铅与火、光与电的革命之后，一场彩色桌面出版和平面设计革命在中国悄然兴起。抑或可以冒昧地把那时标记为以现代数字技术为代表的中国创意文化产业发展版图上的一个重要的原点。

1998年5月4日，Adobe在中国设立了代表处。多年来在Adobe北京代表处的默默耕耘下，Adobe在中国的用户群不断成长，Adobe的品牌影响逐渐深入到每一个设计师的心田，它在中国幸运地拥有了一片沃土。

我们有幸在那样的启蒙年代融入到中国创意设计和职业培训的涓涓细流中……

1996年金秋，奥华创新教育团队从北京一个叫朗秋园的地方一路走来，从秋到春，从冬到夏，弹指间见证了中国创意设计和职业教育的蓬勃发展与盎然生机。

伴随着图形、色彩、像素……我们把一代一代最新的图形图像技术和产品通过职业培训和教材的形式不断介绍到国内——从1995年国内第一本自主编著出版的《Adobe Illustrator 5.5实用指南》，第一套包括Mac OS操作系统、Photoshop图像处理、Illustrator图形处理、PageMaker桌面出版和扫描与色彩管理的全系列的"苹果电脑设计经典"教材；到目前主流的"Adobe标准培训教材"系列、"Adobe认证考试指南"系列等。

十几年来，我们从稚嫩到成熟，从学习到创新，编辑出版了上百种专业数字艺术设计类教材，影响了整整一代学生和设计师的学习和职业生活。

千禧年元月，一个值得纪念的日子，我们作为唯一一家"Adobe中国授权考试管理中心（ACECMC）"与Adobe公司正式签署战略合作协议，共同参与策划了"Adobe中国教育认证计划"。那时，中国的职业培训市场刚刚起步，方兴未艾。从此，Adobe教育与认证成为我们二十一世纪发展的主旋律。

2001年7月，奥华创新旗下的DDC传媒——一个设计师入行和设计师交流的网络社区诞生了。它是一个以网络互动为核心的综合创意交流平台，涵盖了平面设计交流、CG创作互动、主题设计赛事等众多领域，当时还主要承担了Adobe中国教育认证计划和中国商业插画师（CPI）认证在国内的推广工作，以及Adobe中国教育认证计划教材的策划及编写工作。

2001年11月，第一套"Adobe中国教育认证计划标准培训教材"正式出版，成为市场上最为成功的数字艺术教材系列之一，也标志着奥华创新从此与人民邮电出版社在数字艺术专业教材方向上建立了战略合作关系。在教育计划和图书市场的双重推动下，Adobe标准培训教材长盛不衰。尤其是近两年，教育计划相关的创新教材产品不断涌现，无论是数量还是品质上都更上一层楼。

2005 年，奥华创新联合 Adobe 等国际权威数字工具厂商，与中国顶尖美术艺术院校一起创立了"ACAA 中国数字艺术教育联盟"，旨在共同探索中国数字艺术教育改革发展的道路和方向，共同开发中国数字艺术职业教育和认证市场，共同推动中国数字艺术产业的发展和应用水平的提高。

是年秋，ACAA 教育框架下的第一个数字艺术设计职业教育项目，经奥华创新的努力运作在中央美术学院城市设计学院诞生。首届 ACAA-CAFA 数字艺术设计进修班的 37 名来自全国各地的学生成为第一批吃螃蟹的人。从学院放眼望去，远处规模宏大的北京新国际展览中心正在破土动工，躁动和希望漫步在田野上。迄今已有数百名 ACAA 进修生毕业，迈进职业设计师的人生道路。

2005 年 4 月，Adobe 公司斥资 34 亿美元收购 Macromedia 公司，一举改变了世界数字创意技术市场的格局，使得网络设计和动态媒体设计领域最主流的产品 Dreamweaver 和 Flash 成为 Adobe 市场战略规划中的重要的棋子，从而进一步奠定了 Adobe 的市场统治地位。

2006 年 3 月，Adobe 与前 Macromedia 在中国的教育培训和认证体系顺利地完成了重组和整合。前 Macromedia 主流产品的加入，使我们可以提供更加全面、完整的数字艺术专业培养和认证方案，为职业技术院校提供更好的支持和服务。全新的 Adobe 中国教育认证计划更加具有活力。

2007 年秋，借中国创意文化产业和职业教育发展继往开来的时代契机，ACAA 数字艺术职业教育厚积而薄发，全面推出了基于 Web 2.0 的现代网络媒体技术支撑的远程教育平台，以及数字艺术网络课程内容。e-Learning 成为 ACAA 和 Adobe 职业教育的一个崭新发展方向，活力四射的网络时代带给我们无限的期待和遐想。

又是一年秋来到，蓦然回首，已是星辉斑斓的时节。

ACAA教育发展计划

ACAA 数字艺术教育发展计划面向国内职业教育和培训市场，以数字技术与艺术设计相结合的核心教育理念，以"ACAA 数字艺术教育学院"的合作教育模式，以远程网络教育为主要教学手段，以"双师型"的职业设计师和技术专家为主流教师团队，为职业教育市场提供业界领先的 ACAA 数字艺术教育解决方案，提供以富媒体（RIA/Flash/Web2.0）网络技术实现的先进的网络课程资源、教学管理平台以及满足各阶段教学需求的完善而丰富的系列教材。

ACAA 数字艺术教育发展计划秉承数字技术与艺术设计相结合、国际厂商与国内院校相结合、学院教育与职业实践相结合的教育理念，倡导具有创造性设计思维的教育主张与潜心务实的职业主张。跟踪世界先进的设计理念和数字技术，引入国际、国内优质的教育资源，构建一个技能教育与素质教育相结合、学历教育与职业培训相结合、院校教育与终身教育相结合的开放式职业教育服务平台。为广大学子营造一个轻松学习、自由沟通和严谨治学的现代职业教育环境。为社会打造具有创造性思维的、专业实用的复合型设计人才。

ACAA 数字艺术教育是一个覆盖整个创意文化产业核心需求的职业设计师入行教育和人才培养计划。将陆续开办视觉传达／平面设计、动态媒体／网络设计、商业插画／动漫设计、三维动画／影视后期等专业培养方向。

远程网络教育主张

富媒体互联网应用（Rich Internet Application，RIA）是 Web 2.0 技术的重要属性，是下一代网络发展方向。它允许创建个性化、富媒体的网络教育应用，可以显著地增强学习体验，提高学习效率。ACAA 数字艺术教育采用以优质远程教学和全方位网络服务为核心，辅助以面授教学和辅导的战略发展策略，将实现如下效果。

— 解决优秀教育计划和优质教学资源的生动、高效、低成本传播问题，并有效地保护这些教育资源的知识产权。

— 使稀缺的、不可复制的优秀老师和名师名家的知识和思想（以网络课程的形式）成为可复制、可重复使用以及可以有效传播的宝贵资源。使知识财富得以发挥更大的光和热，使教师哺育更多的莘莘学子，得到更多的回报。

— 跨越时空限制，将国际、国内知名专家学者的课程传达给任何具有网络条件的院校。使学校以最低的成本实现教学计划或者大大提高教学水平。

— 实现全方位、交互式、异地异步的在线教学辅导、答疑和服务。使随时随地进行职业教育和培训的开放教育和终身教育理念得以实现。

ACAA 职业技能认证项目基于国际主流数字创意设计平台，强调专业艺术设计能力培养与数字工具技能培养并重，专业认证与专业教学紧密相联，为院校和学生提供完整的数字技能和设计水平评测基准。

ACAA管理执行机构

北京奥华创新公司

地址：北京市朝阳区东四环北路 6 号 2 区 1-3-601

邮编：100016

电话：010-51303090-93

更多详细信息，请访问 ACAA 教育官方网站 http://www.acaa.cn。

关于Adobe中国教育认证计划

Adobe 中国教育认证计划旨在推动 Adobe 国际领先的数字创意技术在中国的广泛普及和深入应用，不断满足国内用户对相关产品培训的迫切需求。Adobe 教育计划第一次在教育培训市场上旗帜鲜明地确立了"授权和认证"相结合的营销模式，包括在全国范围内设立 Adobe 授权教育与培训机构，采用正版软件、统一的培训教学大纲、专业的标准培训教材，以及规范的 Adobe 认证考试。

随着数字创意市场的兴起，Adobe 中国教育认证计划也不断从广度到深度地蓬勃发展，逐渐跨越数字工具的产品技术培训、创意设计的职业教育和高等教育、中小学艺术素质教育等多个领域，先后推出了"Adobe 中国授权培训中心（ACTC）"、"Adobe 数字艺术中心（ADAC）"和"Adobe 数字艺术基地（ADAB）"等市场细分项目。Adobe 教育计划助力中国数字艺术教育市场，努力搭建一个高水平、专业化、与国际尖端数字技术相接轨且能适应不同层次教学、创作和体验需求的创意教育平台。

Adobe 认证考试和认证证书是 Adobe 中国教育认证计划的核心之一。在"国际品质、中国定制"的一贯开发理念和原则下，在品质控制和规范管理下，"Adobe 认证产品专家（ACPE）"和"Adobe 中国认证设计师（ACCD）"已经成为中国数字艺术职业教育和培训市场主流的行业认证标准，逐步在社会树立了 Adobe 教育和认证的良好品牌形象。

Adobe认证考试和认证证书

——Adobe 认证产品专家

——Adobe Certified Product Expert（ACPE）

基于 Adobe 数字工具的单项认证考试科目。

——Adobe 中国认证设计师

——Adobe China Certified Designer（ACCD）

创意设计认证类别

基于 Adobe Creative Suite - Design 创意设计平台的综合认证，包括 Photoshop、Illustrator、 InDesign、 Acrobat 四门单科认证考试。

网络设计认证类别

基于 Adobe Creative Suite - Web 网页设计平台的综合认证，包括 Dreamweaver、Flash、Fireworks、Photoshop 四门单科认证考试。

影视后期认证类别

基于 Adobe Creative Suite -Production 影视编辑平台的综合认证，包括 After Effects、Premiere Pro、Photoshop、Illustrator 四门认证考试科目。

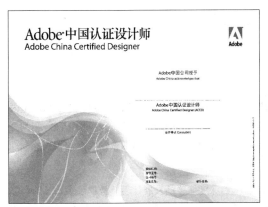 

更多详细信息，请关注 Adobe 中国网站 http://www.myadobe.com.cn。

关于Adobe中国教育认证计划及ACAA教育发展计划教材系列

以严谨务实的态度开发高水平、高品质的专业培训教材是奥华创新教育的宗旨和目标之一，也是我们的核心发展业务之一。在过去的几年中，数字艺术专业教材的策划编著工作拓展迅速，已出版包括标准培训教材、认证考试指南、案例风暴和课堂系列在内的多套教学丛书，成为 Adobe 中国教育认证计划及 ACAA 教育发展计划的重要组成部分。

培训教材系列

"标准培训教材"系列是根据 Adobe 中国教育认证计划发展的需要，受 Adobe 北京公司委托而主持编著的第一套正规、专业的培训教材。适用于各个层次的学生和设计师学习需求，是掌握 Adobe 相关软件技术最标准规范、实用可靠的教材。标准培训教材迄今已历经五次重大版本升级，例如 Photoshop，从 6.0C、7.0C 到 CS、CS2、CS3。多年来的精雕细刻，使教材内容越发成熟完善，成为国内图书市场上教育培训教材的一面旗帜，并对 Adobe 中国教育认证计划起到了积极的推动作用。

- 《ADOBE PHOTOSHOP CS3 标准培训教材》
- 《ADOBE ILLUSTRATOR CS3 标准培训教材》
- 《ADOBE INDESIGN CS3 标准培训教材》
- 《ADOBE ACROBAT 8 PROFESSIONAL 标准培训教材》
- 《ADOBE AFTER EFFECTS CS3 PROFESSIONAL 标准培训教材》
- 《ADOBE PREMIERE PRO CS3 标准培训教材》
- 《ADOBE AUDITION 3 标准培训教材》
- 《ADOBE DREAMWEAVER CS3 标准培训教材》
- 《ADOBE FLASH CS3 PROFESSIONAL 标准培训教材》
- 《ADOBE FIREWORKS CS3 标准培训教材》

"基础培训教材"系列是为了满足广大基础用户（包括数字艺术爱好者）、中等职业教育和各类短训班的需求，在保留原来标准培训教材品质的基础上，对内容进行了优化和精简，使用户可以快速掌握 Adobe 相关软件技术的核心技能。

认证考试指南系列

为了让考生更多地了解 Adobe 认证产品专家（ACPE）和 Adobe 中国认证设计师（ACCD）的考试形式和考试内容，并增加实战的经验，相继推出了"认证考试指南"系列教材。该系列将考试题目和精彩的实战案例以及操作技巧紧密结合，使读者在享受学习乐趣、体验成功案例的同时，将考试题目熟练掌握，从而顺利获得 Adobe 认证，可谓一举两得。

- 《ADOBE PHOTOSHOP CS3 认证考试指南》
- 《ADOBE ILLUSTRATOR CS3/ADOBE INDESIGN CS3/ADOBE ACROBAT 8 PROFESSIONAL 认证考试指南》
- 《ADOBE DREAMWEAVER CS3/ADOBE FLASH CS3 PROFESSIONAL/ADOBE FIREWORKS CS3 认证考试指南》
- 《ADOBE PREMIERE PRO CS3/ADOBE AFTER EFFECTS CS3 PROFESSIONAL 认证考试指南》

课堂系列

为了配合以 e-Learning 远程教育课程为主体的 ACAA 数字艺术教育项目的推广和发展，我们积极适应目前教育市场的需求，按照 ACAA 教育发展计划的专业培养方向和教学大纲，全力打造全新的"ACAA 课堂"系列教材——分为"必修课堂"和"标准课堂"两个子系列。课堂系列教材形式上更加贴近教学实践、贴近课堂实际；内容上完全突破了单纯软件技能教学的范畴，学以致用；商业案例教学贯穿整个课堂的学习，是与 ACAA 网络课程资源相配套的实用型专业教材。

"必修课堂"系列在保留"Adobe 标准培训教材"系列精辟知识点的基础上，增加了模拟真实课堂教学部分，包括课堂讲解、课堂实训、模拟考试和疑难解答。读者可以从"课堂讲解"部分学习到基本概念和功能。通过"课堂实训"部分达到提高的目的。另外，每课的"模拟考试"一节用于测试自己的学习效果，而"疑问解答"一节则列出了学习者经常遇到的实际问题，为广大初学者排忧解难。

- 《ADOBE PHOTOSHOP CS3 必修课堂》
- 《ADOBE ILLUSTRATOR CS3 必修课堂》
- 《ADOBE INDESIGN CS3 必修课堂》
- 《ADOBE FLASH CS3 PROFESSIONAL 必修课堂》
- 《ADOBE DREAMWEAVER CS3 必修课堂》

"标准课堂"分为 4 大部分：课堂讲解（理论），带领读者进入仿真的课堂环境，以案例的形式串讲软件的知识点，能使读者最大限度摆脱枯燥乏味的知识点学习；自我探索（实践），是一项要求读者自行学习的项目，它是熟练掌握软件的敲门砖，着重培养读者的自我学习能力；课堂总结与回顾（再理论），回顾课程中的知识重点，并对其进行总结和归纳；自我提高（再实践），针对课程的学习而设置的案例自学部分，其目的就是为了让读者多元化地了解软件的使用技巧和熟练掌握软件的操作。该系列教材为全彩印刷。

- 《ADOBE PHOTOSHOP CS3 标准课堂》
- 《ADOBE ILLUSTRATOR CS3 标准课堂》
- 《ADOBE INDESIGN CS3 标准课堂》
- 《ADOBE FLASH CS3 PROFESSIONAL 标准课堂》
- 《ADOBE DREAMWEAVER CS3 标准课堂》

更多详细信息，请关注 ACAA 教育网站 http://www.acaa.cn，DDC 传媒网站 http://www.ddc.com.cn，人民邮电出版社网站 http://www.ptpress.com.cn。

（2008 年 3 月 1 日修订）

目　　录

第1课
Flash 基础知识

图 1-1-1

在本课中，您将学习到以下内容：

- 什么是 Flash；
- Flash 动画的基础知识；
- Flash CS3 的特色功能；
- Flash 的操作环境；
- Flash 的文件类型。

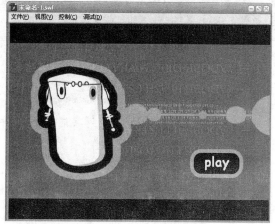

图 1-1-2

1.1 Flash 动画的基础知识

传统视频是以每秒 24 张胶片（画面）的速度播放出来的，摄像机在 1 秒内连续拍摄 24 张物体的静态图像，并通过放映机连续回放，即可出现物体变化的整个运动过程。传统动画片与摄像机获取影像的区别在于，产生连续动画的这些静态图像并非拍摄所得。而是需要创作人员具备深厚的美术功底，在一张张纸上绘制出各种场景和造型。通常几分钟的动画就需要绘制出数千张静态画面，这种创作方式效率极低，并且在修改上也不方便，导致成本居高不下，不便于推广和普及。图 1-1-1 所示为传统的视频胶片。

自从 Flash 软件的出现，这种尴尬完全被打破了。该软件大大降低了制作动画的门槛，使之前看似高深的技术，也为普通人揭开了神秘的面纱。图 1-1-2 所示为使用 Flash 制作的动画。

Flash 动画的原理与传统动画类似，图像是通过计算机导入素材或自己绘制、编辑所产生的。在 Flash 中，每幅画面被称为 1 帧，播放的速度则称为帧频，以每秒播放的帧数（fps：frame per second）为单位。若帧频太慢会使画面不够流畅，帧频太快则容易使精彩画面出现闪烁、跳跃，转瞬即逝的情况。

1.2 Flash 的技术优势

因为平台的限制，计算机的处理速度、网络的传输速度，以及动画本身的复杂程度，都会影响 Flash 动画播放的流畅程度。由于 Flash 是在网络上播放，它默认的帧频为 12f/s，而通常 12f/s 就已经达到较好的播放效果和视觉体验，所以这一点是和传统影片完全不同的。

Flash 技术与动画的结合融合了多媒体和互动等多种特性。如果将平面漫画搬到网络上，那么它将仍然是以静态页面的形式来展现。而通过 Flash 则可以实现动态、人机交互的展现方式，从而成就了动态漫画乃至互动漫画这种全新的动画表现形态。那么 Flash 的主要技术优势体现在以下几个主要方面。

1. Flash 动画受到网络服务器和线路制约的时间较短，所以在情节和画面上往往更夸张气氛，致力于在最短时间内传达最深感受。它还具有交互性优势，这一点是传统动画所无法比拟的。Flash 能更好地满足观众的需要，可以使观众的一些单击或选择等动作成为动画的一部分，从而决定动画的运动过程和结果。

2. 在制作方面，Flash 与传统动画相比要简单和灵活得多。它能使一个普通的动画爱好者很容易就能成为一个制作者。用户只需一台装有 Flash 创作软件的计算机就可以制作出声色并茂的动画片段，且其后期修改也相当的方便和灵活。人们会把更多的注意力放在动画本身的创作和表现形式上，无需再对动画创作望尘莫及。利用 Flash 制作动画可以降低制作成本，使人力、物力和时间的消耗大大减少。

3. Flash 动画可以放在网上供人们欣赏和下载，由于使用的是矢量图形，所以其具有文件小、传输速度快的特点，并具有非常强的传播性和共享性。

Flash 动画创作是一种新兴的行业，目前虽然还不是非常成熟，但它拥有自身独有的优势和特点。不可否认，Flash 的动画效果已经成为了一种新的艺术表现形式，紧随时代的潮流发展。

1.3 Flash 的历史

从 1997 年 FutureSplash Animator 被 Macromedia 公司购入并更名为 Flash 开始，经过数年的发展，已经逐渐成

为在二维动画和媒体开发领域里首屈一指的创作工具。2005 年，以图像处理软件 Photoshop 而闻名遐迩的 Adobe 公司并购 Macromedia，Flash 随之成为 Adobe 旗下创意套件中重要成员之一。

随着每一个新版本的推出，Flash 为使用者提供了更富有想象力的、更高效的媒体创作工具。由于 Flash 是基于矢量化的图像和动画，体积紧凑、短小，非常利于网络传播。其鲜明、有趣的动画效果更是吸引观众的视线，因此逐渐成为网络动画的主要表现形式，如图 1-3-1 所示，几乎渗透到了娱乐、教学、广告等各种领域之中。

图 1-3-1

1.4 Flash 动画的查看

如今 Flash 插件几乎被安装在全球大部分的计算机终端上，因此用户不必担心无法查看精彩的动画效果。用户在观看 Flash 动画时通常有以下几种途径。

1. 若浏览器已经下载或安装了 Flash 插件，通过 Internet Explorer（或其他浏览器）即可观看到 Flash 动画，动画会作为网页的一部分显示出来。如果要查看 Windows 文件夹中的 Flash 动画，可以将其直接拖入浏览器中。当浏览器没有安装 Flash 插件或该插件版本比较陈旧时，已连接因特网的计算机会提示用户下载新版本的 Flash 插件。

2. 如果用户已经安装了 Flash 创作软件，也可以通过

Flash Player 来观看动画。Flash Player 是在安装 Flash 创作软件的过程中同时被安装的,它作为一个独立的动画播放器,无需浏览器环境支持即可播放动画。

3. Flash 创作软件是 Flash 动画的制作环境,可以通过它直接将 Flash 动画打开并观看。

1.5 Flash 的应用范围

Flash 能够成为制作动画的优秀工具,除了可以满足众多非专业人员制作动画的需求和好奇心外,还在多媒体制作、网络应用程序的开发等领域也占有一席之地。如今,Flash 的功能已经延伸到了手机内容的创作和开发。

1.5.1 绘制矢量图

Flash 的核心部分就是基于轻量级的矢量绘图程序,其功能与 Adobe Illustrator 和 CorelDRAW 相似,用户无需调用专业图形软件就可以轻松绘制图形。矢量绘图程序不依赖像素点来组合图形,而是以数学的方式通过坐标来定义点、线、面,并以此为基础来组合图形。矢量图形文件非常小,而且还可以随意缩放且不影响图形的质量,如图 1-5-1 和图 1-5-2 所示。

图 1-5-1

图 1-5-2

1.5.2 创作矢量动画

Flash 可以基于矢量或点阵,甚至两者兼有,也可以直接输出成矢量或转换成点阵格式。相比之下,制作传统动画时,大量的原画是在纸上绘制完成的,其工作量巨大,且要求创作人员素质极高。但传统动画的制作效率较低,不便于修改,成本较高的事实造成了其发展的瓶颈。Flash 的诞生,

大大地满足了动画爱好者和普通人的动画创作需求,只需很短的时间即可制作出 Flash 动画来。如今 Flash 影片、游戏和MV 几乎席卷了整个网络,如图 1-5-3 所示,甚至在电视上也有越来越多的 Flash 影片出现,如央视的"快乐驿站"等。

图 1-5-3

1.5.3 多媒体创作

Flash 还是优秀的多媒体创作程序,它可以轻松导入多种格式的音频、视频文件,结合文字、静态图形、动画,能给用户带来无限的创作空间,并受益于内置的交互内容创作工具ActionScript 语言,使用户拥有更多的互动体验。Flash 强于其他多媒体创作软件的是,它在网络上的表现更加流畅,而且开发成本更低,效率更高,下载更方便快捷,如图 1-5-4 所示。

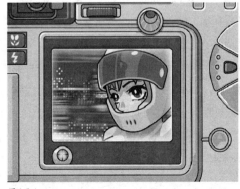
图 1-5-4

1.5.4 制作课件和幻灯片

Flash 还是教学课件、幻灯片制作的好工具，是教师和演讲者的好帮手。其创作环境不仅使用户可以轻松制作教学课件，还提供了自定义幻灯片创作模式，该模式具有功能强大、控制灵活、方便二次开发等特点，大量简化了课件和幻灯片的创作流程，并支持导入多种常见格式的素材。相对于常用的幻灯片创作工具 PowerPoint，Flash 格式更利于网络传播，其可控性也更强，是开发远程教学内容的最佳工具，如图 1-5-5 所示。

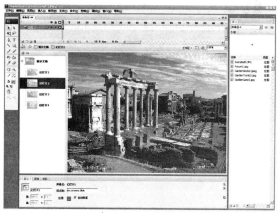

图 1-5-5

1.5.5 网络应用程序的开发

早期版本中 ActionScript 只是几个简单的功能拖放，其功能非常有限。在 Adobe Flash CS3 版本中，程序和数据库开发能力有了长足的进步，支持 XML 的动态载入和多种服务器技术，集成了可复用的组件功能等。ActionScript 2.0 已经发展到 ActionScript 3.0，并且 ActionScript 3.0 已经成为一种较成熟的程序语言，可完全胜任复杂的交互游戏和网站的开发。并且在新版本中，增强了新的视频组件，优化了 ActionScript 的开发环境，使其更易于使用，如图 1-5-6 所示。

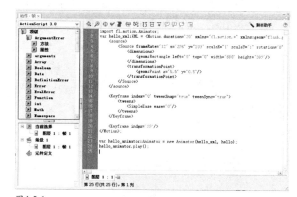

图 1-5-6

1.5.6 手机内容的开发

未来 Flash 的一个重要发展方向就是庞大的移动通信市场。Adobe Device Central CS3 是适用于移动电话的一个新版本，其作为 Flash Lite 手机内容强劲的测试环境被推出。它将 Flash 功能与移动电话的处理功能和配置进行了平衡。用户能够在统一的 Flash 开发环境中创作手机内容，可以避免大量的重复工作。使用 Flash 开发的内容如今已经出现在诺基亚、索爱、西门子、三星、摩托罗拉等厂商推出的新款商用智能手机上，如图 1-5-7 所示。

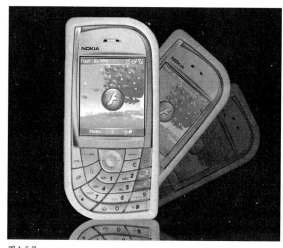

图 1-5-7

1.6　Flash 的特色功能

Flash 动画的广泛流行，有着其必然性。它的大量特色功能和别具一格的设计就是主要因素之一，这为自己赢得了众多的用户和支持者。

1.6.1　滤镜功能

滤镜特效这种之前只会出现在点阵软件（如 Adobe Photoshop）中的功能同样也存在于 Flash 中，它能够创造出更引人注目的界面设计。并且相对于点阵软件，滤镜是能够"动"起来的。滤镜可以很方便地为影片剪辑添加阴影、模糊、渐变斜角等特殊效果。按钮和文本也可以享受和影片剪辑一样的滤镜"待遇"，可以轻松实现滤镜的特殊效果，而且非常容易修改。除了在面板上设置，还可以使用代码来控制这些特效，适用于各种层面的用户。图 1-6-1 和图 1-6-2 所示为使用滤镜对图像进行调色。

图 1-6-1　　　　　　　　图 1-6-2

1.6.2　混合模式

相比其他软件，Flash 为用户提供了多种影片剪辑与背景进行融合的模式。混合模式最早也是出现于点阵软件中，通过该功能可以创作令人炫目的复合图片或动画，并为图像的颜色、亮度、色调的匹配提供更多的途径，图 1-6-3 和图 1-6-4 所示为混合两张图像。

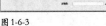
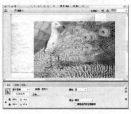

图 1-6-3　　　　　　　　图 1-6-4

1.6.3　强大的文本控制

Flash 文本设置增加了更多的可控制性，改进后的文本手柄可以通过 4 个方向的手柄来调整文本框的大小。在文本渲染方面，Flash 拥有更清晰、更高质量的创新字体渲染引擎，可以使用户更全面的控制字体。在 Flash 中，即使是非常小的字体，也能够很清晰地看到，从而极大地提高了文字的可读性。用户可以使用字体的渲染选项，每个选项都针对不同的使用情况进行了优化，如图 1-6-5 所示。

图 1-6-5

1.6.4　位图缓存

在制作 Flash 作品的过程中，过多的矢量图形在运行时很耗费资源。而位图缓存则允许用户将任何影片剪辑元件指定为一个位图，即可不必重新渲染矢量对象，在 Flash Player 运行时获得缓存，以提高影片的播放速度。影片剪辑元件可以使用属性检查器或 ActionScript 指定为位图，这些指令在运行时直接传给播放器，节省了处理器用来计算矢量图形的时间。在对象作为位图被缓存后，由于在缓存过程中，对象的矢量数据会被保留下来，用户可以在任何时候将其转换回矢量对象，如图 1-6-6 所示。

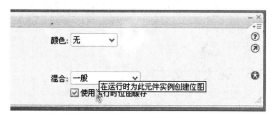

图 1-6-6

1.6.5　自定义缓入/缓出

理论上，Flash 在制作有关动力学的动画中需要插入大量的关键帧来模拟现实中的惯性和缓冲。而自定义缓入/缓出功能则可以通过曲线来控制对象的弹性和缓冲，直观地控制所有的动画补间属性。还可以独立控制动画的位置、旋转、缩放、颜色和滤镜，使它能够精确控制动画对象的速率。使用这种新的控制，用户可以让对象在一个补间内在舞台上前后移动，或者创建其他的复杂补间效果，如图 1-6-7 所示。

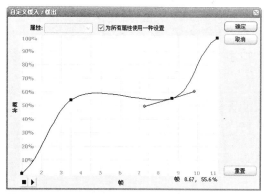

图 1-6-7

1.6.6　笔触属性的增强

在工具栏中可以任意设置笔触的端点形状，以绘制出效果各异的图形。还可以设置两条线段连接处的角点形

状。并且可以对线条和描边直接进行渐变填充和图案填充的设置，如图 1-6-8 所示。

图 1-6-8

1.6.7　高级渐变控制

在填充颜色时，可以在色带上添加更多的色标来达到更丰富的渐变色彩填充。同时渐变的控制手柄设计的也非常巧妙，更方便用户的使用。在颜色面板中可以使用不同的溢出模式来制作渐变重复显示方式。渐变的灵活设置使更多用户在绘制图形和填充颜色时，可以非常自由地控制颜色和渐变，如图 1-6-9 所示。

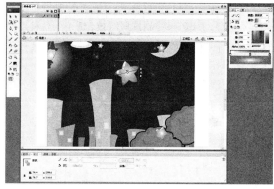

图 1-6-9

1.6.8　视频的融合

Flash 拥有更高级的编码技术，扩展了面向网络的视频解码选项，具有更出色的视频质量、更小的文件尺寸，比当今最佳的编码器更优秀。该解码器能够解码视频中的 8 位 Alpha 通道。该功能可以将以透明的和半透明的 Alpha 通道合成的视频覆盖到其他 Flash 内容上。

Flash 的视频导入流程非常科学和快捷，在对话框中集中的视频工作流表示用于部署 Flash Video 的所有可用选项，无论是通过 HTTP 或其他方式下载的外部 FLV 文件，还是 Flash Communication Server 流视频。另外，Flash 还包括一个独立的、可批处理的视频编码器软件，为视频组件更换"外观"也非常方便，如图 1-6-10 所示。

图 1-6-10

1.6.9 脚本助手

Flash 中的脚本助手，主要针对不愿手动输入代码，或对代码了解不深的开发人员或是设计师。

脚本助手提供了一个可视化的用户界面，用于对 ActionScript 语言进行编辑。脚本助手包括自动完成语法以及任何给定操作的参数描述，如图 1-6-11 所示。

图 1-6-11

1.7 Flash CS3 的工作界面

在使用 Flash 之前，首先必须熟悉软件的界面环境和结构，并熟悉最常用和基础的一些功能，即使用户已经使用过 Flash 以前的版本，这都是学习任何软件的必要前提。在 Flash CS3 中 Adobe 公司又在界面上增加了许多新的特色，同时也改善和删除了一些不太完美的功能和布局。

1.7.1 开始界面

在双击 Flash 软件图标后，软件开始启动。而后，开始页就进入我们的眼帘。开始页提供了打开和新建文件的捷径，还有一些教程和帮助信息，方便用户的使用和学习。开始页主要分为 3 部分，左栏是打开最近使用过的项目，可以直接在该栏中打开需要的文件；中间栏是创建新项目，在该栏中可以选择需要的文件类型来进行编辑；右栏是从模板新建项目，在该栏中可以选择需要的模板类型，如图 1-7-1 所示。

图 1-7-1

在该栏中可以选择需要的模板类型，如若用户已经熟悉了开始页的功能，或是不习惯在开始页中打开或创建项目，则可以在开始页的左下角选择"不再显示"复选框。当然，如果有需要使用开始页可以执行"编辑＞首选参数"命令，在弹出的对话框中进行设置以取消该页面，如图 1-7-2 所示。

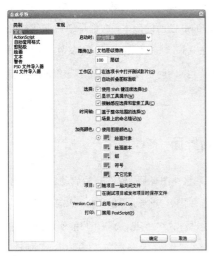

图 1-7-2

1.7.2 Flash CS3 界面布局

在开始页中，单击中间栏创建新项目中的"Flash 文件"选项，就进入了 Flash CS3 的创作界面。在操作环境中可以看到，Flash CS3 与其他多数图形图像软件相似。大致可以分为菜单、工具箱、面板和舞台等，如图 1-7-3 所示。

图 1-7-3

Flash CS3 的默认界面布局如图 1-7-3 所示。但是在操作过程中往往会将默认的布局打乱，在此情况下用户可以执行"窗口＞工作区＞默认"命令，无论界面布局乱成什么样子都可以恢复到初始的布局状态。

1. 主菜单

位于界面的最上面，主菜单共有 11 项，分别完成文档的基本操作、编辑、视图、对象的插入、动画的播放控制等。包括了所有能用到的菜单命令，在创作项目过程中大部分的功能需要通过它来执行，如图 1-7-4 所示。

图 1-7-4

2. 工具箱

工具箱位于界面的最左侧。它包含了常用的工具及其相应的选项，包括绘图工具、查看工具、颜色工具和选项设置等部分。用户可以通过工具箱在 Flash 中进行图形的绘制和编辑、设置对象的移动等操作。工具箱无法进行缩放和最小化，只能将其移动和关闭，如图 1-7-5 所示。

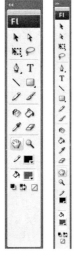

图 1-7-5

3. 工具栏

在 Flash 中，包括 3 种工具栏，它们分别是主工具栏、控制器和编辑栏，可以通过执行"窗口＞工具栏"命令将需要的工具栏调出来。主工具栏主要包括几个常用的菜单命令，如"打开"、"保存"、"打印"、"复制"和"还原"等。

使用主工具栏可以简化操作，使工作更快捷方便。控制器可以为制作好的动画提供播放控制按钮。位于时间轴下方的是编辑栏，在编辑栏中可以在各个场景之间进行切换，对元件进行编辑，如图 1-7-6 所示。

图 1-7-6

4. 时间轴

时间轴是处理影片中帧与图层的区域，它以二维空间（时间和深度）按图形方式排列动画内容。这是 Flash 区别于普通绘图软件的主要特征，也是 Flash 界面中最重要的窗口之一，如图 1-7-7 所示。

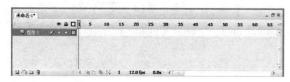

图 1-7-7

5. 舞台

舞台位于 Flash 界面的中间，是一块白色的区域。和剧院中的舞台一样，Flash 中的舞台也是可以看到播放的影片区域，它包含文本、图形及出现在屏幕上的视频。在 Flash Player 或即将播放 Flash 影片的 Web 浏览器中移动元素进出这一矩形区域，就可以使元素进出舞台。它是最终发布动画的可视区域。在工作时可以使用缩放工具放大和缩小以更改舞台的视图效果，如图 1-7-8 所示。

图 1-7-8

6. 属性检查器

属性检查器主要整合了最基本、最常用的选项。属性检查器中出现的属性依赖于用户选择的文件，它是可以实时改变的。如果更换了新的工具，则属性检查器的相应选项也会随之改变。它也是 Flash 中最重要的功能区之一，如图 1-7-9 所示。

图 1-7-9

1.8 Flash CS3 中的文件类型

Flash 文档也就是制作好的 Flash 动画的源文件，其中包含创作时的图层、帧等所有信息，以便于后期的修改，其后缀为 .fla。Flash 文档可以通过执行"文件＞保存"命令或"文件＞另存为"命令来实现。需要注意的是，在早期的版本中不能打开在新版本中创建的 Flash 文档。Flash Player 不需要 Flash 源文件而独立运行，因此在上传 Flash 动画时，不必将源文件也上传至 Web 服务器。保存 Flash 源文件的一个或多个版本（或备份）是很有用的，这便于用户随时回到之前的工作当中，而不会丢失任何数据。

在发布或测试 Flash 文档的时候，Flash 会创建 Flash 影片文件，扩展名是 .swf。这种文件格式是 Flash 文档的优化和执行版本，它只保留了项目文件中对执行来说有用的元素。Flash 影片的 .swf 文件通常要上传到 Web 服务器上，然后整合到 HTML 文档中供网页使用者浏览。用户可以对自己最终的 Flash 影片作品进行保护，防止其他使用者在创作环境中打开或者编辑自己的作品。

在输出 Flash 影片时，若要使输出的文件达到最小，那么最初包含在 Flash 源文件中的大部分信息将会被舍弃掉。实际上文件中所有的初始信息都会按某种方式进行优化，一些没有用的元素不会被输出到 Flash 影片中。为了达到优化影片的目的，动画中重复使用的元素在文件中只存储一次，整个动画中其他用到这个元素的地方可以进行引用。

1.9 自我探索

安装上 Adobe Flash CS3 的 Professional 版本后，在桌面上双击 Flash CS3 的运行快捷方式图标，即可运行 Flash 软件。

1. 练习取消 Flash 开始页的显示，以及显示开始页的操作方法。

2. 认识 Flash CS3 的操作界面上的各种工具和面板。

3. 尝试将 Flash 保存为 .fla 和 .swf 格式，以熟悉这些格式的应用范围。

课程总结与回顾

回顾学习要点：

1. Flash 软件的应用领域；

2. Flash CS3 的特色功能；

3. 如何取消开始页的显示；

4. 工具箱可大体划分为哪些功能区；

5. 简述如何将 Flash 界面恢复到初始状态。

学习要点参考：

1. 矢量绘图、动画制作、多媒体制作、幻灯片和课件制作、网络应用程序开发、手机内容的开发；

2. 滤镜效果、混合模式、文本的控制、实时位图缓存、自定义缓入 / 缓出、笔触属性、高级渐变控制、视频的控制；

3. 在开始页的左下角选择"不再显示"复选框，则在下一次打开 Flash 时不再出现开始页；

4. 工具箱大体可划分为几大功能区：工具、查看、颜色和选项；

5. 执行菜单栏的"窗口＞工作区＞默认"命令，即可将界面恢复到初始状态。

第2课
Flash 的操作基础和创作流程

在本课中，您将学习到如何执行以下操作：

- 各种工具和面板的使用；
- 帧和关键帧的概念；
- 认识快捷键和快捷菜单；
- 撤销命令的使用；
- 导入素材的方法；
- Flash 各种模板的应用；
- 动画的基本创作流程。

2.1 工具箱和选项区

Flash CS3 中工具箱的位置和其他软件一样，位于操作界面的左侧。为了更好地学习，这里将其分为 4 个功能类别：常用工具类、查看工具类、颜色选择类和基本选项类。

常用工具类：主要用来选择、绘制和编辑图像。比如选择工具、钢笔工具、套索工具等。

查看工具类：主要作用是缩放和查看视图。比如手形工具、缩放工具等。

颜色选择类：为笔触和填充选择颜色或渐变。比如笔触和填充颜色等。

基本选项类：随当前工具的不同而变化，提供当前所选工具最常用的一些选项和参数。

直接在工具箱中的按钮上单击，即可选择该工具，同时工具的选项也随之改变，但也有个别工具没有选项，如滴管工具。每一个工具都有与其相对应的快捷键，它们以单键的方式出现，比如在使用任意变形工具时，就可以直接在键盘上按下 Q 键。如果选择填充变形工具，就可以直接按 F 键。大部分快捷键都是以工具的英文首字母来表示。特殊情况还是占少数的，如选择工具，它的快捷键是 V 键。利用快捷键工作比移动鼠标去选择工具更快捷，当重复动作很多时，可以大大减少鼠标移动的距离，提高工作效率。图 2-1-1 所示为 Flash CS3 的工具箱。

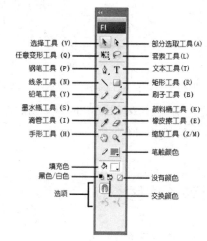

图 2-1-1

工具箱中也有一些特别的工具，往往包含一个工具组。最常见的就是矩形工具，在该工具图标的右下方有一个黑色的小三角，这就说明该工具还有下级按钮。按下鼠标不放，会出现多角星形工具、椭圆工具、基本矩形工具、基本椭圆工具、多角星形工具，如图 2-1-2 所示。另外，类似的工具组还有钢笔工具组以及包含变形和渐变的工具组等。

图2-1-2

工具箱中工具的位置并非是固定的，工具组所包含的项目也是可以调整的。用户在使用时可以根据自己的使用频率对工具进行增加、删除、移动等操作。执行"编辑＞自定义工具面板"命令，可以调出相应的设置对话框，并对工具箱进行设置，同样也可以将自己常用的一些工具定义为一个工具组，如图 2-1-3 所示。

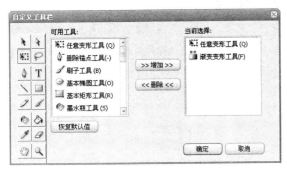

图 2-1-3

如果在使用时将工具箱打乱了，同样可以执行"编辑＞自定义工具面板"命令，在设置框里单击"恢复默认值"按钮即可恢复到工具的默认分布状态。

2.2　舞台和工作区

2.2.1　舞台和工作区的概念

顾名思义，舞台和我们现实中的舞台类似，是演员们表演的地方，区别在于在上面表演的是各种 Flash 对象。因此，不在表演区的演员都是观众无法看到的。也可以把舞台想象成电视屏幕的有效播放范围，以及最终发布 Flash SWF 文件的可视区域。

舞台位于 Flash 操作界面的中间部分，默认颜色为白色。舞台以外的浅灰色区域是指工作区，也就相当于现实中舞台两边的演员准备区。这些"演员"是随时准备入场的，不过在没走进舞台之前，观众是看不到它们的，如图 2-2-1 所示。

图 2-2-1

2.2.2　工作区的粘贴板特性

在旧版本中，工作区一直是有固定大小的，它只能放置有限的对象，一旦到工作区的边缘，更多的对象就放不下了。而如今的工作区中已经包含了粘贴板扩展功能，当用户在创建 Flash 动画时，若有较多的内容需要放置在此区域中，只需将对象拖到工作区边缘，工作区就会自动扩展其大小来适应对象的摆放，如图 2-2-2 和图 2-2-3 所示。

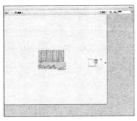

图 2-2-2　　　　　　　　图 2-2-3

2.2.3　视图控制

在时间轴的右下角有一个下拉列表，这就是舞台的视图控制，它能显示当前舞台的缩放比例。用户可以根据自己的需要在列表中选择一个预设比例，还可以根据需要直接输入一个新的显示比例数值。

下拉列表中的前 3 项分别是"符合窗口大小"、"显示帧"和"显示全部"。这 3 项可以用于自动缩放舞台的视图，从而适应文档窗口的大小, 如图 2-2-4 所示。

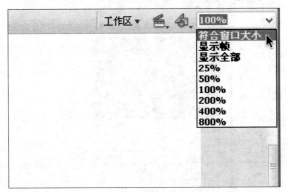

图2-2-4

1. 符合窗口大小: 在保证可视区域完全显示的前提下, 把舞台缩放至充满整个文档窗口的大小。

2. 显示帧: 按照当前帧可视区域的边界来调整舞台视图, 不包含工作区的内容。

3. 显示全部: 按照所有对象可视区域的边界来调整舞台视图, 工作区中的内容也将显示出来。

控制舞台的视图还可以通过菜单命令来实现。执行"视图>缩放比率"命令可以选择和舞台视图控制相同的设置。

工具箱中的缩放工具也可以有效地实现舞台的比例缩放控制, 使用起来非常灵活, 缩放的范围是 8% ~ 2000%。对舞台进行缩放, 最常用的方法有以下几种:

1. 在工具箱中选择缩放工具, 鼠标光标会变成一个放大镜的形状, 在舞台中直接单击来放大或缩小视图。在工具箱的选项组中可以确定当前的状态是"放大"还是"缩小", 按下 Alt 键可以在放大和缩小工具之间进行任意切换。

2. 选择缩放工具, 在舞台中框选需要放大的区域, 松开鼠标后被选中的区域就被放大了, 如图 2-2-5 和图 2-2-6

所示。

图 2-2-5   图 2-2-6

3. 双击缩放工具, 可以将当前视图调整为 100% 大小。

4. 使用快捷键 Ctrl+ (+) 以及 Ctrl+ (−) 也可以进行放大和缩小视图的操作。

另外, 工具箱中的手形工具可以用于移动舞台区域, 双击该工具可以实现与"显示帧"等效的功能。当用户在使用其他工具时, 按下键盘上的空格键就可以切换到手形工具来调整视图。

2.3 使用窗口和面板

面板的定义并不是非常严格。把一些功能模块能够和其他相似元素进行归类, 从而构成面板。各种面板的样子也基本相同。用户可以通过面板设置对象的各种属性, 以完成其他的一些特殊功能, 如调色、对齐、变形等。Flash CS3 默认界面中只打开几个常用的面板, 如有需要可以在菜单栏的"窗口"菜单中打开, 或使用快捷键来打开其他面板。

2.3.1 面板的构成

每个面板都有一套独特的工具或信息, 以查看或修改特定的文件元素。例如, 颜色面板中的填充和笔触颜色会基于舞台上选择的对象而改变, 使用户快速对当前选择进行改变, 如图 2-3-1 所示。

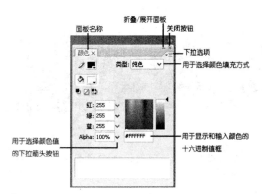

图 2-3-1

图 2-3-4　　　图 2-3-5

面板的位置不是固定的,可以随意移动,还可以隐藏和展开面板,或者把多个面板组合在一起。用户可以按照自己的操作习惯进行管理和规划面板。

另外,Flash CS3 拥有和其他 Adobe CS3 版本软件一样的界面风格,所有面板能够在"图标"、"带文字的图标"和"正常状态"之间随意切换,如图 2-3-2 所示。当图标移到面板的边缘时,会出现左右的双箭头,拖曳即可改变面板的形态,如图 2-3-3 所示。

2.3.2　组合面板

Flash 里的面板类型很多,若要将它们单独或组合放置的方法不够科学,界面就很容易出现混乱现象,从而导致不便。Flash 中的面板可以进行任意组合,组合后的面板被称为面板组。

Flash CS3 的面板组合方式十分完善,可以随意地将面板拖动到任何的一个位置进行组合。用鼠标单击面板上的标签不放并拖动到用户想要组合的面板上,然后松开鼠标面板将自动组合到面板上,如图 2-3-6 所示。

图 2-3-2　图 2-3-3

在面板区域的右上角有一个双箭头图标,单击可展开图标形式的停靠,以恢复面板的正常状态。再次单击可以折叠回图标形式,如图 2-3-4 和图 2-3-5 所示。

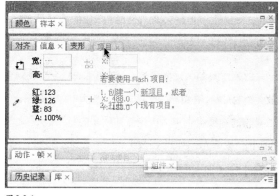

图 2-3-6

如果想单独把某个面板从面板组中取出,就直接单击该面板的标签并将其拖出面板组，然后松开鼠标即可，如图 2-3-7 所示。

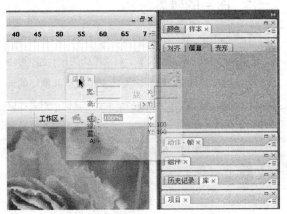

图 2-3-7

2.3.3 属性检查器

属性检查器是 Flash 众多面板中的一个，只是与其他面板相比它相对特殊一些，是各种对象的"属性设置中心"。属性检查器是"上下文敏感"的，也就是说其内容是不固定的，会随选择对象的不同而显示不同的设置，使用户能够从同一位置访问到大部分的工具选项。许多可选项都能通过属性检查器进行选取或修改，但是对一些特殊的选项，这些选择工作只能够通过附加的菜单或对话框来完成。图 2-3-8 所示为属性检查器。

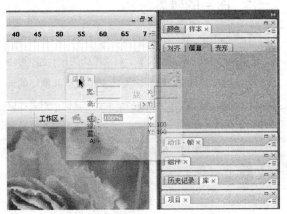

图 2-3-8

这里展示一下属性检查器常见的几种显示状态。当选择的是工作区时，在属性检查器中可以进行当前工作区的

基本设置。如影片的尺寸大小、背景的颜色、帧的速度等影片的各种属性，这是不选择任何对象时的默认状态，如图 2-3-9 所示。

图 2-3-9

当选择的是文本工具时，属性检查器中会提供字体类型、字体大小、字体颜色及文本类型等属性的设置，如图 2-3-10 所示。

图 2-3-10

当选择的是时间轴上的某一帧时，属性检查器中提供有关于帧的功能和各个选项，还可以设置帧标签和帧之间进行的各种影片效果，如图 2-3-11 所示。

图 2-3-11

如果选择的是元件，如图形元件、按钮元件、影片剪辑等，则在属性检查器中提供元件的类型、大小，以及实例名的设置、颜色与混合模式的设置，如图 2-3-12 所示。

图 2-3-12

2.4 时间轴

时间轴是用来设定动画的长度，组织和控制动画内容在一定时间内播放的帧数。在时间轴窗口上分为两部分，

一部分是图层区域，它可以将内容在纵深方向叠放，以放置构成影片的主要元素；另一部分是帧区域，在该区域可以控制各部分内容在什么位置可见，持续多长时间，随时间如何变化，以形成可以播放的动画。这也是 Flash 区别于普通设计软件的一个重要特性，图 2-4-1 所示为时间轴。

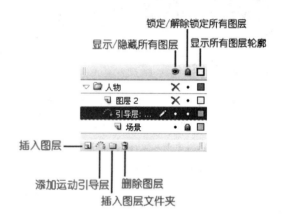

图 2-4-1

1．标题栏：是时间轴的标识，通过单击标题栏可以展开、移动或折叠时间轴窗口，与文档窗口组合后它是不可见的。

2．时间轴标尺：显示帧的数目和度量时间轴上时间的标尺，时间轴上每个记号（白色或灰色块）就是一帧。

3．播放头：播放头就是时间轴上的一个红色矩形框，其中还有一条线向下穿过所有的层。播放头标识了当前帧的位置，沿着时间轴左右拖动播放头就可以从时间轴的一个区域移动到另一个区域。将播放头放到显示区域上可以加强对时间轴的控制。在测试动画时，用户还可以通过快速拖动播放头来测试动画。

2.5 使用图层

大多和设计相关的软件都包含图层的功能，图层用来堆叠多重的画面，并阐明对象和景物的远近关系。学会如何使用图层可以使项目井井有条，否则项目中各种元素杂乱无章，在编辑时就很难处理。做好图层组织工作并不是必须把每个图层都放进图层文件夹中，而是要找到一个有效的方法来保存和组织各种元素，以方便查找和使用。这在团队工作环境中显得尤为重要。

2.5.1 图层的概念

在 Flash 中，图层的概念和其他设计软件一样，类似无数透明纸，在上面添加的单个对象被叠加在一起，可以产生丰富的视觉效果。图层主要用来体现空间顺序的显示，越靠上的层越显示在动画的前面。若某两个对象在时间轴上占用了同一处空间，那么靠上图层中的对象在显示时会遮挡住靠下图层中的对象，但是这样并不会影响对它们的单独编辑。图 2-5-1 所示为图层区域。

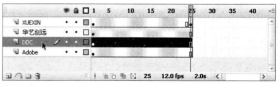

图 2-5-1

2.5.2 图层的控制

1．当前活动图层：激活一个图层时，可以单击层的名称，也可以直接选择层上的帧。激活的图层上会显示一个铅笔图标，说明当前正在编辑。另外，被激活的图层栏显示为蓝色，未被激活的则是原来的灰色，如图 2-5-2 所示。

图 2-5-2

2．显示／隐藏所有图层：在图层面板的上方有一个眼睛图标，该图标即为显示或隐藏图层开关。单击眼睛图标下面的小黑点将在舞台上的视图中隐藏该层的内容。被隐藏的图层中的小黑点上会变为一个红色的"×"号，再单击这个"×"号则显示被隐藏的图层。若单击眼睛图标那么所有图层都将被隐藏起来。使用该功能可以在创作项目过程中起到清理舞台的作用，被隐藏图层中的内容在输出目标文件时依然会显示出来，而并非是删除该层，如图2-5-3所示。

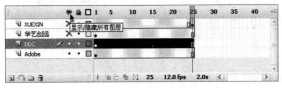

图 2-5-3

3．锁定／解除锁定所有图层：在创作过程中，经常会遇到选择需要的图形时总是不小心把不需要的图层也选中，为工作添加了不少麻烦。而锁定／解除锁定所有图层开关可以锁定某个层以禁止编辑，或解锁某个层来编辑。当图层被锁定时，小黑点将会被换成锁的图标，锁定后将无法对该层的内容进行修改。直接单击图层上的锁定图标可以锁定或解锁图层，如图2-5-4所示。

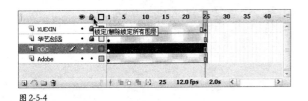

图 2-5-4

　　备注：按住 Alt 键不放单击任何图层中的"眼睛"、"锁定"和"轮廓"图标，都可以将选中的命令应用到其他图层中，而选中的图层则处于活动状态。也就是除当前操作图层外，其他图层都被控制。

4．显示所有图层的轮廓：它是切换有色层轮廓的开关。若在创作过程中使用的对象太复杂，而计算机配置又不是很尽人意，就会影响编辑时的显示速度。而使用线框模式即不影响计算机的速度，还能准确地显示对象的位置。双击图层轮廓的方块图标，可以在其弹出的图层属性中改变小方框的颜色，如图2-5-5所示。

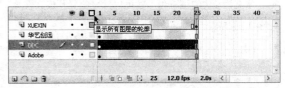

图 2-5-5

5．插入图层：单击"插入图层"按钮可以在当前的图层上新建一个图层。在默认情况下，这些图层是按照顺序以数字命名的。双击图层名可以对该图层重新命名，单击然后拖动选中的图层可以改变图层的前后位置，或者添加到图层文件夹内，如图2-5-6所示。

图 2-5-6

6．添加运动引导层：引导层是用来为对象绘制一条路径，并使对象沿设定好的路径来移动。可以直接在当前活动层上单击该按钮来添加一个引导层，该层中的内容只起到辅助作用，在实际动画中并不显示出来，如图2-5-7所示。

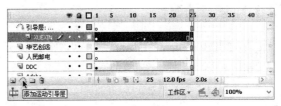

图 2-5-7

7．插入图层文件夹：单击该按钮可以添加一个文件夹，将众多的图层进行分类并放到文件夹内进行管理。新添加的文件夹会在当前图层上方出现，它和图层一样，可以对其进行重命名、移动等操作。在编辑时只需选中需要添加到文件夹内的图层并将其拖动到文件夹栏中即可，单击文件夹栏左边的小三角形就可以折叠或展开该文件夹，如图 2-5-8 所示。

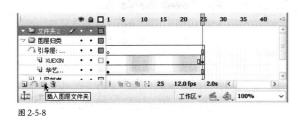

图 2-5-8

8．删除图层：单击该按钮可以删除所选图层，即使当前图层已被锁定。还可以将所选图层直接拖动到删除按钮上进行删除操作，如图 2-5-9 所示。

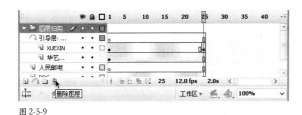

图 2-5-9

注意：使用 Delete 键不能删除当前选中的图层或文件夹，它只能删除图层上的所有内容。

另外，Flash 总会在时间轴上保留一个图层，所以在增加其他图层之前无法删除最后的一个图层，删除按钮在此时失效。

2.5.3　图层的属性

任意选中一个图层，并在图层栏上单击鼠标右键，在快捷菜单中选择"属性"命令，或者双击图层名称前面的图标也可以打开图层属性对话框。在图层属性对话框中可以看到更详细的图层相关的选项。其包含了名称、选择图层类型、轮廓颜色等设置选项，其中选择类型起到了后期

转换图层类型的作用。图 2-5-10 所示为图层属性对话框。

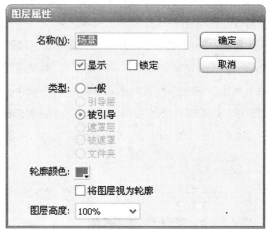

图 2-5-10

另外在该对话框中还可以设置图层的显示高度，用户可以在 100%、200% 和 300% 3 种图层显示高度中选择，如图 2-5-11 所示。

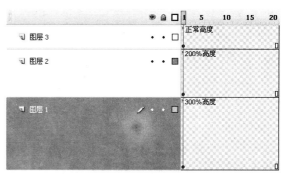

图 2-5-11

2.6　帧和关键帧

动画可以说是由许多个动作连续的图片组合成的，将图片按照一定速度进行播放，就形成了动画。可以将帧想象成电影胶片中一格。每一格的图片被称为帧。在时间轴上，所有用来组合成动画的帧就在该区域内进行编辑，如图 2-6-1 所示。

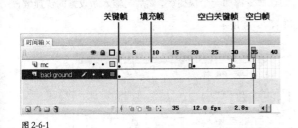

图 2-6-1

1. 关键帧：关键帧是与它前后帧内容都不相同的帧，可以对其进行编辑的，但无法用补间等手法代替。例如，我们平时坐火车只有大站才停，小站是不停的，那么这些大站就可以看做是关键帧。在时间轴上可以看到，关键帧是由一个黑色的小圆点来做标识。若关键帧内没有内容，则黑色的小圆点就变成了空心的白点。

2. 填充帧：填充帧也就是普通帧，是帧区间内的中间帧，位于关键帧的右侧，表现为灰色。填充帧是不能被用来编辑的，通常用于延长画面的停留时间。

3. 空白关键帧：空白关键帧和关键帧的行为完全相同，只是空白关键帧中没有内容，由一个空心的圆圈来标识。利用空白关键帧的特性，可以用来表现动画的闪烁和场景切换，以及放置标签、注释和一些控制命令，如 ActionScript。

4. 空白帧：位于空白关键帧的右侧，是帧区间内的中间帧，显示为白色。

2.7 快捷菜单和快捷键

与其他许多软件一样，Flash 中除了种类繁多的菜单和工具外，它还提供了一些常用功能的快捷菜单和快捷键，方便用户使用以提高工作效率。

2.7.1 快捷菜单

快捷菜单在 Flash 的操作界面中是无法直接看到的，一般需要单击鼠标右键才会调出。根据所选的内容会显示出各种与当前单击区域相关的一些功能，这为创作工作提供了便利，同时也有助于用户熟悉 Flash。快捷菜单中包含了很多命令和选项，这些命令和选项也可以通过主菜单或者其他面板和对话框访问，不过使用快捷菜单更方便、更有针对性，如图 2-7-1 所示。

图 2-7-1

2.7.2 快捷键

在平时的工作和学习中，使用鼠标在屏幕上不停地移动、选择，并在选项繁多的面板和菜单中找到需要的按钮和选项是一件既费时又费力的事，也会给自己带来诸多不便。利用快捷键是非常值得推荐的窍门，它可以使工作变得更快捷、更方便。所以在学习 Flash 时有必要记住一些常用的快捷键。

在介绍大多数工具和功能的同时也介绍了它们的快捷方式。在菜单命令的后面一般都有与选项相对应的快捷键。在程序中已经为广大用户设置了一组默认的快捷键，一般情况下不需要对其进行改变。若由于工作需要必须对快捷键进行设置，则可以在菜单栏编辑选项的列表中找到快捷键选项，并在快捷键对话框中设置快捷键。在为某项命令设置快捷键时，需要以下几个步骤：

1. 执行"编辑＞快捷键"命令，打开快捷键设置对话框。

2. 选择需要更改的命令，例如选择"转换为元件"命令，当前它的快捷键为 F8，如图 2-7-2 所示。

图 2-7-2

3．一般情况下，不直接修改"Adobe 标准"快捷键。通常的方法是先复制一个副本，然后在副本上进行修改。单击对话框右上角的"直接复制副本"按钮，复制完毕后按钮更改栏被激活。在该栏中选中原有快捷键，并在键盘上按下当前新设置的快捷键即可，无须在输入栏中输入快捷键名称，如图 2-7-3 所示。

图 2-7-3

4．即使需要更改的命令当前没有快捷键，也需要先单击"直接复制副本"按钮，并在快捷键栏中单击"+"键

为该命令添加一个快捷键，然后再输入新设置的快捷键，如图 2-7-4 所示。

图 2-7-4

5．若需要更改新设置的快捷键，只需单击按键栏右边的"更改"按钮即可。如果和 Flash 预设的快捷键冲突，系统会提示该快捷键已被占用。

6．单击"确定"按钮，确认修改后的快捷键。

2.8 场景面板

一般大型的 Flash 动画项目在创建时经常会使用场景来组织影片。我们可以把场景理解为话剧的"幕"，一个场景就是一幕。

执行"窗口 > 其他面板 > 场景"命令，或按下 Shift+F2 快捷键调出场景面板。在场景面板中可以添加、命名和排列场景播放顺序。默认状态下，在发布 Flash 影片时，场景是按照排列顺序来进行播放的。在场景面板中可以利用场景将 Flash 项目组织成符合逻辑且易于管理的部分，使动画创作工作变得更有条理，如图 2-8-1 所示。

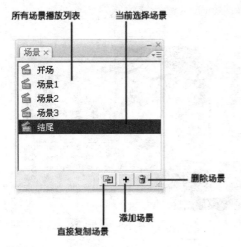

所有场景播放列表　　当前选择场景

删除场景

添加场景

直接复制场景

图 2-8-1

1. 查看场景或在场景中切换，可单击时间轴下方编辑栏中的场景按钮，并在其下拉列表中选择需要查看的场景。或执行"视图＞转到"命令，并在转到选项列表中选择需要跳转到的场景。

2. 添加场景可以单击场景面板中的"添加场景"按钮，或执行"插入＞场景"命令，该命令可以从"场景 1"开始为新场景自动顺序编号。双击场景名称可以为该场景重新命名。

3. 删除一个场景时，直接在场景面板中单击"删除场景"按钮即可。在单击删除按钮的同时按住 Ctrl 键可以跳过警示框直接将场景删除。

4. 改变场景的播放顺序，可以在场景面板中直接选中需要改变播放顺序的场景，并按下鼠标左键不放直接将场景拖动到合适的位置，如图 2-8-2 所示。

图 2-8-2

使用场景虽然很方便，但由于在一个文件中使用多个场景会使其目标文档过大，若用到大型的 Flash 动画项目时，就会给动画创建工作带来一些麻烦。随着 ActionScript 的功能越来越强大，许多动画设计师都不再使用基于场景的结构。目前最常用的方式是把项目的各组成部分分拆出来，用单独的 Flash 影片代替场景来组织项目，并通过脚本对它们进行调用。这样可以提高结果文件的下载效率，实现随调随用，同时又能发挥团队的优势来提高制作效率。

2.9　撤销命令的使用

2.9.1　撤销和重做

在一般软件中都会有撤销和重做命令，Flash 也不例外。如果在创建过程中出现操作错误，可以通过撤销命令来恢复到之前的状态，与之相反的是，重做命令可以取消撤销的应用，两者互为逆操作。撤销命令的快捷键为 Ctrl+Z，重做命令为 Ctrl+Y，这两个快捷键在创作过程中最常用。同时，用户还可以在"编辑"菜单里找到这两个命令。

在撤销命令的使用上，Flash 与其他软件不同的是，它可以撤销上百步或者更多的操作步骤。在菜单的编辑列表中选择"首选参数"命令，可以设置 Flash 能够撤销多少步。这一点很受广大用户的称赞，如图 2-9-1 所示。

图 2-9-1

2.9.2　层级撤销

除了通常的撤销和重做命令，在 Flash CS3 中还包括两种撤销模式，也就是"文档层级撤销"和"对象层级撤销"。其中"文档层级撤销"是默认模式，也是通常使用的撤销方法。该方式简单明了，但有时在 Flash 操作过程中步骤较多，就算能够撤销100步，但不断地撤销操作让工作变得烦琐和无趣，并且有很多正确的步骤也不得不按顺序被撤销掉。

而"对象层级撤销"是以每个元件为单位，与以往的顺序撤销大不相同，元件各自拥有独立的撤销列表。无需按照顺序，直接进入任意元件中对其步骤进行撤销。而且这种撤销方式只影响到选中元件，其他元件和整体步骤都不会受到它的影响，如图 2-9-2 所示。

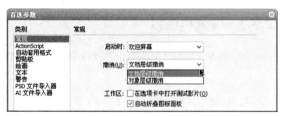

图 2-9-2

在动画创作过程中，我们可能需要将第 50 步中的操作撤销掉。若用普通的撤销方法，就需要将第 50 步之前的操作都撤销掉进行重做，这对我们的工作来说简直就是一场恶梦，而使用"对象层级撤销"就完全没有那个必要了。

不过要注意的是，在使用层级撤销时要切换模式，而切换模式的过程中会清空当前的历史记录。所以，最好事先就确定好要使用哪种撤销模式。

2.10 导入素材

Flash CS3 可以导入多种位图和矢量图，使用户在使用图片素材时非常方便。在导入时，可以直接将素材导入到当前文档的舞台或库中，导入到舞台的位图也会被自动添加到库中。除了直接导入的方法，还可以通过从外部粘贴来导入图片，也可以通过运行脚本时动态载入图片素材，如图 2-10-1 所示。

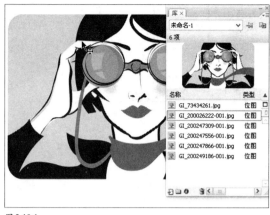

图 2-10-1

如果导入的是声音，那么无论是导入到库还是舞台，效果都是完全一样的，声音都会被自动放置在当前文档的库中，如图 2-10-2 所示。

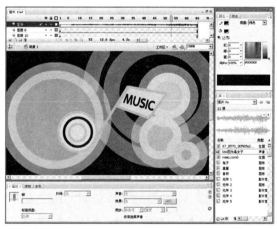

图 2-10-2

在导入视频时，Flash 为其提供了专门的命令，有完整的导入向导和提示，可以指导用户如何正确将视频导入到文档中。

也许一些用户还会遇到导入的素材是序列文件这种情况，序列文件是一组名称相似的文件，它们的文件名有一定的序号规律。比如一些画面连续的序列文件，在导入后就可以直接生成逐帧动画。用户在导入它们中的某个文件时就会出现一个对话框,这个对话框会提示用户是导入单一的图片还是导入所有的序列文件,若需要的是单一文件单击"否",需要的是序列文件就单击"是"即可。

在菜单栏的文件列表里就可以找到"导入到舞台"、"导入到库"和"导入视频"这几种导入素材的方法,如图 2-10-3 所示。

图 2-10-3

以下为 Flash 能够导入的一些常见素材格式,包括图像、音频和视频格式。

1. 图形格式

BMP 格式:Windows 的高质量位图图像格式。

GIF 格式:网络上广泛使用的图形格式,支持简单动画和半透明,但只支持 256 色的图片交互格式。

AI 格式:Adobe Illustrator 矢量图形格式,扩展名为 .AI。

JPG 格式:采用无损压缩的位图格式,常作为数码照片的原始文件,并在网络上被广泛使用。

PNG 格式:支持高质量的图像压缩,而且支持半透明和图层,是 Fireworks 的默认格式。

WMF 格式:Windows 支持的矢量格式,兼容性比较强。

2. 音频格式

MP3 格式:该格式在高压缩比的情况下可以保证

声音的质量不改变,在 Flash 中常用来导入大段的背景音乐。

WAV 格式:也被称为波形文件,是微软公司开发的声音文件格式,为录制声音的高质量原始格式,作为数字音频的标准被广泛使用。在 Flash 中,常被用于小段音效的导入。

3. 视频格式

AVI 格式:微软的视频格式,兼容性和图像质量好,一般体积较大。

MOV 格式:苹果的 Quick Time 视频格式,具有跨平台、体积小等特点,常用于网络在线播放。

FLV 格式:Flash 视频格式,它是一种全新的流媒体视频格式,用于网络渐进式下载。观看此格式无需额外安装其他视频插件,只要能观看 Flash 动画也就同样可以观看 FLV 格式的视频。这种格式在当前国内外大多数视频分享网站都被广泛使用。

MPEG 格式:常见的视频压缩算法,MPEG 主要应用于 VCD、DVD 的制作,以及网络在线播放。

2.11 使用 Flash 模板

在开始创建动画之前,很有必要对 Flash 中的模板进行一些了解。Flash 中已经设定好的模板大致有两种形态。

一种是已经设计好的动画半成品,其中包含了界面、程序等,用户只需更改和替换一些图片和参数即可直接使用。

另一种只包含有基本的设置,这类模板可以省去设置文档大小和属性的步骤,快速展开创建工作。

预制的 Flash 模板在"新建文档"对话框中的模板

选项卡，或开始页的"从模板新建"选项中找到。它们是创作 Flash 动画的起点，用户只需选择自己想要的模板类型和具体模板，单击"确定"按钮即可，如图 2-11-1 所示。

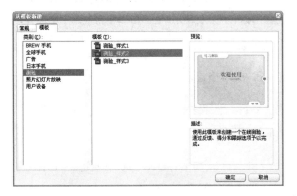

图 2-11-1

和 Flash 其他文档的创建方法一样。可以在舞台中加入内容，在模板的指导下修改时间轴，还可以重命名保存制作好的文档。

利用任何 Flash 文档创作可以重复使用的模板，只需执行"文件 > 另存为模板"命令即可。在保存模板之前，需要选择名称，并确定模板的类型并给出描述，这样就可以更好地管理定制模板库了。

每个模板的预览视图是其模板文档第 1 帧的真实内容。一般情况下，没有很多关于使用模板的可视信息。在使用和创建模板时，就会发现修改默认预览使其提供更多信息非常有帮助。

2.11.1　照片幻灯片放映模板

使用照片幻灯片放映模板，可以轻松创建和自定义照片幻灯片。照片的格式必须适合使用照片幻灯片模板。Flash 允许用户以多种格式导入图像，但 JPEG 通常最适合于显示照片。要获得最佳效果，可以使用图像编辑程序（如 Adobe Fireworks CS3）将照片保存为 JPEG 格式。每个

图像的大小均应为 640 像素 ×480 像素，并且应按编号顺序命名。图 2-11-2 所示为照片幻灯片模板。

图 2-11-2

将准备好的图片导入到文档中，Flash 将各个图像放在不同的关键帧上。如果有超过 4 个图像，请确保所有其他层均具有相同的帧数。图像将出现在"库"面板中。如果需要，可以安全地从库中删除此文档中包含的旧图像。更改每个图像顶部的标题、日期和说明。用户可以根据需要替换文本。无需担心照片字段，模板会自动确定文档中的图像数，并指明用户当前正在使用的照片。

幻灯片模板还拥有一个内置的自动播放模式，该模式会在经过所设置的延迟时间后自动更换照片。默认情况下，模板的延迟时间设置为 4s，但用户可以根据自己的需要更改这个设置。

2.11.2　测验模板

测验模板包含测试界面、ActionScript 及组件等，用来制作日常的考试题或各种娱乐性测试题。其中包括填空、选择、单选、多选，并且形式也很多样，一些选择题是以单击和拖曳图片来完成的。模板中已给出了样题，可直接运行或者修改，如图 2-11-3 所示。

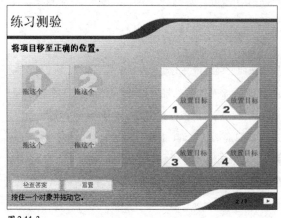

图 2-11-3

Flash 文件很紧凑，特别适合于传输速率在 9.6kbit/s ~ 60kbit/s 之间的无线运营商网络。与桌面计算机不同，移动设备的存储容量有限，因此占用内存小的 Flash 文件最为理想。

使用手机模板可以创建用于多种移动设备的内容，模板主要包含 3 个分类，全球手机、BREW 手机和日本手机。通常使用全球手机，其中预设了诺基亚、索爱等品牌的手机环境和屏幕尺寸，如图 2-11-5 所示。

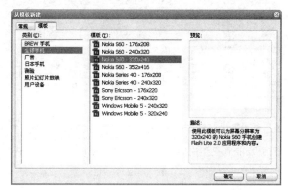

图 2-11-5

2.11.3 广告模板

广告模板有助于创建互动广告署（IAB）定义的标准丰富媒体类型和大小，并且被业界广泛接受。用户可以在各种浏览器和平台的组合中测试广告的稳定性。这里的广告主要是指网站上的广告，一般位于网站顶部和两侧。有横幅、竖幅及弹出式之分。这里的模板只是给出一套标准尺寸，内容还需要用户来自行设计，如图 2-11-4 所示。

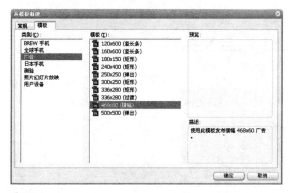

图 2-11-4

2.11.4 手机模板

Flash 内容可以显示在多种浏览器、平台和移动电话上。用户可以在手机上创作高品质的动画和游戏以及切合实际的电子商务和企业解决方案。

2.12 Flash 制作流程

在开始一个 Flash 项目创作之前，最重要的一步是用户必须清楚从构思 Flash 影片的概念或想法到最终产品应该采取的步骤。明白如何管理 Flash 内容将会省去一大堆令人头疼的事情，为用户节省下不少时间。

无论用户参加的项目规模或范围如何，都必须要遵循某种规划好的工作流程。而 Flash 动画的创作流程并非是一成不变的，不过一般情况下它又有自己通用创作步骤。大致可以分为准备素材、制作动画和发布动画。

1. 准备素材

准备素材看似简单，但在动画创作过程中却也起着非常重要的作用。素材的好坏直接影响到动画作品的整体效果。凡是优秀的 Flash 动画，它之所以优秀很重要一点就是它使用的图片、文字、声音等素材都相当优秀。通常准备素材有两种方法，一种是获取素材，另一种是制作素材，如图 2-12-1 所示。

图 2-12-1

获取素材：获取素材的渠道很多，用户可以使用数码照相机、摄像机和扫描仪等来获取图片和视频。音效的获取可以来自麦克风、录音笔、网络等，如图 2-12-2 所示。

图 2-12-2

制作素材：用户还可以根据个人需要自己定制需要的素材。除了可以在 Flash 中绘制，还可以通过 Photoshop、Illustrator 等软件来绘制或编辑素材，然后将制作好的素材导入到 Flash 中即可。Flash 支持大多数的图形 / 图像格式，所以用户完全可以采用自己擅长的方式和软件来创作。音频制作可以使用 Adobe Audition，它是非常强大的多轨音频录制、编辑、合成软件，为制作出精彩

的动画增加砝码。

2. 制作动画

按照已经编排好的动画剧本或故事情节，进行动画制作，在时间轴中合理的规划和编排已经准备好的素材。创作动画的手法可以根据具体情况来设定，使用逐帧动画、动画补间或形状补间、时间轴特效等使动画动起来。当然，还可以为按钮加入音效，为场景搭配上符合动画情节的背景音乐。如果想让动画更精彩更有交互性，还可以添加上脚本来增加效果。

3. 发布动画

动画制作完成后，需要进行多次的测试与修改来达到最终希望的效果，最后就是输出动画了。Flash 能够发布或导出 SWF、AVI、MOV、FLV 等多种格式。用户甚至可以把它打包成 EXE 可执行文件，这种文件在其他计算机上播放时无需安装任何播放插件。Flash 适用于多种媒体平台，包括因特网、电视、移动电话、游戏机、光盘等。用户可以将制作好的动画成品运用到多种媒体平台中，以供观赏。

2.13 自我探索

打开 Adobe Flash CS3 软件，新建一个 Flash 文档。按照本课中所讲述的内容，对 Flash 各个工具进行练习，并熟悉它们的功能。

1. 使用工具箱中的各个绘图工具在舞台上进行一些练习，熟悉各种工具的绘图特点。

2. 执行"文件 > 导入 > 导入到库"命令，试着从外部导入一张图片。再执行"文件 > 导入 > 导入到舞台"命令，了解这两种导入方法的区别。

3. 练习完毕后，可以将文件保存到指定的位置，也可以将其导出为 SWF 格式。熟悉 Flash 的操作方法和创作流程。

课程总结与回顾

回顾学习要点：

1. 简述舞台和工作区的区别；

2. 如何将图层隐藏；

3. 如何自定义快捷键；

4. Flash 中有哪些常用的模板；

5. Flash 的基本创作流程有哪几步。

学习要点参考：

1. 舞台是将文件导出后可以被观众看到的部分，工作区是观众看不到的地方；

2. 选择需要隐藏的图层，在小眼睛图标相应的小点上单击，当小点变成红色的"×"时，这个图层就被隐藏了；

3. 执行"编辑＞快捷键"命令，在快捷键设置对话框中进行快捷键的设置。单击需要重新设置的快捷键和命令，将它们复制后才可以再设置新的快捷键；

4. 有广告模板、测验模板、照片幻灯片放映模板和手机模板等；

5. 大致分为准备素材、制作动画和发布动画 3 个步骤。

第3课

绘制和编辑图形

在本课中，您将学习到如何执行以下操作：

- 矩形工具的灵活使用；
- 选择工具与直接选取工具的使用；
- 对齐面板的相关使用；
- 线条工具的熟练运用。

3.1 绘制楼房

3.1.1 矩形工具

在本课的第 1 部分将学习如何在空白画板上使用矩形工具绘制图形。

1. 为了衬托所绘制的图形，我们将文档的背景颜色改为灰色，其十六进制值为"#666666"，如图 3-1-1 所示。

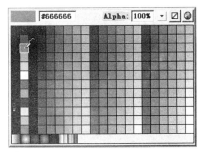

图 3-1-1

2. 首先来绘制背景大楼。新建一个图形元件，在该元件内部进行绘制。在工具箱中选择 □（矩形工具），将

笔触颜色调整为"#000066"，如图 3-1-2 所示。将填充色设置为"没有颜色"，如图 3-1-3 所示。

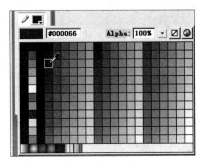

图 3-1-2

3. 确定矩形工具下方选项 ◎（对象绘制）没有选中后，在舞台上绘制一个矩形。选中该矩形，在属性检查器中可以看到它的相关信息，这里，将线条的端点和接合设置为圆角，如图 3-1-4 所示。

图3-1-3

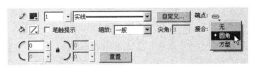

图 3-1-4

3.1.2 选择工具和部分选取工具

选择工具 ▶ 和部分选取工具 ▶ 是 Flash 中使用频率最高的工具之一。选择工具图标形状为黑色箭头 ▶，主要功能有：选择对象、移动对象、移动复制对象、改变对象的形状等。

1. 使用 ▶（选择工具），在图形上进行框选，如图 3-1-5 所示，并将选中部分删除，如图 3-1-6 所示。

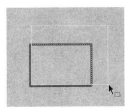

图 3-1-5

图 3-1-6

2. 这里，我们还可以使用"部分选取工具"进行操作：在工具箱中选择 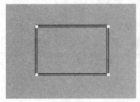（部分选取工具）并在图形中单击，此时会显示出矩形接点处的锚点，如图 3-1-7 所示。选中右上角的锚点，将其拖至左下角，如图 3-1-8 所示。所得到的图形与图 3-1-6 相同。

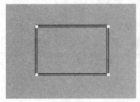

图 3-1-7　　　　　　图 3-1-8

3. 选中绘制好的图形，并在按下"Alt"键的同时对该图形进行拖动。这样做的目的是复制大量该图形，如图 3-1-9 所示。

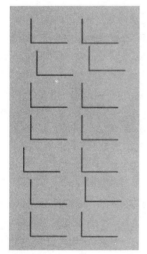

图 3-1-9

3.1.3　对齐面板

使用"对齐"面板可以将对象彼此对齐或与舞台对齐。

1. 使用"选择工具"框选左边一数列的图形，按快捷键"Ctrl+K"打开对齐面板。单击"水平中齐"选项和"垂直平均间隔"选项按钮，如图 3-1-10 所示。

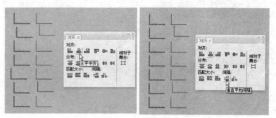

图 3-1-10

2. 使用"矩形工具"再绘制一个矩形，使其能框住所有图形，如图 3-1-11 所示。

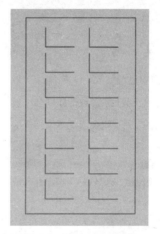

图 3-1-11

3. 选择 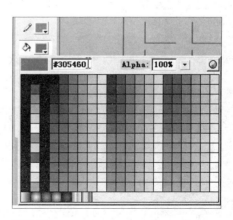（颜料桶工具），设置颜色为"#305460"。然后为矩形添加填充色，如图 3-1-12 和图 3-1-13 所示。

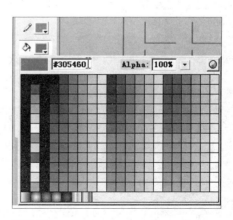

图 3-1-12

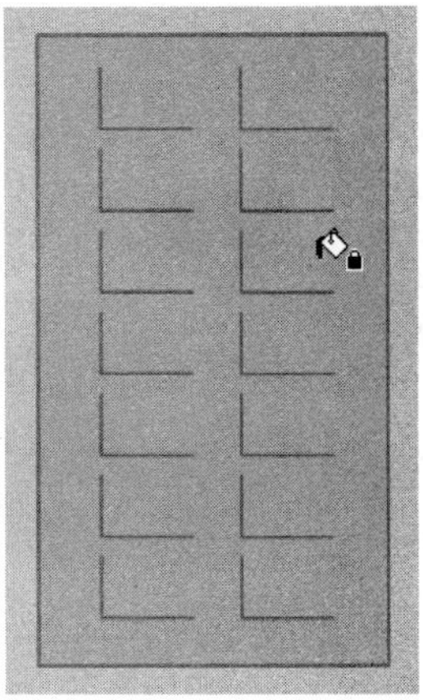
图 3-1-13

3.1.4 任意变形工具

任意变形工具可以对内容进行缩放、旋转、倾斜、封套等常见的变形操作。选择该工具后，对象的周围会出现多个控制手柄，要应用不同的变形，就会出现不同样式的鼠标指针给予提示。

1. 全选整个图形，按快捷键“Ctrl+G”，将其组合成一个整体，便于后期的编辑。

2. 选中组合对象，选择工具箱中的 (任意变形工具)，此时对象周围会显示出控制点。选择右下角的控制点，对对象进行拖动，如图 3-1-14 所示。

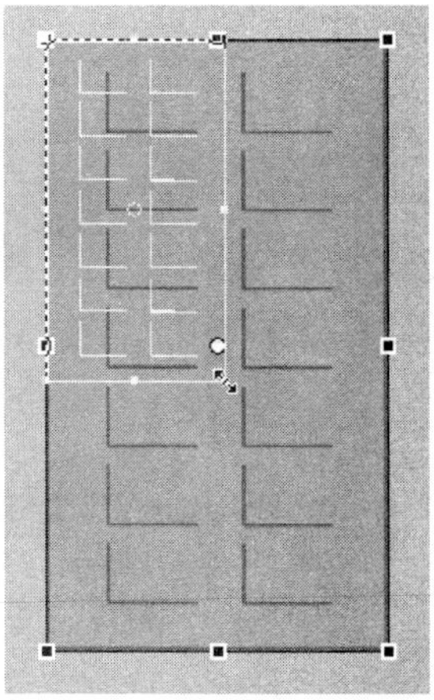
图 3-1-14

3. 按照同样的方法，绘制出我们想要的楼群，当然也可以选择复制加变形的方法，如图 3-1-15 所示。

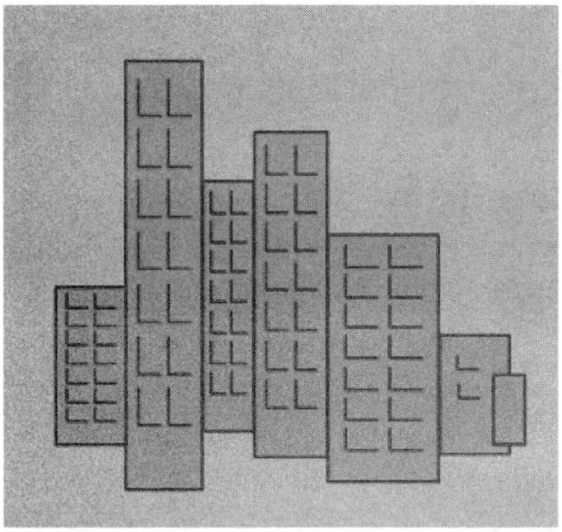
图 3-1-15

4. 此时，图形看起来有些单调。我们可以再绘制些图形进行组合。首先，使用 (线条工具)绘制出一条线段，然后使用 (选择工具)，将光标移到线段的中间处时，光标会改变形状。拖动鼠标，可将直线拖曳成曲线，如图 3-1-16 所示。

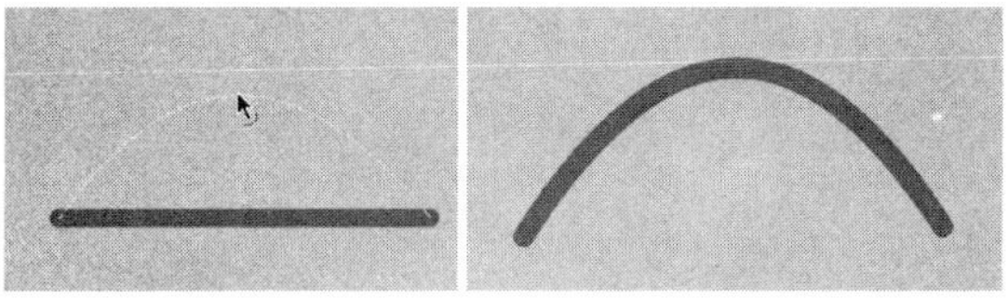
图 3-1-16

5. 再使用“线条工具”将曲线的下半部分封上。然后使用“颜料桶工具”将其填色，如图 3-1-17 所示。

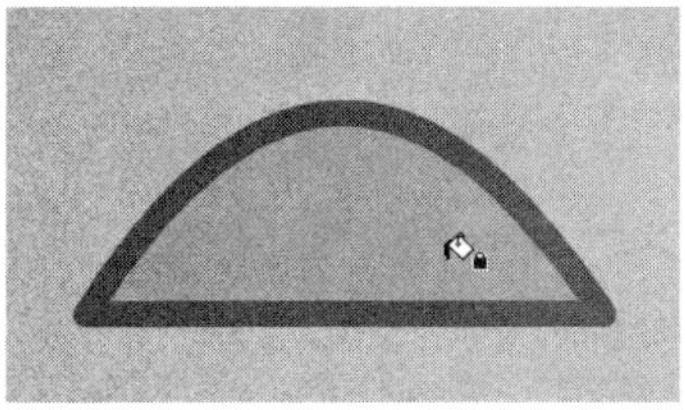
图 3-1-17

6. 使用“线条工具”在该图形上方绘制两条直线，使其构成三角形状，如图 3-1-18 所示。

图 3-1-18

7. 将该三角部分也进行填色，如图 3-1-19 所示。

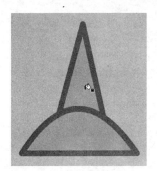

图 3-1-19

8. 使用"选择工具"圈选该图形，将其组合。使用"任意变形工具"调整其大小和造型，并将其置于楼房的上端，效果如图 3-1-20 所示。至此，背景楼房就绘制完成了。

图 3-1-20

3.2　绘制通信塔

线条工具

1. 在菜单栏中执行"插入 > 新建元件"命令，新建一个影片剪辑。

2. 在工具箱中选择 ✐（线条工具），绘制出 3 条线段，并调整它们的位置，如图 3-2-1 所示。

3. 在该影片剪辑中新建一个图层，并使用"线条工具"绘制多条直线（小技巧：在绘制的同时按住"Shift"键，可绘制出水平的直线），如图 3-2-2 所示。

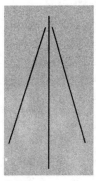

图 3-2-1

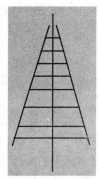

图 3-2-2

4. 将图层 1 锁住。使用"选择工具"将光标移至线段上面，此时，光标会变成图 3-2-3 所示的形状。按下"Ctrl"键的同时，对线段进行拖曳，如图 3-2-4 所示。最后效果如图 3-2-5 所示。

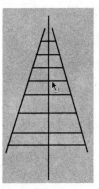

图 3-2-3

图 3-2-4

5. 松开"Ctrl"键, 使用"选择工具", 将最下面的两条线段拖曳成曲线, 如图 3-2-6 所示。

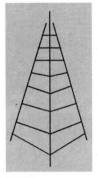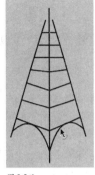

图 3-2-5　　　　　图 3-2-6

6. 使用 ◯ (椭圆工具) 分别在 3 条线段的末端绘制一个椭圆, 如图 3-2-7 所示。至此, 通信塔就绘制完成了。

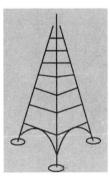

图 3-2-7

3.3　绘制通信工具

1. 回到场景舞台。将影片剪辑"通信塔"拖入舞台。在属性检查器中选择"滤镜", 为其添加"发光"滤镜。发光颜色为"#FFFFCC", 其他相关设置如图 3-3-1 所示。效果如图 3-3-2 所示。

图 3-3-1

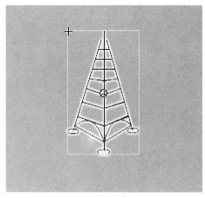

图 3-3-2

2. 使用"矩形工具"绘制一个矩形。然后使用"选择工具"将矩形改变形状, 如图 3-3-3 和图 3-3-4 所示。

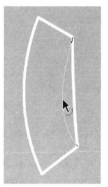

图 3-3-3　　　　　图 3-3-4

3. 选中左边线段, 将其复制出一条, 并将多余部分删去, 如图 3-3-5 和图 3-3-6 所示。

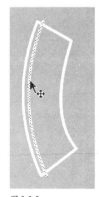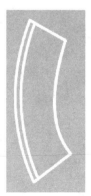

图 3-3-5　　　　　图 3-3-6

4. 使用"椭圆工具"绘制两个椭圆。选择里面的椭圆，并在属性检查器中将笔触样式改为"点状"，如图 3-3-7 ～ 图 3-3-9 所示。

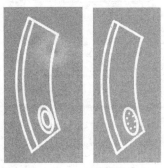

图 3-3-7　　　　　　图 3-3-8

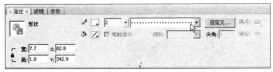

图 3-3-9

5. 使用"线条工具"再绘制出电话的其他部分。最终效果如图 3-3-10 所示。

6. 使用相同的方法再绘制一些其他通信实物。最终效果如图 3-3-11 所示。

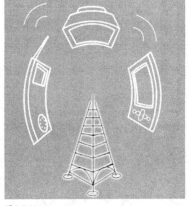

图 3-3-10　　　　图 3-3-11

7. 全选这些对象，按快捷键"Ctrl+G"将其组合。返回到场景舞台，并将该层重命名为"对象"。

3.4　整体修饰

3.4.1　背景

1. 新建一个图层，命名为"背景"，并将该层拖至底层。选择填充类型为"线形"，设置色块颜色为一个从白色到绿色的渐变，如图 3-4-1 和图 3-4-2 所示。

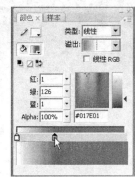

图 3-4-1　　　　　　图 3-4-2

2. 使用"矩形工具"绘制出一个矩形，然后使用"任意变形工具"将其旋转为上下渐变，并调整其大小，如图 3-4-3 所示。

3. 新建一个图层，将其命名为"楼房"，从库中将绘制好的楼房拖入该层，并调整在舞台上的位置，如图 3-4-4 所示。

图 3-4-3　　　　　　图 3-4-4

4. 在属性检查器中，设置该影片剪辑的亮度为

"18%"；在混合模式中选择"变暗"，使楼房与渐变色融合，如图3-4-5所示。最后效果如图3-4-6所示。

图3-4-5

图3-4-6

5. 调整"对象"图层中对象的位置，如图3-4-7所示。

图3-4-7

3.4.2 电光修饰

1. 新建一个图层，命名为"修饰"。选择 <span>（多角星形工具），在属性检查器中设置笔触颜色为"#FFFFCC"，笔触高度为"0.3"，笔触样式为"实线"，填充颜色为"#D23500"，如图3-4-8所示。然后在"工具选项"对话框中设置相关属性，如图3-4-9所示。

图3-4-8

图3-4-9

2. 绘制一个26角的图形，使用"选择工具"改变每个角的角度和长度，如图3-4-10所示。

图3-4-10

3. 选中该对象，按快捷键"Ctrl+G"将其组合。双击进入编辑状态。选择"椭圆工具"，绘制几个圆形，分别填充，使得图形对象产生层次感，效果如图3-4-11所示。

图3-4-11

4. 回到场景舞台，再绘制两个图形作为衬托，并将其组合后，置于电光的后面，效果如图 3-4-12 所示。

图 3-4-12

5. 目前效果如图 3-4-13 所示，注意存盘。

图 3-4-13

3.4.3 整体点缀

1. 新建一个图层，命名为"文字"。使用"文本工具"在舞台上输入相关文本，并在属性检查器中设置相关属性，如图 3-4-14 所示，效果如图 3-4-15 所示。

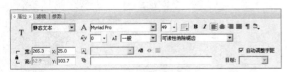

图 3-4-14

2. 使用"矩形工具"绘制一个半透明的矩形，使其大小能覆盖整个画布，如图 3-4-16 所示。

图 3-4-15　　　　　　　图 3-4-16

3. 选择 ⌒（索套工具），在工具箱下面选择"多边形模式"，如图 3-4-17 所示。

4. 在矩形图形上勾出一个范围，如图 3-4-18 所示。

图3-4-17

5. 按"Delete"键将选中部分删除。按照此方法，勾选多个范围，并将其删除，如图 3-4-19 所示。最后效果如图 3-4-20 所示。

图 3-4-18　　　　　　　图 3-4-19

6. 图 3-4-20 中纯色显得太单调，使用"选择工具"选择不同的范围为其填充其他颜色。至此，图形就绘制完成了，最终效果如图 3-4-21 所示。

图 3-4-20　　　　图 3-4-21

3.5　自我探索

用户可以自己设计或想象出一幅美丽的画面，或是找一张自己喜欢的图片，使用所学的绘图知识来将它们画出来或临摹出来。

1. 新建一个 Flash 文档，根据画面需要选择合适的绘图工具，先画出画面中简单的部分。

2. 使用"对齐"面板和"变形"面板来辅助绘制复杂多样的图形，并练习使用"选择工具"和"部分选取工具"。

3. 将画出的多种图形整合起来，并使用颜色填充工具将其填充颜色，最终成为一幅完整的图片。

课程总结与回顾

回顾学习要点：

1. 指出如何使用"线条工具"绘制垂直、水平或 45° 倾斜的直线；

2. 如何绘制出多边形和星形；

3. 如何绘制出曲线；

4. 如何使多个对象相对于舞台保持水平和垂直；

5. 如何使用套索工具选取边为直线的范围。

学习要点参考：

1. 在使用"线条工具"绘制直线时，要将直线约束成为垂直、水平或 45° 倾斜的直线，在绘制直线时按住"Shift"键即可；

2. 掌握"多角星形工具"的相关设置，可以绘制任意边的多边形和星形；

3. 可以使用"钢笔工具"，也可以通过修改直线的方法来绘制曲线；

4. 在"对齐"面板中选中相对于舞台的选项；

5. 使用"套索工具"，然后选中"多边形模式"即可选取边为直线的范围。

Beyond the Basics
自我提高

绘制蘑菇房子

3.6　直线与各种几何形状的使用

　　本课通过案例讲述直线与各种几何形状的使用。使用户学习如何使用"椭圆工具"和"选择工具"将一个单纯的圆变形成另外一种图形；学习使用"线条工具"绘制各种复杂的图形，并为绘制出的图形填充颜色；学习使用"矩形工具"与"选择工具"的结合，并创作出由矩形变形或组合而成的图形。

3.6.1　使用椭圆工具绘制图形

　　1. 新建一个 Flash 文档，在工具栏中选择"椭圆工具"。将笔触颜色设置为"黑色"，笔触高度为"1"，笔触样式为"实线"，填充色为"#FF0099"，然后在舞台中绘制一个圆形，如图 3-6-1 所示。

图3-6-1

　　2. 使用"选择工具"拖动圆形的边，将其拖成类似圆角三角形的形状，如图 3-6-2 所示。

　　3. 接着在工具栏中将填充色设置为"#FFFFCC"，再使用"椭圆工具"画出一个椭圆，如图 3-6-3 所示。

图 3-6-2　　　　　　　图 3-6-3

　　4. 选择"线条工具"，在刚刚绘制的椭圆上画出蘑菇里面的纹路，如图 3-6-4 所示。

　　5. 使用"椭圆工具"绘制出蘑菇房子上面的圆点，在绘制的时候要注意将它们调整成不同的颜色，如图 3-6-5 所示。

图 3-6-4　　　　　　　图 3-6-5

3.6.2　使用线条工具绘制图形

　　1. 在工具栏中选择"线条工具"，在蘑菇房顶下面画一条直线，如图 3-6-6 所示。

　　2. 使用"选择工具"将画出的直线拖成弧线，如图 3-6-7 所示。

图 3-6-6　　　　　　　图 3-6-7

3. 接着再使用"线条工具"画出左边代表墙壁的线条，如图3-6-8所示。

4. 使用"选择工具"将这条线向上拖动成弧形，使墙壁线条和房顶的连接能够更加自然，如图3-6-9所示。

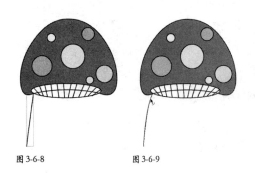

图3-6-8   图3-6-9

5. 按照同样的方法再画出房子的另外一面墙，如图3-6-10所示。

6. 然后再用直线将两面墙封口，在使用"选择工具"进行拖动时，要将鼠标放在线条的中间部分进行拖动，使其呈曲线状，如图3-6-11所示。

图3-6-10

7. 继续使用"线条工具"画出门和窗户。在绘制时，如果只画一条线便进行拖动，门窗的弧形将会变得有些尖锐。我们可以用两条弧线来组成一个门或一个窗户，并且在绘制的时候要注意各个线条之间的封口，如果线条之间没有连接好将会影响到后期的填色工作，如图3-6-12所示。

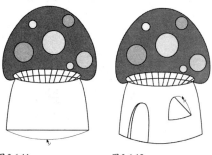

图3-6-11   图3-6-12

3.6.3 使用矩形工具绘制图形

1. 将绘制好的窗户选中，按快捷键"Ctrl+D"将其复制。接着使用"任意变形工具"将复制出的窗户缩小，以实现窗户的边框效果，如图3-6-13所示。

2. 从图中可以看到，缩小后的窗户和原来的大窗户并不是很般配，需要将小窗户拉宽一些。将鼠标光标放到任意变形框的右边中间的控制手柄上，当鼠标光标变成向两边拉伸的形状时，向右边拖动把小窗户拉宽，如图3-6-14所示。

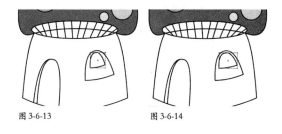

图3-6-13   图3-6-14

3. 在工具栏中选择"矩形工具"，并将填充色设置为"没有颜色"。画出一个小矩形，如图3-6-15所示。

4. 使用"选择工具"将小矩形拖成如图3-6-16所示的形状，使其能够和窗户的方向保持一致。

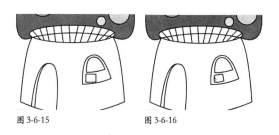

图3-6-15   图3-6-16

5. 按照同样的方法画出另外一个小窗户，如图3-6-17所示。

6. 使用"矩形工具"在房顶上画出一个矩形，将其用做房顶上的小烟囱，如图3-6-18所示。

图 3-6-17

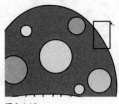
图 3-6-18

7.使用"选择工具"将这个矩形拖成烟囱的形状,并将直线框改变成有弧度的曲线图形,使这个烟囱看起来像圆柱形,如图 3-6-19 所示。

8.最后再使用"矩形工具"画出一个矩形,将它放到之前画好的烟囱上就可以了,如图 3-6-20 所示。

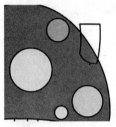
图 3-6-19

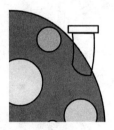
图 3-6-20

3.6.4 填充颜色

1.双击前面绘制的房顶,在工具栏上选中"套索工具",在套索工具的选项中再选择 （多边形模式）。然后在房顶上将左边的一部分颜色区域选中,如图 3-6-21 所示。

2.在工具栏上将填充色设置为"#CE007B",这个颜色就是房顶的阴影部分。使用"选择工具"将填充上阴影颜色的区域拖曳成如图 3-6-22 所示的形状。

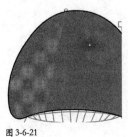
图 3-6-21

图 3-6-22

3.为了不影响图形的绘制,在之前的绘制过程中画的每一个图形都已经组合成组了。在成组的状态下使用"直线工具"画的图形是无法进行填充的,所以要将所有图形都选中,接着按快捷键"Ctrl+B"将它们分离。再把"房檐"多余的部分删除,如图 3-6-23 所示。

4.将填充色设置为"#FFFFE6",使用"颜料桶工具"将房子的墙面部分填充上浅黄色,如图 3-6-24 所示。

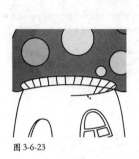
图 3-6-23

图 3-6-24

5.接着再使用"套索工具",在墙面的左边选择一片区域作为阴影部分,如图 3-6-25 所示。

6.为所选的区域填充上比墙面颜色深一些的颜色,并使用"选择工具"将阴影区域调整好,如图 3-6-26 所示。

图 3-6-25

图 3-6-26

7.继续为门和窗户填充颜色,在填色的时候要注意不要使用与整个画面的主体颜色有冲突的颜色,如图 3-6-27 所示。

8.然后将烟囱填充为黄色。填充颜色后,将留在烟囱上的房顶边框的线条删除,如图 3-6-28 所示。

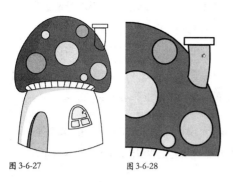

图 3-6-27　　　　　　图 3-6-28

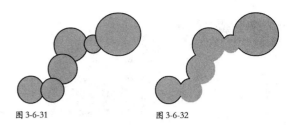

图 3-6-31　　　　　　图 3-6-32

　　9. 最后为烟囱制作阴影效果，注意要使整个房子的阴影部分方向一致，如图 3-6-29 所示。

　　10. 最后这个小房子就绘制完成了，如图 3-6-30 所示。

　　3. 此时的形状看起来确实不像个草丛，但是，只需使用线条工具稍做点缀，看起来就完全不一样了，如图 3-6-33 所示。

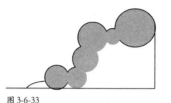

图 3-6-33

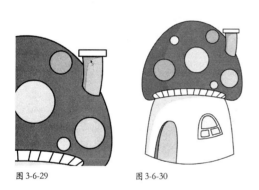

图 3-6-29　　　　　　图 3-6-30

　　4. 使用"颜料桶工具"对草丛进行填充，并将多余的线条删除，如图 3-6-34 所示。

图 3-6-34

3.6.5　添加装饰

　　1. 单独的房子看起来未免有些单调，只需简单的添加一些装饰，整个房子看起来就会像一幅完整的画。选择"椭圆工具"，在舞台的空白部分绘制几个圆形，并将这些圆形堆叠成一个草丛。实际上在 Flash 中，许多复杂的图案都是使用非常简单的几何图形和线条来组成的，只要能够灵活地使用这些几何图形，就可以绘制出漂亮的图案，如图 3-6-31 所示。

　　2. 将这些圆进行分离，除了边缘上的线框，将其余的都删除，如图 3-6-32 所示。

　　5. 打开"颜色"面板，将渐变的颜色设置为深绿色向浅绿色过渡的渐变色，如图 3-6-35 所示。

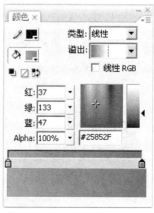

图 3-6-35

6. 接着使用"渐变变形工具",拖动手柄以改变填充的方向,如图 3-6-36 所示。

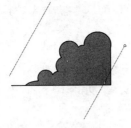

7. 复制草丛,并使用"任意变形工具"将复制出的草丛水平翻转,再将这些草丛与房子进行组合,如图 3-6-37 所示。

图3-6-36

图 3-6-37

8. 然后使用"线条工具"在门口画出两条线,再使用"选择工具"将这两条线弯曲成弧线,制作出房子门前的小路,如图 3-6-38 所示。

图 3-6-38

9. 在房子图层上新建一个图层,将工具栏上的填充色设置为"#F8E6A0",笔触设置为"没有颜色"。使用"椭圆工具"绘制出一个椭圆作为地面,如图 3-6-39 所示。

图 3-6-39

10. 将地面图层拖到房子图层的下面,这样,地面就移动到整个小房子的最下面。到这里,房子就绘制完成了,如图 3-6-40 所示。

图 3-6-40

第4课
使用颜色和渐变

在本课中,您将学习到如何执行以下操作:

- 使用填色工具;
- 使用渐变工具;
- 运用渐变变形工具调整渐变效果;
- 制作渐变效果动画;
- 绘制其他渐变图案。

4.1 使用颜色和渐变工具

4.1.1 墨水瓶工具

在 Flash 中颜色填充工具有两种,一种是墨水瓶工具,另一种是颜料桶工具。 （墨水瓶工具）可以为矢量线段进行颜色的填充,也可以为填充色块加上边框,但是不能对矢量色块进行填充。当选中 （墨水瓶工具）时,在属性检查器中可以看到如图 4-1-1 所示的选项。

图 4-1-1

选项中的内容分别为"笔触颜色"、"笔触高度"、"笔触样式"。单击"自定义"按钮,在弹出的"笔触样式"对话

框中可以对笔触样式进行设置。

1. 新建一个 Flash 文档,在工具栏中选中椭圆工具并在舞台中绘制一个圆形,如图 4-1-2 所示。然后选中它的边框,如图 4-1-3 和图 4-1-4 所示。

图 4-1-2　　　　　　　　　图 4-1-3

注意: 当鼠标靠近圆形的边框时,鼠标光标旁边会出现一道小弧线,只有当光标旁边出现小弧线时才可以选中边框。

2. 在属性检查器中调整边框的颜色、高度和样式,如图 4-1-5 所示,调整后的效果如图 4-1-6 所示。

图 4-1-5

图 4-1-6

3. 选中边框,在属性检查器中单击"自定义"按钮,并在弹出的对话框中调整笔触,如图 4-1-7 所示,效果如图 4-1-8 所示。

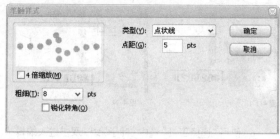

图 4-1-7

4. 按快捷键"Ctrl+D"多复制几个边框，分别调整它们的颜色、大小和距离，并得到如图 4-1-9 所示的效果。

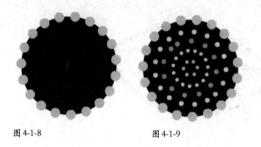

图 4-1-8　　　　　　图 4-1-9

4.1.2　颜料桶工具

在使用绘图工具勾勒好线条后，一般都需要填充线条之间的区域并调整颜色之间的色彩搭配。此时就该颜料桶工具上场了，它主要用于对矢量图的某一区域进行填充。接下来将以填充"唱歌中的小青蛙"为例，来讲解颜料桶工具的具体使用方法。

1. 新建一个文档，在舞台中绘制出"歌唱中的小青蛙"的形状，如图 4-1-10 所示。

图 4-1-10

2. 在工具面板中使用 （选择工具），在绘制好的图中选择最左边的小青蛙组，双击进入编辑图形状态。在工具栏中选择 （颜料桶工具），将笔触填充色设定为"没有颜色"，颜料桶填充色设定为"绿色"。然后按快捷键"Shift+F9"调出颜色面板，在颜色中输入填充色的十六进制值为"#B4E393"，如图 4-1-11 所示。

图 4-1-11

注意："颜色"面板中色彩只是标准的纯色，如果想要更好的色彩搭配效果，就需要在颜色中调整颜色的色相和明度。

3. 将调好的颜色填充到小青蛙的脸上、手上和脚上，如图 4-1-12 所示。此时鼠标的光标会变成颜料桶的样子 ，然后再将填充色设置为"#66CC33"，填充到小青蛙的身上。再调一个颜色很淡的绿色填充眼睛，这样填充会比较有层次感，如图 4-1-13 所示。

图 4-1-12　　　　　　图 4-1-13

注意：在使用"颜料桶工具"填充的过程中，可能会发现有的区域不能填充颜色，那是因为填充模式在默认状态下只能在完全封闭的区域进行填充。选择工具栏中的"颜料桶工具"，在选项面板中单击"空隙大小"按钮。弹出的下拉列表中的选项分别为"不封闭空隙"、"封闭小空隙"、"封闭中等空隙"、"封闭大空隙"。

- 不封闭空隙，选择这种模式后，只能填充完全封闭的区域。

- 封闭小空隙，选择这种模式后，颜料桶工具可以忽略较小的缺口，一些有小缺口的区域也可以被填充。

- 封闭中等空隙，在这种模式下，颜料桶工具可以忽略比前一种模式大一些的空隙，并对它们进行填充。

- 封闭大空隙，在这种模式下，即使线条之间还有一段距离，用颜料桶工具仍然可以对线条内部的区域进行填充。

4. 把嘴填充为白色，这样可以防止后面的图形显示在嘴里。最后将书填充为黄色，第1个小青蛙的填色就结束了，效果如图4-1-14所示。

5. 然后按照前面的方法继续填充其他两个小青蛙，填充完"主角"就要开始给背景填色。选中"草丛"

图4-1-14

组，双击进入编辑状态，在工具面板中将颜料桶颜色选择为"#62B02D"，并在后面的草丛中单击，接着将前面的草丛填充为"#80E31C"，如图4-1-15和图4-1-16所示。

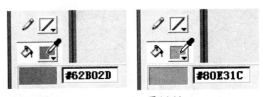

图4-1-15　　　　　　　图4-1-16

6. 使用"选择工具"选中"叶子"组，双击进入编辑状态，在填充色中输入"#CDEE44"，先填一半的叶子颜色。然后再在填充色中输入"#E9FBA9"，较上面的色值淡一些，这样叶子看起来就更生动，如图4-1-17所示。

图4-1-17

7. 把其余的3片叶子也填充上颜色。最后把草丛中的花也填充上颜色，最终效果见图4-1-18。

图4-1-18

8. 执行"文件 > 保存"命令，并关闭该文件。

4.1.3　色彩渐变

在 Flash 中，渐变效果所需要的工具主要是"渐变变形工具"，它可以对所填颜色的范围、方向、角度等进行设置。渐变色彩可以分为线性渐变和放射性渐变两种，对于不同的渐变方式，渐变变形工具有不同的处理方法。这样就可以调出鲜活生动的效果。

1．打开 Flash CS3，新建一个文档并在舞台中绘制一个兰花的图案，如图 4-1-19 所示。

2．用"颜料桶工具"给兰花填充适合的颜色，如图 4-1-20 所示。

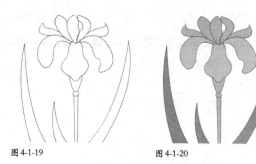

图 4-1-19　　　　　图 4-1-20

3．选中将要实施渐变的一个花瓣，执行"窗口 > 颜色"命令，在类型中选择填充类型为"放射状"，如图 4-1-21 所示。

图 4-1-21

4．在颜色中单击左侧颜色色标，并在其十六进制值输入框中输入"#BE83FC"。接着单击右侧颜色色标并将其十六进制值设置为"#F8F7A9"。这时会发现花瓣已经发生了变化，如图 4-1-22 和图 4-1-23 所示。

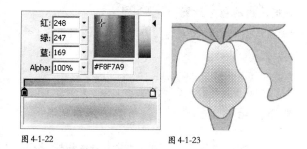

图 4-1-22　　　　　图 4-1-23

5．在放射性渐变中色标最少是两个，最多可以增加

到 15 个。两种颜色如果不能实现更好的效果，我们可以再增加一个色标。当鼠标光标放在调节渐变颜色带上时，光标右下角会出现一个加号的符号，此时单击一下鼠标左键就可以增加一个色标，如图 4-1-24 所示。

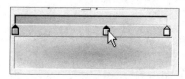

图 4-1-24

备注：如果不想要那么多色标，可以按"Ctrl"键不放，此时鼠标会变成剪子的形状，单击即可删除色标。

6．将添加上的色标颜色设置为"#FEE7FA"，调整这 3 个色标之间的距离，如图 4-1-25 所示。

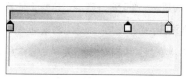

图 4-1-25

7．单击工具栏中的 （渐变变形工具），并将鼠标光标移到场景中。在填充渐变效果的那个花瓣上单击鼠标左键，周围将出现 3 个操作手柄，如图 4-1-26 所示。

8．将鼠标光标移至方形操作手柄的位置，当鼠标光标变成 形状时，按住鼠标左键拖动并调整填充颜色的间距，如图 4-1-27 所示。

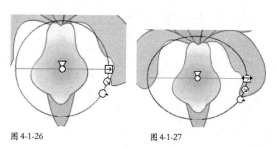

图 4-1-26　　　　　图 4-1-27

9．再把鼠标光标移至位于 3 个操作手柄中间的圆形手柄处，按住鼠标左键拖动使颜色沿中心位置扩大，如图

4-1-28 所示。

10. 将鼠标光标移至椭圆中心的小圆圈上，当鼠标光标变成"十"字形状时，按住鼠标左键并拖动可改变渐变色的填充位置，如图 4-1-29 所示。

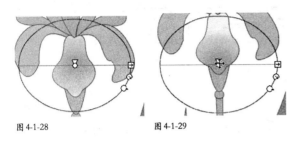

图 4-1-28　　　　　　图 4-1-29

11. 接着按照相同的方法为靠下的另外两个花瓣调整渐变效果，如图 4-1-30 所示。

12. 对朝上的花瓣填充渐变时要注意淡黄色要放在下面，再调整好渐变的方形手柄和圆形手柄后，将鼠标光标移至最下方的圆形手柄处，按住鼠标左键，改变其填充方向，如图 4-1-31 所示。

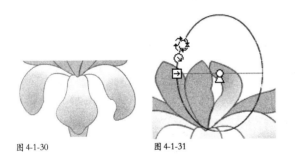

图 4-1-30　　　　　　图 4-1-31

13. 按照上面的方法，分别调整其余的花瓣，如图 4-1-32 所示。

图 4-1-32

注意：在调整渐变时，要根据物体的大小、倾斜角度和前后位置来调节它们的颜色关系。一般视觉位置靠前的色块要调的颜色浅些，靠后的颜色深些，还要注意前面与后面的遮挡关系和明暗对比。

14. 为花柄填充渐变效果。线性渐变和放射性渐变一样，最少可以有两个色标，最多可以有 15 个色标。选中要调整的花朵，在颜色中选择"线性"渐变，并将左边色标的十六进制值设置为"#7CD323"，右边色标的十六进制值设置为"#F0BCFE"，如图 4-1-33 所示。

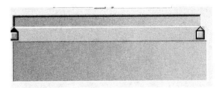

图 4-1-33

注意：从美术的角度来说，因为花朵受到花的影响，所以要有绿色到淡紫色的渐变，这属于从花到花柄和叶子的过渡色区。

15. 在工具栏中选择"渐变变形工具"，将鼠标移至圆形手柄处，按住鼠标左键，并将淡紫色调至上方靠近花的位置，如图 4-1-34 所示。

16. 继续填充花柄和叶子的渐变，将色彩中的填充类型设置为"线性"，并把左边的色标设置为"#7CD323"，右边的色标设置为"#3A9A3A"，如图 4-1-35 所示。

图 4-1-34

17. 在工具栏上选择"渐变变形工具"，并调整颜色位置，如图 4-1-36 所示。

18. 使用"选择工具"，双击选中兰花的线框，按下"Delete"键删除边框，最后的效果如图 4-1-37 所示。

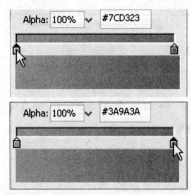

图 4-1-35

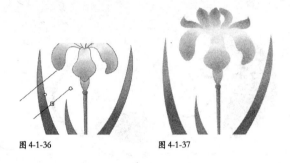

图 4-1-36   图 4-1-37

19. 执行"文件 > 保存"命令, 并关闭此文档。

4.2 制作蝴蝶精灵动画

在本课下一部分, 将制作一个蝴蝶精灵的小动画。在制作这个动画的过程中, 将结合运用前面所学的知识对所需工具有更深刻的了解, 同时还会讲解更多图形建立技巧及色彩常识。

4.2.1 创建基本图形

1. 启动 Flash CS3, 在开始页单击新建一个 Flash 文件。

2. 执行"插入 > 新建元件"命令, 或按快捷键"Ctrl+F8", 在弹出的对话框中输入元件名称为"蝴蝶精灵身体", 元件类型选择为"图形", 如图 4-2-1 所示。

图 4-2-1

3. 单击"确定"按钮, 进入蝴蝶精灵身体元件的编辑状态。

4. 在工具栏中选择"椭圆工具", 将笔触颜色设置为"没有颜色", 并在填充色中设置颜色为"#F7EAD5", 使这个颜色更接近于肤色, 如图 4-2-2 所示。

5. 在图形绘制区域画一个椭圆, 因为是脸部, 所以不能画成正圆也不能画成太窄的椭圆, 如图 4-2-3 所示。

图 4-2-2   图 4-2-3

注意: 椭圆工具在 Flash 中是一个很好用的工具, 与其他绘图软件不同的是, 在绘制过程它会提示什么时候的圆形是一个正圆, 什么时候是一个椭圆。当拖动鼠标画圆时, 如果鼠标光标上出现一个黑色的圆环, 这时绘制出来的圆是个正圆, 如图 4-2-4 所示; 如果鼠标光标上显示的是很小的一个小圆圈, 那么这时绘制出来的圆是个椭圆, 如图 4-2-5 所示。

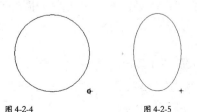

图 4-2-4   图 4-2-5

6. 按快捷键"Q",调出任意变形工具。拖动鼠标,旋转画好的椭圆,使其呈仰视状态。

7. 将填充色设置为黑色,再绘制一个圆。使用"选择工具",当鼠标靠近这个圆形时,鼠标光标的右下方会出现弧线,这时按着鼠标左键向左上角拖动,使其向上弯曲成为侧面头发的样子,如图 4-2-6 所示。

8. 将头发和脸的图形摆放好位置,如图 4-2-7 所示。

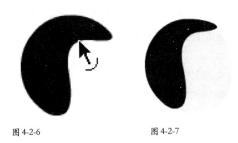

图 4-2-6　　　　　图 4-2-7

9. 继续画一个黑色小圆,按快捷键"Ctrl+D"复制一个黑色小圆形,把它的填充色改为红色。将复制的小圆拖至第 1 个下圆的左上方并和它重叠,双击红色小圆,再选中红色小圆把它删掉。这时会发现黑色小圆已被红色小圆剪切成了月牙形状,这个小月牙就是蝴蝶精灵的眼睛了,如图 4-2-8 和图 4-2-9 所示。

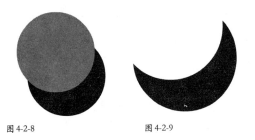

图 4-2-8　　　　　图 4-2-9

10. 按快捷键"Ctrl+G"将眼睛组合成组,把它拖到脸部并调整好位置。

11. 接着画出嘴,在工具框中选择"线条工具",在属性检查器中更改线条的颜色为"黑色",高度为"2",笔触样式为"实线",如图 4-2-10 所示。

图 4-2-10

12. 在空白处画一条线段,使用"选择工具"将直线改变为弧线,放置在脸部合适的位置,如图 4-2-11 所示。

13. 继续为蝴蝶精灵画触须,用"线条工具"画一条直线,再使用"选择工具"将其变成弧线。在工具栏上选择"任意变形工具",将弧线旋转并拖动到如图 4-2-12 所示的位置。

图 4-2-11　　　　　图 4-2-12

14. 用画出的第 1 个触须复制出第 2 个,按快捷键"Q"旋转第 2 个触须,使两个触须看起来有前后感,如图 4-2-13 所示。

15. 接着在工具栏中选择"刷子工具",颜色改为"黑色"并在触须上单击。然后再将填充色的色值设置为"#FEABC5",在脸部单击,烘托出蝴蝶精灵的面部表情。这样,蝴蝶精灵的头部就绘制完成了,如图 4-2-14 所示。

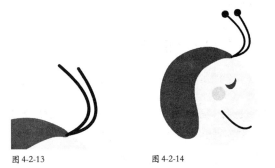

图 4-2-13　　　　　图 4-2-14

16. 下面开始绘制蝴蝶精灵的裙子。将笔触颜色设置为"没有颜色",填充颜色设置为"#D8ECF5",并使用"椭圆工具"在空白区域画一个椭圆,如图4-2-15所示。

17. 使用"选择工具"将椭圆变形为裙子的形状,接着在工具栏中选择"自由变换工具"将裙子和头结合起来,如图4-2-16所示。

图4-2-15　　　　　　　图4-2-16

18. 为了使裙子更有质感,在裙子上加上几道衣服的褶皱。在工具栏中选择"线条工具",将笔触颜色设置为"#A0D2E7",高度为"2",笔触样式为"实线"。然后在裙子上画出3条长短不一样的直线段,并使用"选择工具"将线段调整为弧线,如图4-2-17所示。

19. 最后把蝴蝶精灵的胳膊和腿画出来。选中"线条工具",在属性检查器中将笔触颜色设置为"#F7EAD5", 图4-2-17
高度设置为"15",笔触样式为"实线",如图4-2-18所示。

图4-2-18

20. 使用"线条工具"在蝴蝶精灵身上画出一条线,再用"选择工具"将线条弯曲,形成飞行时的动感,如图4-2-19所示。

21. 按照前面的方法继续画出两条腿,其中一条要比另外一条长一些,这样看来会灵活一些。到这里蝴蝶精灵的身体就画完了,最终效果如图4-2-20所示。

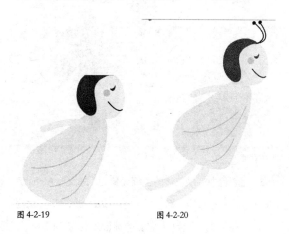

图4-2-19　　　　　　　图4-2-20

22. 执行"文件 > 保存"命令。

4.2.2　制作透明的蝴蝶翅膀

在前面已经讲解了渐变效果的基本制作方法,这一部分将通过制作透明的蝴蝶翅膀来进一步使用渐变效果。

1. 按快捷键"Ctrl+F8"新建一个名为"翅膀"的图形元件。

2. 进入翅膀图形元件的编辑区,选择"椭圆工具",并把笔触颜色改为"#FFCCCC",高度设置为"8",笔触样式为"实线",填充颜色为"#FEAD78",如图4-2-21所示。

3. 按住鼠标左键,拖出一个圆形,使用"选择工具"将圆形改变为如图 图4-2-21
4-2-22所示的形状。

4. 用"选择工具"选中填充区,执行"窗口 > 颜色"命令,在填充类型中将填充样式设置为"放射状",如图4-2-23所示。

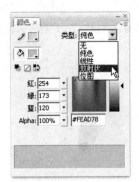

图 4-2-22   图 4-2-23

5．在颜色中将最左边的色标设置为"白色"，Alpha 值为"0%"；将最右边的色标设置为"#FEAD78"，Alpha 值为"100%"；再增加一个色标，将其色标值改为"#D99AF5"，Alpha 值为"48%"，如图 4-2-24 和 4-2-25 所示。

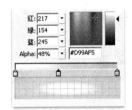

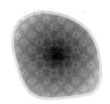

图 4-2-24   图 4-2-25

注意：在 Flash 中，如果被选中的区域 Alpha 值被调的越透明，则选区中显示的透明效果颜色就越黑。

6．选择"渐变变形工具"，先把填充色的变形区域扩大，再将鼠标光标移至控制区域的中心小圆点上，按下鼠标左键拖动改变填充位置，效果如图 4-2-26 所示。

7．再绘制一个圆形，将笔触设置为"没有颜色"，填充色为"#FDEF79"，效果如图 4-2-27 所示。

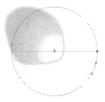

图 4-2-26   图 4-2-27

8．在工具栏中选择"选择工具"，当鼠标光标靠近这个圆形时，光标右下方会出现一段弧线。这时，拖动鼠标改变圆形的形状，如图 4-2-28 所示。

9．在颜色中将填充样式设置为"放射状"，将色标增加到 3 个。最左边的色标值为"白色"，Alpha 值为"0%"；中间的色标值为"#D99AF5"，Alpha 值为"45%"；最右边的色标值为"#FDEF79"，Alpha 值为"74%"，如图 4-2-29 所示。

图 4-2-28

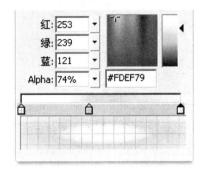

图 4-2-29

注意：制作到这里会发现，在制作渐变效果的时候 Alpha 值的作用越来越大。通过对透明度的调节，可以制作出更多丰富的效果。

10．使用"渐变变形工具"，调整填充色的间距和方向，并调整填充色的位置，如图 4-2-30 所示。

11．按快捷键"Ctrl+G"将调整好的图形组合，并将它们调整到合适的位置，如图 4-2-31 所示。

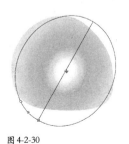

图 4-2-30   图 4-2-31

12. 在工具栏中选择"矩形工具",并单击鼠标左键不放,再在下拉列表中选择"多角星形工具",如图 4-2-32 所示。

图4-2-32

13. 在多角星形的属性检查器中单击"选项"按钮,如图 4-2-33 所示,并在弹出的对话框中设置边数为"3",如图 4-2-34 所示。

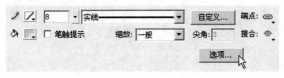

图4-2-33

14. 在颜色中设置笔触颜色为"没有颜色",填充色的填充类型为"纯色",十六进制值为"#FFFFCC",Alpha 值为"65%",如图 4-2-35 所示。

图4-2-34   图4-2-35

15. 拖动鼠标画出一个三角形,使用"选择工具"将三角形旋转为图 4-2-36 所示的样子。然后用"选择工具"将左边的一条边拖动拉长。再将鼠标光标移至右边的顶点,当光标的右下方出现一个小直角时,这就说明按着鼠标拖动的是一个节点,接着向右边拖动这个节点,直至将这个小三角形变成如图 4-2-37 所示的样子。

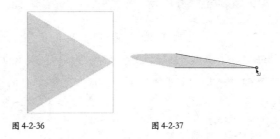

图4-2-36   图4-2-37

16. 在工具栏中选中"任意变形工具",将变形的中心点拖至图形的右下角,如图 4-2-38 所示。

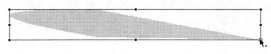

图4-2-38

17. 执行"窗口 > 变形"或按下快捷键"Ctrl+T"调出变形面板,在面板中将旋转角度设置为"15°",如图 4-2-39 所示。

图4-2-39

18. 在面板中单击"复制并应用变形"按钮,将变形后的三角形再复制出 5 个,如图 4-2-40 和图 4-2-41 所示。

图4-2-40   图4-2-41

19. 将这 6 个图形全选中,按快捷键"Ctrl+G"将它们组合起来。这就是翅膀上的纹理了,接着把纹理拖到翅膀上面，效果如图 4-2-42 所示。

20．使用"椭圆工具"，把笔触颜色设置为"#FFCCCC"，高度为"8"，填充色为"#FEAD78"，并画出一个横向的椭圆。用"选择工具"将其改变为图 4-2-43 的形状。

图 4-2-42　　　　　　　图 4-2-43

21．选中填充色区域，在颜色中设置为第 5 步中的色值。在工具栏中选择"渐变变形工具"，将填充区域扩大并移动到右上角，如图 4-2-44 所示。

22．接着再画一个正圆，将其笔触颜色设置为"没有颜色"，填充色为"黄色"。再把这个圆放在第 21 步已画好的小翅膀上，按照小翅膀的形状将这个黄色的圆调整成图 4-2-45 所示的图形。

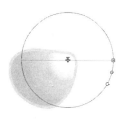

图 4-2-44　　　　　　　图 4-2-45

注意：在绘制过程中一定要注意将绘制好的图形组合成组，这样不会出现已有图形被后来又放上去的图形剪掉的情况。如果要再次编辑组合的图形可以双击进入图形编辑状态，此时没有被选中的图形颜色会自动变暗，且在编辑过程中所有的工具只对被编辑的图形起作用。

23．选中黄色图形并双击进入编辑状态，在颜色中设

置填充类型为"放射状"，色标设置和第 9 步一样，这里将不再赘述。

24．使用"渐变变形工具"改变填充间距并旋转其填充方向，接着将填充位置向右上方移动，如图 4-2-46 所示。

25．把之前做好的翅膀纹理进行复制，用"任意变形工具"将其缩小到合适的大小，并执行"修改 > 变形 > 垂直翻转"命令，效果如图 4-2-47 所示。

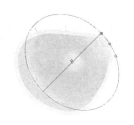

图 4-2-46　　　　　　　图 4-2-47

26．最后将做好的两个图形拼放在一起，调整好位置和大小关系，因为翅膀的对称性，所以只需做一半就可以了。到这里漂亮的透明蝴蝶翅膀就做好了，效果如图 4-2-48 所示。

图4-2-48

注意：在绘制蝴蝶翅膀时要注意颜色的搭配，最好是色调统一的颜色。一定的美术效果是优秀 Flash 作品的前提，所以在制作动画的时候要多注意色彩的搭配和图案的造型。

27．执行"文件 > 保存"命令。

4.2.3　制作翅膀舞动效果

一般来说，用 Flash 制作的都是二维图形的效果，但是如果技巧使用得当，则在二维世界里也可以制作出三维的空间感。这一部分将通过制作蝴蝶翅膀的舞动效果，来展示动画的空间感。

1. 按快捷键"Ctrl+F8"新建一个影片剪辑元件，为该元件命名为"飞动的翅膀"，如图 4-2-49 所示。

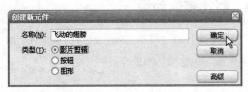

图 4-2-49

2. 在时间轴上将"图层1"重命名为"后"，接着单击"插入图层"按钮新建一个图层，并将该图层命名为"前"，如图 4-2-50 所示。

图 4-2-50

3. 选择"后"图层，将绘制好的翅膀元件拖入舞台，接着选择"前"图层再次将翅膀元件拖入舞台。这时绘制区有两个翅膀图形，因为在蝴蝶起飞的第1个动作之前它的翅膀是合在一起的，所以在第1帧里要将这两个图形重叠并对齐放好。

4. 接着在图层"后"的第12帧插入关键帧，同样，在图层"前"的第12帧也插入关键帧，绘制区的图形不做任何改变。当蝴蝶飞行时，是由无数个"开-合"动作组成的，所以在这里只需制作一组"开-合"动作就可以让蝴蝶飞起来了。因此，这两个图层的第12帧就是"合"动作，如图 4-2-51 所示。

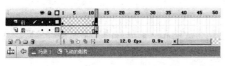

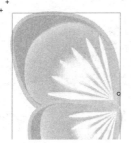

图 4-2-51

5. 分别在"前"、"后"两图层的第6帧添加关键帧，选择"前"图层，在第1帧中选择"任意变形工具"，并将中心点拖到右边，如图 4-2-52 所示。

6. 选择第6帧，将第6帧中的中心点也拖到右边，接着选择第12帧，也把中心点拖到右边。

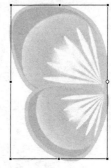

图4-2-52

7. "后"图层中图形的中心点和"前"图层一样都拖到右边。

8. 在第6帧改变翅膀的形状。选择"后"图层中的翅膀，将后面的翅膀拉伸变宽，如图 4-2-53 所示。

9. 选择前面的翅膀，将其拉伸变窄，如图 4-2-54 所示。

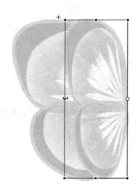

图 4-2-53   图 4-2-54

10. 两个图层的第6帧就是蝴蝶飞行的"开"动作。此时就会发现有了翅膀舞动的动感和空间感，之前所做的透明效果也在这里发挥作用了。

11. 为了使动作更流畅，在这两个图层的第1帧和第6帧分别创建补间动画。按下"回车"键测试动画效果，如图 4-2-55 ～图 4-2-58 所示。

12. 将翅膀和蝴蝶精灵结合起来。执行"插入＞新建元件"命令，选择"影片剪辑"，输入名称为"fly"。

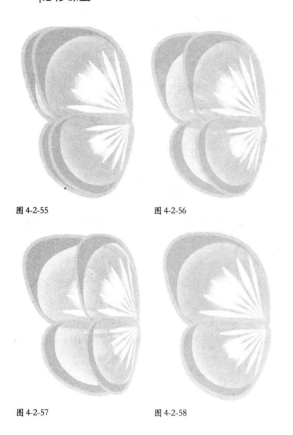

图 4-2-55   图 4-2-56

图 4-2-57   图 4-2-58

13. 把图层 1 重命名为"翅膀"，新建一个图层将其命名为"精灵"。将飞动的翅膀影片剪辑元件拖入翅膀图层，并将蝴蝶精灵身体图形元件拖入精灵图层。

14. 选中翅膀元件，在工具栏中选择"任意变形工具"，旋转翅膀方向使其和身体协调搭配，如图 4-2-59 所示。

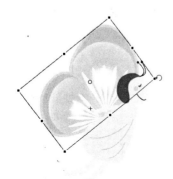

图 4-2-59

15. 执行"文件 > 保存"命令。

4.2.4 制作整体动画

1. 按快捷键"Ctrl+F8"插入一个新元件，将元件类型设置为"图形"，名称为"太阳"。

2. 进入太阳的编辑状态，在工具栏中选择"椭圆工具"，将笔触高度设置为"20"，颜色设置为"#FFFFCC"，Alpha 值为"58%"；填充色设置为"#FEE689"，Alpha 值为100%。

3. 在空白区域绘制出一个正圆，并在工具栏中选择"刷子工具"，将填充色设置为"#FFFFCC"，Alpha 值为"100%"，刷子的大小选择为"最大号"。只需在正圆上单击即可，如图 4-2-60 所示。

图4-2-60

4. 从上图可以看出，通过调整笔触的透明度，太阳的光晕效果已经显现出来了。为了使太阳的效果更夸张我们需要再制作几个光晕。在工具栏中选择"椭圆工具"，笔触颜色设置为"没有颜色"，填充色为"#FFFFCC"，Alpha 值为"54%"。在绘制区域画两个大正圆，其中一个比另一个小，如图 4-2-61 所示。

5. 将这两个大圆和之前画好的太阳调整好位置，如图 4-2-62 所示。

图 4-2-61   图 4-2-62

6. 接着继续使用绘图工具制作出装饰用的花草，如图 4-2-63 和图 4-2-64 所示。

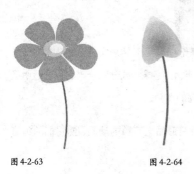

图 4-2-63　　　　　图 4-2-64

7. 进入场景 1，将图层 1 名称改为"背景"。执行"文件 > 导入 > 导入到库"命令，将提前准备好的背景图片导入到库中。按快捷键"Ctrl+L"打开"库"面板，这时会发现导入的背景图片已经在库里了，将背景图片拖入到舞台，按快捷键"Q"将背景图片变形为和舞台一样的尺寸，如图 4-2-65 所示。

图 4-2-65

　　注意：准备的背景图片要和绘制好的元件是同一风格，一定要注意背景和主体的色彩搭配。

8. 新建一个图层，将其命名为"太阳"，将太阳元件拖入到舞台，把它摆放到舞台的右上角，如图 4-2-66 所示。

9. 接着继续新建一个名为"蝴蝶"的图层，把它拖到舞台的左下角，因为蝴蝶精灵要从这里飞向太阳的方向，如图 4-2-67 所示。

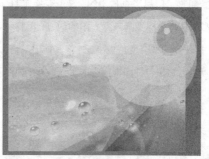

图 4-2-66

图 4-2-67

10. 然后再新建一个用来放花草的图层，该图层名为"花草"即可。将花草元件在舞台中多复制出几个，并将它们的颜色和样式稍作改变以求丰富多彩，如图 4-2-68 和图 4-2-69 所示。

图 4-2-68　　　　　图 4-2-69

11. 为搭配好的场景制作一个简单的动画，将所有图层都延续到第 55 帧。选择"蝴蝶"图层，分别在第 40 帧和第 55 帧插入关键帧，如图 4-2-70 所示。

图 4-2-70

12. 选中第 40 帧，使用工具栏中的"自由变换工具"将蝴蝶变小一些，并将蝴蝶拖到靠近太阳的地方，再将第 55 帧中的蝴蝶用"变形工具"变得更小，并将其拖出舞台。这种制作方法可以营造出一种渐渐远去的美丽效果，如图 4-2-71 ～图 4-2-73 所示。

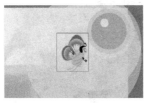

图 4-2-71

图 4-2-72

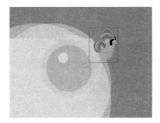

图 4-2-73

13. 为了使渐远的效果更完美、更自然，在第 40 帧上将蝴蝶的 Alpha 值设置为"71%"，在第 55 帧上将蝴蝶的 Alpha 值设置为"0%"。

14. 最后为"蝴蝶"图层创建补间动画，按快捷键"Ctrl+Enter"测试动画。这时我们会发现之前所做的一切努力都在这里体现出来了。蝴蝶精灵缓缓地从花丛中飞出来，然后再慢慢地消失在天空中（见图 4-2-74 和图 4-2-75）。

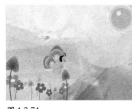

图 4-2-74

图 4-2-75

15. 检测完毕后，执行"文件 > 导出 > 导出影片"命令，最后将文件保存。

4.3　自我探索

1. 想象一些自己喜欢的东西，并把它们制作成自己想要的样子。

2. 充分利用填充和渐变工具来实现自己的想法，可以尝试将色标调成丰富的色彩，或分别修改它们的透明度程度，绘制出更漂亮的图片。

3. 将制作好的图形加上简单的动画，使它们的神奇效果一一展现出来。

课程总结与回顾

回顾学习要点：

1. 简述墨水瓶工具的功能。

2. 简述颜料桶工具的功能。

3. 线性渐变与放射性渐变有何区别?

4. 用渐变变形工具修改渐变的控制手柄有什么作用?

5. 如何添加、删除色标?

学习要点参考：

1. 墨水瓶工具是一种为笔触填充颜色和改变其笔触高度的工具，还可以修改笔触的样式。

2. 颜料桶工具可以为已绘制好的图案填充上合适的颜色，并可以改变填充区域的原有颜色。

3. 线性渐变是一种沿垂直或水平方向进行过渡的渐变类型。而放射性渐变则是一种从一个轴心向外侧边缘沿同心圆进行分布的渐变类型。它们是两种完全不同的渐变方式。

4. 使用渐变变形工具时，其控制手柄可以缩放渐变、等比例缩放渐变、旋转渐变、移动渐变、修改渐变的焦点位置。

5. 打开"颜色"面板，当鼠标移至色带上时，鼠标光标的右下角会出现一个加号，此时单击鼠标就可以添加一个色标。按住"Ctrl"键不放，当鼠标光标变成剪子形状时单击鼠标左键即可去掉色标。

Beyond the Basics
自我提高

快乐面包树

4.4 各种渐变图形的绘制

本课通过案例讲述各种形状的建立。用户将学习如何使用填充和渐变工具绘制好看的图形；学习线性渐变和放射性渐变的各个用途；学习复制元件和修改复制好的元件使画面丰富多彩。

4.4.1 用线性渐变制作背景

1. 在工具栏中使用"矩形工具"绘制一个和舞台一样大小的矩形，其笔触颜色为"没有颜色"，填充色为"#B0E3F9"，将其作为天空，如图4-4-1所示。

2. 在颜色中将填充类型修改为"线性"，并在色标上设置左边色标为"#B0E3F9"，和画好的矩形色值一样，把右边的色标设置为白色，如图4-4-2所示。

图4-4-1

3. 使用"渐变变形工具"将天空的颜色设置为蓝色在上面，白色在下面的效果，如图 4-4-3 所示。

图 4-4-2　　　　　图 4-4-3

4. 用"椭圆工具"绘制白云。选择"椭圆工具"，将笔触颜色设置为"没有颜色"，填充色为"白色"。多绘制几个大小不同的椭圆，并调整它们的位置，如图 4-4-4 所示。

图 4-4-4

5. 将画好的云复制，并在颜色中把填充类型改为"线性"，色带上的两个色标颜色和天空的一样。用"渐变变形工具"将其渐变形状调整为图 4-4-5 所示的效果。

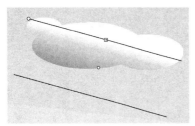

图 4-4-5

6. 把白色的云放在有渐变的云上，并将渐变的云放大，增加云的厚度，如图 4-4-6 所示。

图 4-4-6

7. 将绘制好的云选中并按快捷键"Ctrl+G"组合成组，接着再复制出一个云，如图 4-4-7 所示。

8. 因为复制出的云和原来的云一模一样，为了使它们有所区别，使用"任意变形工具"将其中一个云变小。在拖动控制手柄改变大小时，按住"Shift"键不放可以进行等比例缩放，不会出现变形的情况。执行"修改 > 变形 > 水平翻转"命令，使变小的云区别于另一个云，如图 4-4-8 所示。

图 4-4-7　　　　　图 4-4-8

9. 使用"矩形工具"绘制草地，并将笔触颜色设置为"没有颜色"，填充色为"#15AE15"，在天空背景的下面画一个和舞台一样宽的矩形，如图 4-4-9 所示。

10. 使用"选择工具"将矩形左边的顶点向下拉，和下面的顶点重合，再将上面的边拖

图4-4-9

成弧形，使其成为有坡度的草地，如图 4-4-10 所示。

图 4-4-10

11. 在颜色中将填充类型设置为"线性"，两个色标值

分别为"#15AE15"和"#A7F1B5"。使用"渐变变形工具"将草地调为图4-4-11所示的效果。

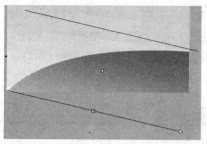

图4-4-11

12. 接着按照同样的方法再画出一片草地，这一片的草地颜色要比前一片颜色亮一些，制作出层次感，效果如图4-4-12所示。

图4-4-12

4.4.2　使用透明效果制作"种"在地上的草

1. 使用"多角星形工具"制作草叶子，将笔触颜色设置为"没有颜色"，填充色为"#9EDC52"。画出一个三角形，用"选择工具"将三角形变形为一个草叶子的形状，如图4-4-13所示。

2. 选中草叶子形状，并复制出几个叶子，摆放好这些叶子的位置，使其成为一片小丛草，如图4-4-14所示。

3. 将这片小丛草组合成组方便以后使用。接着在这丛草上实施渐变效果，在颜色中将填充类型设置为"线性"渐变，把左边色标设置为"#9EDC52"，Alpha值为"100%"；

右边的色标设置为"#ACE47A"，Alpha值为"0%"。然后使用"渐变变形工具"将渐变调整好，如图4-4-15所示。

图4-4-13　　　　图4-4-14

4. 把这丛小草放在草地上会发现由于透明度的作用，这丛小草已经"长"在了地上，如图4-4-16所示。

图4-4-15　　　　图4-4-16

5. 多复制几个小草，分别改变它们的大小和方向，将小草自然地分布在草地上，如图4-4-17所示。

图4-4-17

4.4.3　制作可爱面包树

1. 新建一个名为"树干"的图形元件，进入编辑元件状态。在编辑区使用"线条工具"勾勒出树干的形状，如图4-4-18所示。

2. 将树根封口，这样可以方便填充树干颜色。将填充色设置成 "#C7C9A5"。当鼠标变成颜料桶形状时，在树干上单击即可填充树干，然后将封口的线条删掉，效果如图4-4-19所示。

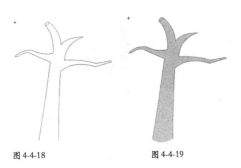

图 4-4-18　　　　　图 4-4-19

3. 再新建一个图形元件，将其命名为 "面包"。进入此元件的编辑状态，选择 "椭圆工具"。将笔触颜色设置为 "#FF9966"，高度为 "4"，填充色为 "#FFCC66"。按住 "Shift" 键画出一个正圆（见图4-4-20）。

4. 选中填充区，在颜色上选择 "放射状" 填充。设置左边的色标为 "#FFCC66"，Alpha 值为 "100%"；右边的色标为 "#FEDFB4"，Alpha 值为 "100%"。然后用 "渐变变形工具" 将圆的右下方改为深色，这属于暗部，如图4-4-21所示。

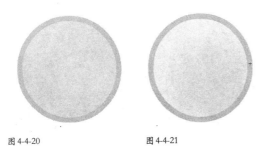

图 4-4-20　　　　　图 4-4-21

5. 为了使面包看起来很可爱就需要给圆加上高光。选择 "椭圆工具"，把填充色设置为 "白色"，笔触为 "没有颜色"，然后在空白地方画一个小椭圆。在颜色中将填充类型选择为 "线性"，色标颜色全是 "白色"，其中一个色标的 Alpha 值为 "0%"，另一个为 "100%"。这样可以使高

光的过渡更自然，如果看不清效果可以暂时把背景改为白色以外的其他颜色，如图4-4-22所示。

6. 接着使用 "刷子工具" 在空白处单击作为最亮的高光点。设置颜色为 "白色"，笔头大小根据实际情况调整。把这两个高光分别成组，将它们拖到圆上并调整好位置，如图4-4-23所示。

图 4-4-22　　　　　图 4-4-23

7. 再新建一个名为 "树" 的图形元件，将画好的树干和面包拖入编辑区，并多复制出几个面包，分别改变面包的大小和方向，如图4-4-24所示。

图 4-4-24

4.4.4　组合整体画面

1. 在放置背景图案的图层上新建一个名为 "面包树" 的图层，将树元件拖入图层中并复制出 4 棵树，然后摆放

好它们的位置，接着改变树的大小使画面有前后感。效果如图 4-4-25 所示。

图 4-4-25

2. 再新建一个图层将准备好的素材放置在画面中做点缀，如图 4-4-26 所示。

3. 到这里这幅画就画完了。执行"文件 > 保存"命令，将源文件储存到指定的位置，方便以后再进行其他风格的修改。

4. 再执行"文件 > 导出 > 导出图像"命令，在弹出的对话框中选择"BMP 格式"，单击"保存"按钮后会弹出一个"导出位图"对话框。将对话框中的"包含"选项设置为

"完整文档大小"，则导出的图片大小就以舞台的大小为准。还可以对分辨率依照个人需要设置大小。单击"确定"按钮即可将绘制好的图片导出到指定的位置，如图 4-4-27 所示。

图 4-4-26

图 4-4-27

第5课 使用文本对象

在本课中，您将学习到如何执行以下操作：

- 使用文本的属性和基本设置；
- 制作上下标、垂直文字和超级链接等；
- 将文字分散到图层中；
- 引用外部文本；
- 制作可以滚动的文本。

5.1 文本的基本使用方法

5.1.1 了解文本类型

在 Flash 中，文本区域有 3 种类型，它们所应用的范围各不相同。

静态文本：这种类型的文本主要用于显示静止不变的文字，多用于艺术字和排版。其灵活性很大，可以创建各种文字特效，还可以任意缩放、旋转、扭曲等，甚至可以在分离后和普通形状进行组合。

动态文本：这种类型的文本主要用来保存运行时计算或调入的内容，常见的有外部数据源及需要动态更新的文字和数值等。例如仪表、天气预报数据和球赛比分等。

输入文本：这种类型的文本主要应用于在运行时由用户来输入文本。一般用来验证用户真实性、获取用户数据。比如输入用户名和密码、回答问题、填写表单等，如图 5-1-1 所示。

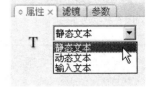

图5-1-1

文本是通过工具栏中的文本工具来进行输入的，然后在属性检查器中对已输入的文字进行修改和编辑。用户可以在属性检查器中按照自己需要的效果，在 3 种文本类型之间任意转换。Flash 中默认的文本类型是静态文本，而静态文本也是最常用的文本类型。

5.1.2 输入文字

1. 新建一个 Flash 文档，导入一张图片做背景。

2. 将背景图片拖入舞台，改变其大小使背景图片适合舞台。新建一个图层，在工具栏中选择文本工具，然后在舞台上单击（当然，用户也可以使用在舞台上拖曳出一个文本框的方法来输入段落文字）就会出现文本框和一个闪烁的光标。在文本框中输入"欢迎来到海底世界"字样，如图 5-1-2 所示。

图5-1-2

注意：默认情况下，静态文本框是水平并且可以扩展的，用户可以通过文本框右上角的空心环状控制手柄来辨认。当在同一行里持续输入文字时，文本框会自动向后延伸扩展以适应文本长度。

3. 如果输入的文字不是想要的文字颜色和字体，就需要对已经输入的文字进行修改。首先要选择这些文字，方法有 3 种：第 1 种，在文本框中圈选文字；第 2 种，双击文本框内部；第 3 种，单击文本框内部，然后按住快捷键"Ctrl+A"将其全选。

4. 在界面中找到属性检查器，如果界面中没有此面板，可以执行"窗口 > 属性"命令调出属性检查器。将文本类型选择为"静态文本"，字体选择为"隶书"，字体大小为"40"，如图 5-1-3 所示。

图 5-1-3

注意：在修改时，我们会发现属性检查器上的选项非常繁多，但通常需要设置的项目并不是太多。因为大多数常见的属性是默认的，例如颜色、对齐方式、文字方向等。当再次使用时，Flash 会默认以最近一次设置的参数为准。

5. 除了可以修改整段文字，在 Flash 中还可以对单个文字进行修改和设置。使用"文本工具"单击"欢迎来到海底世界"的文本框，然后圈选住"海"字，在属性检查器中设置颜色为"#00CCFF"，字体大小为"86"，字体样式为"方正舒体"，如图 5-1-4 所示。

6. 选中"底"字，在属性检查器中将其字体颜色设置为"#FF6600"，字体样式为"方正舒体"，字体大小为"60"，单击"切换斜体"按钮将字体变成斜体，如图 5-1-5 所示。

图 5-1-4

图 5-1-5

7. 选中"世界"两个字，根据作品的需要也为其改变相应的颜色、字体，效果如图 5-1-6 所示。

图 5-1-6

8. 另外，上标和下标在现实中经常会用到，这是一种在一行中比其他文字稍高或稍低的文字。例如在排版工作中常见的一些数学或化学之类的科学公式、脚注引用标记等。在舞台中输入化学公式，圈住所要修改为下标的数字，然后在属性检查器中单击"字符位置"，并在下拉列表中选择"下标"选项，如图 5-1-7 所示。

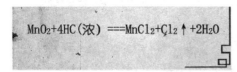

图 5-1-7

9. 再输入数学公式，选择要修改为上标的字母，并在属性检查器中将"字符位置"的选项选择为"上标"，效果如图 5-1-8 所示。

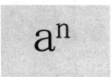

图 5-1-8

5.1.3　文字编排

1. 在一些中文古代诗词、对联和产品包装的设计上经常会出现垂直排列的文本，在 Flash 中也可以很方便地对文字进行垂直编排。圈选要排成垂直效果的文字，在属性检查器中单击改变文本方向按钮，如图 5-1-9 和图 5-1-10 所示。

图 5-1-9　　　　图 5-1-10

2. 在图 5-1-10 中可以看到，需要垂直排列的文字已经排列起来了。但是同时也可以看到，文字中的英文字母的方向还不对，需要将这些字母选中，然后单击改变文本方向旁边的旋转按钮就可以得到如图 5-1-11 所示的效果。

图 5-1-11

3. 另外，还可以通过将文字打散来制作分散文字效果。将需要分散的文字圈选住，执行"修改 > 分离"命令，或按快捷键"Ctrl+B"将文字打散，效果如图 5-1-12 所示。

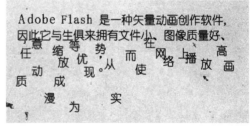

图 5-1-12

4. 将打散后的文字任意改变它们的位置，使它们看起来是自然分散放置的，如图 5-1-13 所示。

图 5-1-13

5. 选择工具栏中的"任意变形工具"，在文本中任意选择几个文字，对它们进行旋转或变形，如图 5-1-14 所示。

6. 执行"文件 > 保存"命令，并关闭该文件。

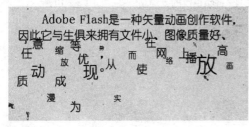

图 5-1-14

5.2 从外部载入文本

以外部文本文件的形式来加载数据的优点是便于修改和管理，也就是说当文字有变动时，无需打开 Flash 源文件，只要替换或编辑 .txt 文本文件就可以了。在本节的学习中，用户将掌握如何引用外部文本文件，并在 Flash 中使长篇文章可以通过滚动条来进行阅读。

5.2.1 制作外部文本文件

1. 新建一个文本文件，在该文件中编辑一篇有关夜晚的文章，并在文章的第 1 段的第 1 行前输入"text="，使这篇文章以"text="开头。其中 text 是用来和 Flash 交换数据的变量。将该文本命名为"night"，如图 5-2-1 所示。

图 5-2-1

注意：建立的文本文件一定要和与其相匹配的 Flash 文件在同一目录下。

2. 在储存"night"文本文件时，要特别注意，将对话框

最下面的编码列表中设为"UTF-8"编码格式，这个设置决定了引入文字后是否能正确显示中文信息，如图 5-2-2 所示。

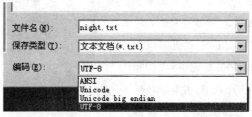

图 5-2-2

5.2.2 准备场景所需素材

一幅完整的作品除了精彩的"主角"制作，还少不了精致的"配角"搭配，因此在制作任何作品时都不可以忽略"配角"的作用。在这一部分将为文本制作与其相配的场景素材。

1. 新建一个 Flash 文档，执行"插入 > 新建元件"命令，新建一个名为"星星"的图形元件。

2. 在工具栏中选择"多角星形工具"，并在属性检查器中单击"选项"按钮。在弹出的"工具设置"对话框中将样式设置为"星形"，边数为"5"，星形顶点大小为"0.50"。将笔触颜色设置为"没有颜色"，填充色为"任意色"，如图 5-2-3 所示。

3. 在绘制区中画出一个五角星。使用"选择工具"将五角星的边变形为边框圆滑的星星，如图 5-2-4 和图 5-2-5 所示。

图 5-2-3

图 5-2-4

图 5-2-5

4．选中绘制好的星星，在颜色中将填充类型设置为"放射状"。将色带的最左边色标设置为"白色"，最右边色标的十六进制值为"#6941F3"。然后在色带中间添加一个色标，并将该色标设置为"#D99AF5"，具体设置如图5-2-6所示。

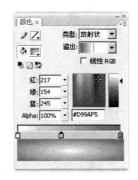

图5-2-6

5．使用"渐变变形工具"将星星的颜色调整好，如图5-2-7所示。再使用透明度为40%和不透明的两种笔刷，在星星上画出高光，如图5-2-8所示。

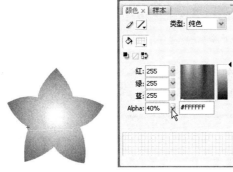

图5-2-7　　　　图5-2-8

6．由于是夜间的云，所以在绘制云的过程中要将颜色调得暗一些。将填充色设置为"#B3BDE6"，并使用"椭圆工具"画出云的形状，如图5-2-9所示。

图5-2-9

7．将该图形选中，按快捷键"Ctrl+D"复制出一个云的图形，将复制出的云填充为"#E6E9F7"，再使用"任意

变形工具"将颜色浅的云缩小一些，如图5-2-10所示。

图5-2-10

8．将做好的云选中按快捷键"Ctrl+G"组合成组。再次复制一个云，并使用"任意变形工具"画出一个小云放在大云的旁边。这样云看起来就丰富多了，如图5-2-11所示。

图5-2-11

9．接着使用"矩形工具"来绘制夜色中的楼房，将笔触颜色设置为"没有颜色"，填充颜色为"#879EC2"。为了不使楼房喧宾夺主，所以在绘制楼房的过程中所有颜色的亮度和饱和度都要降低。可以在颜色的亮度条上选择楼房的颜色，这样画出的图形色调统一，比较容易掌握颜色的变化规律，如图5-2-12所示。

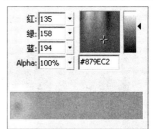

图5-2-12

10．使用"选择工具"，任意将楼房改变为夸张抽象的形状，具体效果如图5-2-13所示。

图5-2-13

11. 在工具栏中选择"矩形工具"，将笔触颜色设置为
"#E0E357"，Alpha 值为"53%"；填充色也是"#E0E357"，
Alpha 为"100%"。为了配合画面的整体色调，灯光的颜色
也要暗一些冷一些，如图 5-2-14 所示。

图 5-2-14

12. 选择"线条工具"，将笔触颜色设置为"黑色"，笔
触高度为"30"。在绘制区中画出一条纵向的直线，再使
用"选择工具"将直线变弯曲，这就是路灯的灯柱，如图
5-2-15 所示。

13. 接着使用"矩形工具"、"椭圆工具"和"线条工具"
画出灯的样子，效果如图 5-2-16 所示。

图 5-2-15　　　　图 5-2-16

14. 将画出的路灯形状组合起来。继续使用"矩形工
具"和"渐变变形工具"制作出灯在灯罩里发光的效果，
具体设置及效果如图 5-2-17 所示。

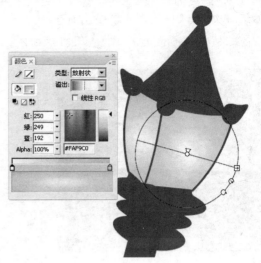

图 5-2-17

15. 在颜色中将填充类型设置为"线性"，在色带上将
左边色标设置为"#7E98BC"，Alpha 值为"100%"；右边色
标为"黑色"，Alpha 值为"0%"。使用"刷子工具"在路灯
上画出路灯上的高光，由于是夜里高光不可以太亮，效果
如图 5-2-18 所示。

16. 在工具栏中选择"椭圆工具"，将笔触颜色设置
为"没有颜色"，并在绘制区中画出一个椭圆。在颜色中
将填充类型设置为"放射状"，在色带上将左边色标设置
为"#F4E98A"，Alpha 值为"100%"；右边色标设置为"白
色"，Alpha 值为"0%"，如图 5-2-19 所示。

图 5-2-18　　　　图 5-2-19

17. 绘制出的椭圆即为路灯的灯光。将灯光选中并组合成组，按快捷键"Ctrl+ ↓"将灯光置于底层。为了查看灯光的效果，将背景颜色设置为深蓝色，如图5-2-20所示。

图5-2-20

　　备注：在一个图层中绘制出几个图形，若要改变这几个图形的前后位置，必须将图形都组合。按下快捷键"Ctrl+ ↑"和"Ctrl+ ↓"可以任意改变图形的前后顺序。

5.2.3　准备背景图片

1. 因为使用的文本是有关夜的文章，所以先要制作和文章内容相配的背景图来衬托这篇文章。执行"文件 > 导入 > 导入到库"命令，导入一张图片。按下快捷键"Ctrl+L"打开"库"面板，将导入的图片拖到舞台，效果如图5-2-21所示。

图5-2-21

2. 通过上图可以看出图片与舞台的位置和尺寸完全不同，需要对图片进行大小和位置的改变。选中图片，在属性检查器中设置宽为"550"，高为"400"，一般舞台的默认大小即为"550×400"，如图5-2-22所示。

图5-2-22

　　注意：在输入尺寸大小时会发现有一个小锁，如图5-2-22所示，当小锁是打开的状态时，可以任意改变宽和高的数值；当小锁是锁上的状态就说明宽和高的比例被约束。如果在调整图片大小时，不想改变图片的比例就可以将小锁锁上。

3. 此时图片的大小已经和舞台的大小一样了，如果手动将图片位置和舞台对齐就不会很精确，这里可以在属性检查器中将图片的"x"、"y"轴的数值都改为"0"。此时图片已经和舞台准确地对齐了，如图5-2-23和图5-2-24所示。

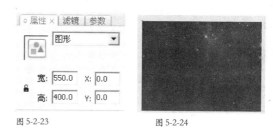

图5-2-23　　　　　　　　图5-2-24

4. 在"库"面板中拖出用来装饰背景的楼房、月亮、白云、星星、路灯和树，并将它们摆放好位置。注意在中间留出放置文本的位置，具体效果如图5-2-25所示。

图 5-2-25

5. 新建一个图层, 把该图层命名为"文章", 用来显示引用的外部文本。

6. 将笔触高度设置为"5", 颜色设置为"#FFFFCC", Alpha 值为"50%"; 填充色为"#0D0950", Alpha 值为 "45%"。在背景的中间部分画出一个矩形作为文章的衬托背景, 如图 5-2-26 所示。

图 5-2-26

5.2.4 引用外部文本

1. 新建一个图层, 将该图层命名为"标题"。选择文字工具在矩形上面输入文章的标题"夜——冥想", 选中这 3 个字并按下快捷键"Ctrl+B"将它们分离。选择"夜"字, 在属性检查器中将其字体颜色设置为"白色", 字体

大小为"48", 并把字体改为"华文行楷", 如图 5-2-27 所示。

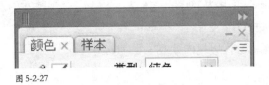

图 5-2-27

2. 在工具栏中选择"任意变形工具", 将"夜"字进行旋转, 如图 5-2-28 所示。

3. 将"冥"和"想"的字体设置为"方正毡笔黑简体", 颜色为"#D8CAEE", 字体大小为"38"。"夜"和"冥"中间的——的设置同"冥"一样, 如图 5-2-29 所示。

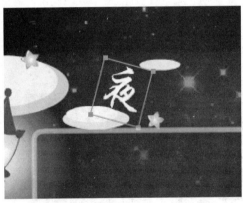

图 5-2-28

图 5-2-29

4. 在工具栏中选择"文本工具"，并在属性检查器中将文本类型选择为"动态文本"，输入实例名为"article"，字体为"幼圆"，字体大小为"16"，字体颜色为"#FFFFCC"，变量名称为"text"，线条类型为"多行"使文字在显示时自动换行，如图 5-2-30 所示。

图5-2-30

注意：以上的文本设置其实就是以后被引用的文本在该 Flash 中的显示情况。也就是说此时是如何设置的，那么当 Flash 输出后就是按照这些设置显示的。

5. 此时按下快捷键"Ctrl+Enter"测试一下影片，在测试中可以看到外部文本已成功引入到该 Flash 中，效果如图 5-2-31 所示。

图5-2-31

5.2.5　制作可滚动文本

1. 选择 article 文本框，执行"文本＞可滚动"命令即可使该文本框具有滚动的特性。

2. 因为使用的文本是从外部调入的，所以文本框本身的初始值是空的。为了防止滚动条误认为不必滚动，那么就需要双击文本框，在进入编辑状态后，多次按下"回车"键，大约与所引入的段落等长时为止，如图 5-2-32 所示。

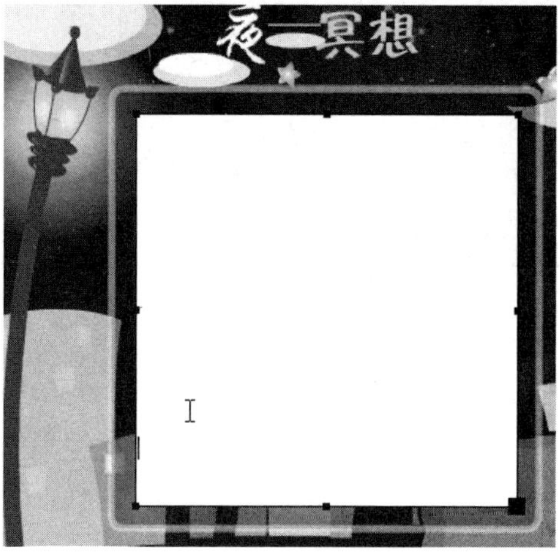

图 5-2-32

3. 当文本右下角的空心白色小框变成了黑色，那么就说明文本的可滚动性已经成功设置好了。

4. 为动态文本框添加控制长篇文章的滚动条，执行"窗口＞组件"命令或按下快捷键"Ctrl+F7"调出"组件"面板。

注意：这里所添加的滚动条是直接使用 Flash 中自带的滚动条组件 UIScrollBar。组件是指带有参数的影片剪辑，多数情况下，它们可以直接用来创建丰富的应用程序而不需要用户对脚本语言有深入了解，比较适合对脚本不太精通的用户。

5. 在"组件"面板中找到"User Interface"选项，并在其子选项中选择"UIScrollBar"组件，如图 5-2-33 所示。

图 5-2-33

6. 在"组件"面板中将选中的"UIScrollBar"组件直接拖入舞台，把它拖到文本框的右侧边缘，该组件就会自动和文本框产生关联，并自动附到文本框的右边框，自动改变为文本框的高度，如图 5-2-34 所示。

图 5-2-34

7. 执行"窗口＞属性＞参数"命令，调出"参数"面板，在参数面板中将"_targetInstance"选项右边输入文本框的实例名"article"，并把两者绑定在一起，如图 5-2-35 所示。

8. 在动态文本框图层上再新建一个图层，将"库"面板中的"星星"元件拖入到该图层，摆放好位置后再复制

一个，用"任意变形工具"将其缩小并进行旋转，效果如图 5-2-36 所示。

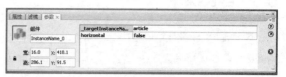

图 5-2-35

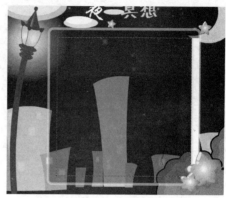

图 5-2-36

9. 完成后，按下快捷键"Ctrl+Enter"测试一下影片，如图 5-2-37 所示。

图 5-2-37

10. 在影片测试的状态下，用鼠标上下拖动滚动条上的滑块，如果文章在滑块的拖动下上下滚动，那就说明从外部载入文本并使其可滚动阅读的效果制作成功。

11. 执行"文件＞导出＞导出影片"命令，将制作好的影片导出。接着执行"文件＞保存"命令将文件保存。

5.3 自我探索

找一篇自己喜欢的文章，为该文章做一个与文章相配的阅读文章 Flash 动画。

1. 新建一个 Flash 文档，用导入图片或自己绘制的图片做背景。

2. 使用文本属性检查器设置字体的颜色、大小、排版方向，制作时尚的字体效果。

3. 使用动态文本和 UIScrollBar 组件，制作引用外部文本效果。

课程总结与回顾

回顾学习要点：

1. 如何使图片精确地适应舞台？

2. 如何将输入好的一段文字分散排列？

3. 如何使文本纵向编排？

4. 引用外部文本的意义是什么？

5. 如何使用滚动条组件？

学习要点参考：

1. 在默认状态下，选中背景图片，在属性检查器中将图片的宽设为"550 像素"，高设为"400 像素"，并将图片的 x 轴和 y 轴的坐标均设置为"0"。

2. 圈选需要分散的那段文字，执行"修改 > 分离"命令即可将整段文字都分散成单个文字，然后分别将单个的文字改变位置和大小。

3. 圈选要纵向排版的文本，在属性检查器中单击改变文本方向按钮，选择"垂直，从左向右"或"垂直，从右向左"选项。

4. 使用引用外部文本的方法输入文本可以便于修改和管理，如果文字有变动时，不用打开 Flash 源文件直接修改外部的 .txt 文件就可以了。

5. 按下快捷键"Ctrl+F7"调出"组件"面板，将 User Interface 选项的子选项 UIScrollBar 组件拖到舞台中，再将其移至文本框的右侧边缘即可直接使用。

Beyond the Basics

自我提高

字轮

5.4 文字动画效果

在许多设计中都可以看到环绕文字的元素，环绕文字就是所有文字都以同一个中心点排列在某一物体的周围。在一些软件中提供了环绕文字制作功能，但是 Flash 中却没有直接提供这个功能，因此我们需要用其他方法来实现。本课通过字轮案例来讲述文字的灵活运用及文字动画的制作。

5.4.1 建立背景图案

1．新建一个 Flash 文档，选择属性检查器的背景颜色设置，并将背景颜色设置为"黑色"。

2．在工具栏中选择"矩形工具"，使用"纯色"绘制几个长方形，如图 5-4-1 所示。

图5-4-1

3．选择工具栏中的"文本工具"，在属性检查器中将字体设置为"Impact"，

字体大小为"37"。用鼠标拉出一个文本框，在文本框中输入文字（注意，该方法同样可以使用中文）。如果文本框的长度不够输入所有文字，可以将鼠标放在文本框的右上角，当鼠标变成向左右延伸的光标时，向右拖动鼠标可以延长输入区域，如图5-4-2所示。

图 5-4-2

4．将 4 种颜色的英文文字输入完成后，圈选住"red"，并在属性检查器中将字体颜色改为"#2007F8"，形成与红色相差很远的蓝色，如图 5-4-3 所示。

5．接着继续选中"blue"，字体颜色设置为"#ADEF10"；选中"green"，把字体颜色改为"#00FFFF"；最后选中"yellow"，字体颜色选择为"#FF009C"，如图 5-4-4 所示。

图 5-4-3   图 5-4-4

6．全选中所有字母，按下快捷键"Q"，任意变形文字的宽度高度和大小，使其变形为图 5-4-5 所示的效果。

图 5-4-5

5.4.2 制作环绕文字

1．执行"插入＞新建元件"命令，将元件类型选择为"图形"，命名为"环形字"。进入编辑状态后，使用"椭圆

工具"在绘制区域画一个正圆,可以用来做环形文字的参照图形。

2. 使用"文本工具"在圆形上方拖出一个文本框,并将字体设置为"Impact",字大小为"22",字体颜色为"#9CCFFF"。再在文本框中输入字母"S",如图5-4-6所示。

3. 选择工具栏中的"任意变形工具",字母"S"上会出现8个控制手柄和1个空心的圆点,此圆点既为"S"的变形中心点。将中心点拖到圆形的中心,把圆形的中心点和"S"的中心点位置重合,使文字环绕的轴为圆形的中心点,如图5-4-7所示。

图5-4-6

图5-4-7

4. 按下快捷键"Ctrl+T"调出"变形"面板,在旋转角度中输入"13",接着单击变形面板的右下角的"复制并应用变形"按钮,如图5-4-8所示。

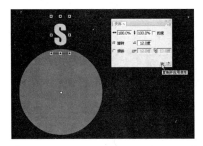
图5-4-8

5. 多次单击该按钮,旋转并复制出27个"S"作为以后将要修改的字母数量,如图5-4-9所示。

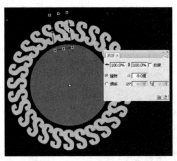
图5-4-9

6. 在工具栏中选择"文本工具"将复制出来的"S"逐一改成需要的文字"solid colour",因为是英文词组,所以要将空格部分的"S"删掉,如图5-4-10所示。

7. 如果有位置不正的字母,则需要将其逐一调整。

图5-4-10

8. 接着按快捷键"Ctrl+F8",插入一个名为"旋转环绕字"的影片剪辑元件。将制作好的环形字图形元件拖入舞台。

9. 不改变图形元件的位置,在时间轴上的第20帧上单击鼠标右键,选择"插入关键帧"命令。在第1帧处再单击鼠标右键选择"创建补间动画"命令,如图5-4-11所示。

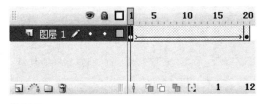
图5-4-11

10. 在属性检查器中将旋转设置为"顺时针",次数为"1"次,如图5-4-12所示。

11. 此时按下"Enter"键会发现,环形字图形元件在进行原地旋转运动。这样,字轮的基本动画就完成了,如图5-4-13所示。

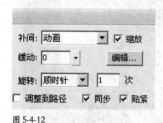

图 5-4-12

图 5-4-13

5.4.3 组合对象

1. 回到主场景，将"旋转环绕字"影片剪辑元件拖入到场景中，并调整好位置，如图 5-4-14 所示。

图 5-4-14

2. 再将"旋转环绕字"影片剪辑元件复制出两个，选择其中一个，并使用"任意变形工具"将其变小一些，放置在最大的影片剪辑的中心点上，如图 5-4-15 所示。

3. 为了使第 2 个影片剪辑和第 1 个影片剪辑有所区分，执行"修改＞变形＞水平翻转"命令，改变其旋转方向，再进行旋转变形，如图 5-4-16 所示。

图 5-4-15

图 5-4-16

4. 执行"窗口＞属性＞滤镜"命令调出"滤镜"面板，在"滤镜"面板中单击左上角的小加号按钮，并在弹出的下拉列表中选择"调整颜色"滤镜，如图 5-4-17 所示。

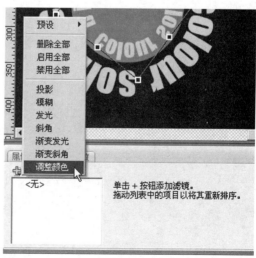

图 5-4-17

5. 在调整颜色控制面板中调整色相，其他几个参数保持默认值，如图 5-4-18 所示。

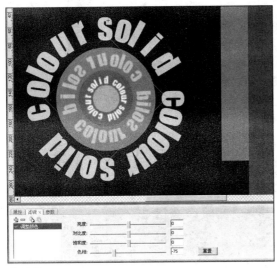

图 5-4-18

6. 接着将之前复制出的最后一个按照第 2 个影片剪辑的设置进行修改，方法同上，但是比第 2 个要再小一些，颜色也要和其他的两个不一样，如图 5-4-19 所示。

图 5-4-19

7. 按快捷键"Ctrl+Enter"测试影片，此时字轮就转动起来了，如图 5-4-20 所示。

图 5-4-20

8. 执行"文件＞导出＞导出影片"命令，最后再执行"文件＞保存"命令将文件保存。

第6课
制作导航按钮

在本课中，您将学习到如何执行以下操作：

- 按钮的4种状态有何含义；
- 制作按钮元件；
- 为按钮嵌套影片剪辑；
- 为按钮添加声音；
- 使外部载入图片受按钮控制。

6.1 创建按钮元件

6.1.1 了解按钮的基本知识

当执行"插入>新建元件"命令时，会发现在弹出的对话框里选择"按钮"选项并单击"确定"按钮即可进入按钮编辑状态，如图6-1-1所示。

图 6-1-1

当前的时间轴编辑界面和其他元件类型的编辑界面有所不同，如图6-1-2所示。

按钮元件拥有独立的时间轴，但和主时间轴有所不同的是它被限制为4帧，也可以称为4种状态，分别为"弹起"、"指针经过"、"按下"和"单击"。

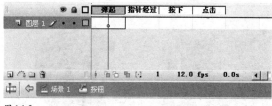

图 6-1-2

弹起：表示鼠标指针不在按钮上时的状态。

指针经过：表示鼠标指针移放在按钮上时的状态。

按下：表示鼠标单击按钮时的状态。

单击：这个状态是用来指定鼠标的单击范围，在影片中是看不到该单击区域的，它常用于制作透明按钮。

这4帧均可放入影片剪辑元件、图形元件和声音等素材，但是不能将一个按钮放入到另一个按钮中。

6.1.2 制作水晶按钮元件

1．执行"插入>新建元件"命令或按快捷键"Ctrl+F8"，新建一个按钮元件。选择"弹起"帧，在工具栏中选择"椭圆工具"，并将填充色设置为"#3300FF"，笔触颜色为"没有颜色"。

2．将"图层1"重命名为"背景"。按住"Shift"键在绘制区域画出一个正圆。在颜色中选择"放射状"填充类型，将色带左边的色标设置为"#3300FF"，右边的色标设置为"#BBABFE"，如图6-1-3所示。

3．使用"渐变变形工具"，拖动相应的手柄，将圆形调整为如图6-1-4所示的效果。

4．新建一个图层，将其命名为"高光"，将笔触颜色设置为"没有颜色"，填充色为"白色"。使用"椭圆工具"画出一个白色椭圆，如图6-1-5所示。

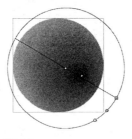

图 6-1-3　　　　　　　图 6-1-4

白色的三角形作为播放键放在画好的水晶按钮上，如图 6-1-9 所示。

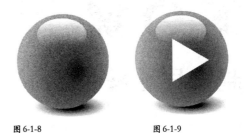

图 6-1-8　　　　　　　图 6-1-9

　　5. 在颜色中选择"线性"填充类型，色带上的色标均设置为"白色"，右边的色标 Alpha 值为"0%"。使用"渐变变形工具"将渐变效果调整为如图 6-1-6 所示的效果。

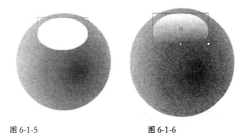

图 6-1-5　　　　　　　图 6-1-6

　　6. 再新建一个名为"阴影"的图层，将其拖到最后一个图层。使用"椭圆工具"画出一个椭圆，在颜色中使用"放射状"填充类型，把色带左边的色标设置为"#180275"；右边的色标设置为"白色"，Alpha 值为"0%"。然后把左边的色标略向右拖动，如图 6-1-7 所示。

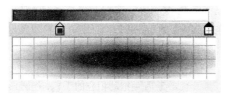

图 6-1-7

　　7. 用"渐变变形工具"调整阴影效果，使其看起来过渡更加自然，如图 6-1-8 所示。

　　8. 继续新建一个图层，使用"多角星形工具"画一个

　　9. 选择背景图层，在"指针经过"帧中插入关键帧，在"按下"帧中也插入关键帧。选择"指针经过"帧，在颜色中将两个色标的颜色亮度调亮，如图 6-1-10 和图 6-1-11 所示，使鼠标指针经过按钮时颜色发生变化。

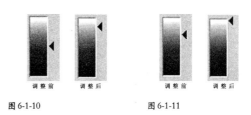

图 6-1-10　　　　　　　图 6-1-11

　　注意： 在很多时候可以通过调整颜色的亮度来调出丰富的色彩。

　　10. 接着在"按下"帧中将其他图层都插入帧，如图 6-1-12 所示。

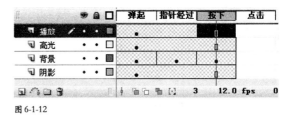

图 6-1-12

　　11. 按下"Enter"键测试按钮的效果。接着选择"背景"图层，在"单击"帧中插入关键帧并画一个矩形作为该按钮的单击范围，如图 6-1-13 所示。

图 6-1-13

12. 进入主场景，将设置好的按钮拖入到舞台中。按快捷键"Ctrl+Enter"测试按钮的效果，如图 6-1-14 和图 6-1-15 所示。

图 6-1-14

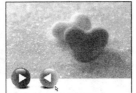

图 6-1-15

6.1.3 为按钮添加声音

1. 在主场景中双击按钮元件进入按钮编辑状态，新建一个名为"声音"的图层。"弹起"帧无需有声音，在"指针经过"帧插入空白关键帧，使指针只能在经过按钮或单击按钮时才能发出声音。

2. 执行"文件＞导入＞导入到库"命令，将声音文件"按钮声音 .mp3"导入到库。

3. 将属性检查器中的声音选择为"按钮声音 .mp3"，如图 6-1-16 所示。

4. 这时会发现，"声音"图层已经显示了音频的所有帧，如图 6-1-17 所示。

图 6-1-16

图 6-1-17

5. 回到主场景中，在测试影片时当鼠标划过按钮，按钮就会变亮并且发出声音。

注意：在测试按钮时，除了按快捷键"Ctrl+Enter"生成 SWF 动画来测试外，还可以执行"控制＞启用简单按钮"命令开测试，如图 6-1-18 所示。

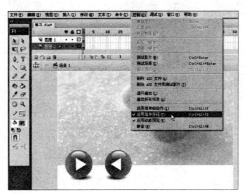

图 6-1-18

启用简单按钮模式可以直接在舞台中测试按钮，再次选择启用简单按钮可以取消这个功能。

6. 执行"文件＞保存"命令。

6.2 制作导航按钮

在本课的下一个部分中，将制作一个照片展示动画，在制作该动画的过程中会结合并运用到前面所学的知识，同时还会讲解更多按钮的使用方法和制作技巧。

6.2.1 绘制按钮图形

1. 新建一个 Flash 文件，按快捷键"Ctrl+F8"插入一个新元件，将该元件类型选择为"图形"，并为其命名为"按钮背景"。

2. 选择工具栏中的"椭圆工具"，将笔触颜色设置为"没有颜色"，填充颜色设置为"#FDB4FE"。

3. 在绘制区域画一个椭圆，并使用"任意变形工具"将其进行旋转，形成倾斜状，如图 6-2-1 所示。

4. 按快捷键"Ctrl+G"将这个椭圆组合起来。接着继续绘制一个和该椭圆大小一样，颜色较深一些的椭圆。

5. 把鼠标靠近第 2 个椭圆的边，当鼠标光标的右下方出现一小段弧线时，拖动椭圆的边将其变形成为图 6-2-2 所示的形状作为暗部。

图 6-2-1   图 6-2-2

6. 在颜色中将暗部图形的填充类型设置为"放射状"。在色带上将左边的色标设置为"#FFCCFF"，Alpha 值为"22%"；右边的色标设置为"#FE5FFE"，Alpha 值为"100%"。

7. 在色带上调整色标的位置，减少透明区域的面积，如图 6-2-3 所示。

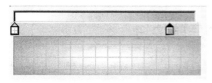

图 6-2-3

8. 使用"渐变变形工具"将暗部图形的渐变调整好，如图 6-2-4 所示。

9. 为了使图形更有质感，在图形上绘制出高光，用渐变效果制作高光可以使高光自然地呈现在图形上。在工具栏中选择"椭圆工具"，将笔触设置为"没有颜色"，填充色设置为"白色"。在颜色中选择"线性"填充类型，把色带上的色标都设置为"白色"，将左边色标的 Alpha 值调为"22%"，右边色标的 Alpha 值为"75%"。

10. 绘制一个椭圆，使用选择工具改变椭圆的形状，具体效果如图 6-2-5 所示。

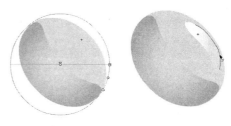

图 6-2-4   图 6-2-5

11. 选择"渐变变形工具"将高光调成由亮变暗的效果，如图 6-2-6 所示。

12. 在工具栏中选择"刷子工具"，将填充色设置为"白色"。把笔刷大小设置为适合图形的大小，使其和之前绘制的高光大小相配。用"刷子工具"在图形的上部单击，使其成为高光点，如图 6-2-7 所示。

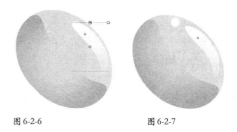

图 6-2-6   图 6-2-7

13. 执行"文件 > 保存"命令，将绘制好的按钮背景进行保存，用于后期制作按钮。

6.2.2 制作彩豆按钮

1. 执行"插入＞新建元件"命令, 新建一个元件, 选择元件类型为"按钮", 并为其命名为"彩豆 A"。

2. 进入彩豆 A 的编辑状态, 将按钮背景元件拖入绘制区。再建一个名为"底层"的图层, 选择"椭圆工具", 将笔触设置为"没有颜色", 填充色为"#C002C1", 画出一个椭圆, 该椭圆和按钮背景的形状一样但是比它大一些。将该图层放置到按钮背景图层的下面, 如图 6-2-8 所示。

3. 再新建一个图层, 同样绘制一个和按钮背景形状一样的椭圆, 该椭圆要比上一步绘制的稍大一些, 且颜色深一些。将该图层放置到最后一层, 调整好图形的位置, 使该图形与上一图形拼出厚度感, 效果如图 6-2-9 所示。

图6-2-8

4. 使用"文本工具", 选择"Hancock"字体, 字体大小为"85", 颜色为"白色"。拉出一个文本框, 在文本框中输入"A"字, 如图 6-2-10 所示。

图 6-2-9　　　　图 6-2-10

5. 选中"A"字, 按快捷键"Ctrl+D"复制一个 A 字, 将复制出的 A 字颜色修改为"#920193", 如图 6-2-11 所示。

6. 再选中深色 A, 按快捷键"Ctrl+↓"将其放在白色 A 的下面, 并调整好位置做出投影的效果, 如图 6-2-12 所示。

图 6-2-11　　　　　图 6-2-12

7. 选择"底层"图层, 在"指针经过"帧中双击"底层"中的椭圆图形, 进入图形编辑状态, 并将椭圆颜色再次填充为"#FDBCFE", 如图 6-2-13 所示。此颜色比填充前的颜色稍浅些, 也就是说当鼠标经过这个按钮时, 按钮会变亮。

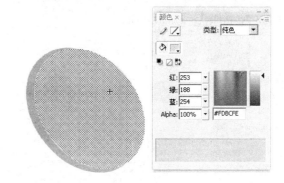

图 6-2-13

8. 在"底层"图层的"按下"帧中也同上一步一样调整。

9. 接着按照同样的方法再制作出"彩豆 B"、"彩豆 C"和"彩豆 D"另外 3 个按钮。这 4 个按钮之间的区别就是, 按钮上所写的字母不一样, 如图 6-2-14 所示。

图 6-2-14

6.2.3　准备背景图案

1．执行"插入＞新建元件"命令，新建一个图形元件并命名为"箭头"，如图6-2-15所示。

图6-2-15

2．进入箭头元件的编辑状态，在工具栏中选择"线条工具"，在属性检查器中将笔触颜色设置为"#E6FFFF"，笔触高度为"10"，类型为"实线"。在绘制区域画出几个方向不同的小箭头，如图6-2-16所示。

3．选中这几个小箭头将它们多复制出几个，并排列好位置，用来铺背景。

4．进入主场景，将图层1重命名为"后景"，将做好的箭头元件拖到场景中，如图6-2-17所示。

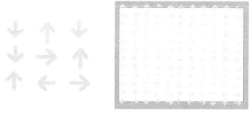

图6-2-16　　　　　图6-2-17

5．继续新建一个图层，将其命名为"前景"，将提前准备好的图形从库中拖入到舞台，并摆放好它们的位置，如图6-2-18所示。

6．再新建一个名为"按钮"的图层，将库中的彩豆按钮拖入舞台中。

7．将这4个按钮分别调成大小不一的形状。选中其中的一个按钮，执行"窗口＞属性＞滤镜"命令调出"滤

镜"面板。在滤镜面板的左上角单击 ⊞ 按钮，并在下拉列表中选择"调整颜色"选项，如图6-2-19所示。

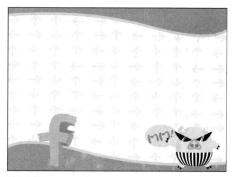

图6-2-18

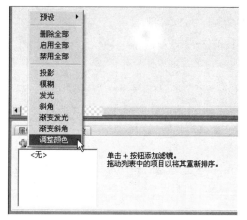

图6-2-19

8．在调整颜色面板中，将亮度、对比度、饱和度和色相的滑块按照图6-2-20所示进行拖动，改变按钮的颜色。

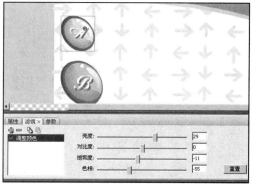

图6-2-20

备注：调整颜色滤镜是用来处理位图图像，它包括 4 个命令：亮度、对比度、饱和度、色相。

- 亮度，是指颜色的明亮程度，调整亮度实际上就是在原有颜色中整体添加白色使图片发白变亮；将图片整体变暗实际上就是在原有的整体颜色中添加黑色，使图片发黑变暗。应用到 Flash 中是通过调整亮度条上的滑块来实现，向左边拉变暗，向右边拉变亮。

- 对比度，是指整个图片中亮部和暗部的对比程度，若对比度比较强则亮部更亮，暗部更暗。若对比度较弱，则亮部减弱暗部也减弱。在 Flash 中也是通过拖动对比度条上的滑块来实现的，向左边拉对比度变弱，向右边拉对比度变强。

- 饱和度，是指图片中颜色的纯度，纯度越高图片就越鲜亮。反之则越暗淡。在 Flash 中调整饱和度只需拖动饱和度条上的滑块即可。

- 色相，指色彩的相貌，也就是人的视觉能感受到的红、橙、黄、绿、蓝、紫等一些不同特征的色彩，也可以说是色彩的倾向。拖动色相条上的滑块可以任意改变所选元件的颜色倾向。

9. 按照同一方法将其他想要修改的按钮进行逐一调整，效果如图 6-2-21 所示。

图 6-2-21

6.2.4 应用按钮

1. 首先准备 4 张大小一样的图片，它们的名称分别为 DD.jpg，EE.jpg，FF.jpg，GG.jpg 如图 6-2-22 所示，大小均为 "456 像素 ×368 像素"。

图 6-2-22

注意：这 4 张图片必须和 Flash 源文件在同一目录下。

2. 执行 "插入 > 新建元件" 命令或按快捷键 "Ctrl+F8" 新建一个影片剪辑元件，并将其命名为 "空间"，如图 6-2-23 所示，该元件是用来放置从外部载入的图片的容器，因此它是一个空元件。必须为外部图片建立一个可以放置的空间方可将图片载入进来。

图 6-2-23

3. 将空间元件拖到场景中，在场景中会显示一个空心小圆点。选中这个圆点，打开属性检查器，在属性检查器中将这个空间元件命名为 "room"。把该元件的 x 轴坐标设置为 "92"，y 轴坐标设置为 "24"，留出按钮的位置，如图 6-2-24 所示。

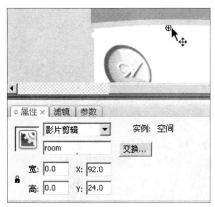

图 6-2-24

图 6-2-26

4.选择空间元件，执行"窗口>行为"命令调出"行为"面板，单击添加行为按钮 ，在弹出的列表中选择"影片剪辑"，并在影片剪辑列表中选择"加载图像"选项，如图 6-2-25 所示。

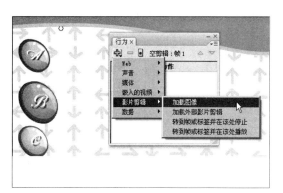

图 6-2-25

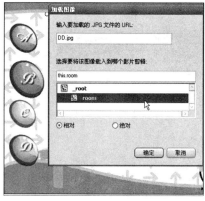

图 6-2-27

7.在弹出的"加载图像"对话框中，将图片"DD.jpg"输入到添加 URL 的文本框中，指定图片加载到的位置为影片剪辑 room，具体操作如图 6-2-28 所示。

5.选择"加载图像"选项后，在弹出的对话框中输入"DD.jpg"，并将要加载到的影片剪辑选择为"room"，如图 6-2-26 所示。

6.接着为按钮添加行为，选择"彩豆 A"按钮，执行"窗口>行为"命令或按快捷键"Shift+F3"打开"行为"面板。执行" （添加行为）>影片剪辑>加载图像"命令，如图 6-2-27 所示。

图 6-2-28

8.接着在"行为"面板中的事件列表中选择"按下时",当鼠标单击"彩豆 A"时,执行加载图片"DD.jpg"动作,如图 6-2-29 所示。

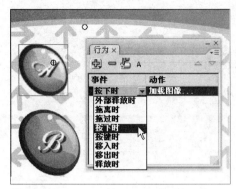

图 6-2-29

9.继续为"彩豆 B"添加行为。打开"行为"面板后执行"➕(添加行为)>影片剪辑>加载图像"命令,在"加载图像"对话框中输入需要加载的图片"EE.jpg",并选择要加载到的位置为影片剪辑 room。在事件列表中选择"按下时",如图 6-2-30 所示。

图 6-2-30

10.按照同样的方法分别为"彩豆 C"和"彩豆 D"添加行为。

11.按快捷键"Ctrl+Enter"测试影片。当单击左边的按钮时就会出现相应的图片,效果如图 6-2-31 和图 6-2-32 所示。

图 6-2-31

图 6-2-32

12.执行"文件>保存"命令,保存此文件。

6.3 自我探索

找几张自己喜欢的图片,制作几个形状各异的按钮来播放图片。

1.新建一个 Flash 文档,利用图形元件或影片剪辑元件制作个性的按钮效果。

2.分别为准备好的按钮和空的影片剪辑添加行为,使按钮在外观漂亮的同时又具有实用性。

3.切记用来从外部载入的图片要和 Flash 文件保存在同一目录下。

课程总结与回顾

回顾学习要点：

1. 按钮元件的状态有哪几种？

2. 如何设置按钮的单击范围？

3. 如何在舞台中测试按钮？

4. 如何为按钮添加声音？

5. 为按钮加载图片有哪些步骤？

学习要点参考：

1. 按钮元件的状态有"弹起"、"指针经过"、"按下"和"单击"这4种状态。

2. 进入按钮编辑状态，在"单击"帧中任意绘制一个图形，该图形的大小就是这个按钮的单击范围。

3. 执行"控制＞启用简单按钮"，即可在影片未测试的状态下测试按钮效果。

4. 首先从外部导入一个音频文件，在需要添加声音的帧中插入一个关键帧，打开属性检查器，并在列表中选择导入的声音文件的名称即可。

5. 选中要加载图片的按钮，执行"窗口＞行为"命令或按快捷键"Shift+F3"打开"行为"面板，执行"➕（添加行为）＞影片剪辑＞加载图像"命令，并在"加载图像"对话框中输入需要加载的图片名称，选择用来加载到的影片剪辑。

Beyond the Basics

自我提高

上班族

6.4 按钮动画的创建

按钮除了用来控制影片，还可以利用它的4个状态的特殊作用制作出奇特的按钮动画。本课通过"上班族"案例讲述各种元件在按钮中的运用。用户将学习如何使按钮个性化；学习如何将动画与按钮结合起来等。

6.4.1 制作按钮的图形元件

1. 打开 Flash 文档，新建一个名"back"的图形元件。在工具栏中选择"矩形工具"，将笔触设置为"没有颜色"，填充颜色为"#DEB4DB"，绘制一个长方形，如图 6-4-1 所示。

2. 使用"选择工具"将这个矩形变形，效果如图 6-4-2 所示。

图 6-4-1   图 6-4-2

3. 按快捷键 "Ctrl+G" 把这个图形组合起来, 再将它复制, 双击复制出的图形进入编辑状态, 将其颜色设置为 "#FFCFFF", 如图 6-4-3 所示。

图6-4-3

4. 接着选择工具栏中的 "线条工具", 笔触设置为 "白色", Alpha 值为 "50%", 笔触高度为 "10"。画出两条半透明的白线做装饰。

5. 再选择 "文本工具", 字体设置为 "方正卡通简体", 字体大小为 "34", 字体颜色为 "#FF0066"。拖出一个文本框, 在文本框中输入 "上班族", 将绘制区域的背景颜色设置为 "黑色", 便可以看到图 6-4-4 所示的效果。

图 6-4-4

6.4.2 制作小动画

1. 新建一个影片剪辑元件, 将其命名为 "circle"。进入编辑状态, 选择 "椭圆工具", 将笔触颜色设置为 "白色", Alpha 值为 "50%", 笔触高度为 "10"; 填充颜色设置为 "#DEB4DB"。并在绘制区域画出一个圆形, 如图 6-4-5 所示。

2. 在第 10 帧中插入关键帧, 选择第 1 帧中的圆形, 使用 "任意变形工具" 将其缩小。打开属性检查器, 将补间类型设置为 "形状", 如图 6-4-6 所示。

3. 此时可以看到, 时间轴上已经出现了绿色的形状补间动画, 如图 6-4-7 所示。

图 6-4-6

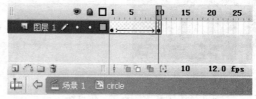
图 6-4-7

4. 新建两个图层, 在该图层中继续绘制并制作圆圈动画, 在时间轴上将第 2 个图层的起始帧放置在第 5 帧上, 在第 13 帧中插入关键帧, 并为该区间创建形状补间动画。将第 3 个图层上的起始帧放置在第 8 帧上, 在第 17 帧上插入关键帧, 也为此区间创建形状补间动画。将图层 1 和图层 2 均在第 17 帧中插入帧, 并将动画延伸至第 17 帧, 如图 6-4-8 所示。

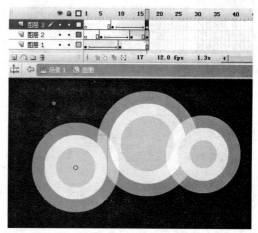
图 6-4-8

5. 新建一个名为 "No.1" 的影片剪辑元件, 选择 "线条工具", 将笔触设置为 "橘黄色", 笔触高度为 "5"。并在绘制区域画出一条直线, 如图 6-4-9 所示。

6. 在第 3 帧中插入关键帧，返回第 1 帧，将第 1 帧中的线条用橡皮擦工具擦掉一些，如图 6-4-10 所示，并在第 1 帧中创建形状补间动画。

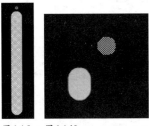

图 6-4-9　　图 6-4-10

7. 接着在第 4 帧中插入关键帧，在直线上再向右画出条线段，具体形状如图 6-4-11 所示。

8. 然后在第 6 帧中也插入关键帧，在这一帧中将横向线条延长，如图 6-4-12 所示，并在第 4 帧中创建形状补间动画。

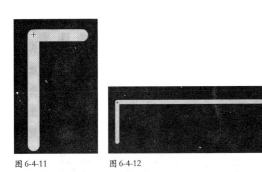

图 6-4-11　　　图 6-4-12

9. 测试动画时会发现：一个橘黄色的小点向上延长成一条线，再向右延长出一条长线，这就是简单的"线"动画。接着制作线延长后的动画。

10. 新建一个图层，在线动画结束后的第 7 帧中插入关键帧。将准备好的图片图形元件拖到绘制区，当"线"动画结束后就会出现这张图片，如图 6-4-13 所示。

11. 将图片制作成渐渐显示的动画。在第 10 帧中插入关键帧，返回第 7 帧，选中图片元件，在属性检查器中将颜色的列表中选择"Alpha"，并将 Alpha 值设置为"0%"，

如图 6-4-14 所示。

图 6-4-13

图 6-4-14

12. 在第 7 帧中创建动画补间，并将"线"动画层延长至第 10 帧，使线动画播放完之后渐渐显示图片，如图 6-4-15 和图 6-4-16 所示。

图 6-4-15

图 6-4-16

13. 再新建一个图层，并在第 10 帧中插入关键帧，执行"窗口>动作"命令或按"F9"键打开"动作"面板。在

"动作"面板中选择"全局函数>时间轴控制>stop"选项，使动画在播放完毕后停止不再重复播放，如图6-4-17所示。

图6-4-17

14. 接着按照同样方法为其余3个按钮制作类似的动画。

15. 新建一个名为"feather"影片剪辑元件，进入编辑状态，在工具栏中选择"矩形工具"，将笔触设置为"白色"，Alpha值为"50%"，笔触高度为"10"，填充色也为"白色"。然后在绘制区画出一个白色矩形，如图6-4-18所示。

图6-4-18

16. 使用"选择工具"，将矩形变形为一个羽毛的样子，如图6-4-19所示。

图6-4-19

17. 全选羽毛图形，单击鼠标右键并选择"转换为元件"命令或按快捷键"F8"将其转换为图形元件。在第12帧中插入关键帧，并选择"任意变形工具"，将变形中心点拖到左下角的控制手柄上，使羽毛图形以左下角为旋转轴心旋转大概45°即可。选择第1帧，将第1帧的变形中心点也拖到左下角，需要注意的是防止图形在变形时发生错位变形，如图6-4-20所示。

18. 新建一个图层，在第12帧中插入一个关键帧作为羽毛动画的起始帧，并将羽毛图形元件拖入绘制区。使用"任意变形工具"将第2层起始帧中的羽毛变形，其形状位置和第1层的第12帧中的图形一样。接着将第2层中的羽毛图形缩小，如图6-4-21所示。

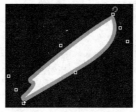
图6-4-20   图6-4-21

19. 在第20帧中插入关键帧，选择"任意变形工具"，将变形中心点拖至左下角，再次旋转约30°。回到第12帧，将该帧中的图形中心点也拖到左下角，并为其创建补间动画。将图层1延伸至第20帧，效果如图6-4-22所示。

图6-4-22

6.4.3 将动画运用到按钮中

1．新建一个按钮元件，为其命名为"第一步"。进入编辑状态，将图层 1 重命名为"上班族"，拖入 back 元件，分别在"弹起"帧、"指针经过"帧、"按下"帧和"单击"帧中插入关键帧，如图 6-4-23 所示。

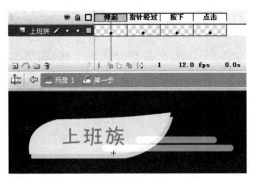

图 6-4-23

2．再新建一个名为"圆圈"的图层，在"指针经过"帧和"按下"帧中插入关键帧，并把名为"circle"的影片剪辑拖到 back 元件的左下角，效果如图 6-4-24 所示。其余帧中无需出现圆圈动画，只有当鼠标经过或按下按钮时才会出现圆圈动画。

图 6-4-24

3．继续新建一个图层，为该图层命名为"羽毛"。将羽毛图层拖至上班族图层的下面，使羽毛隐藏在 back 层下。该层和圆圈层的制作方法一样，只在"指针经过"帧和"按下"帧中出现"feather"影片剪辑动画，如图 6-4-25 所示。

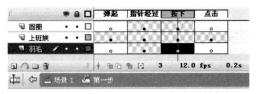

图 6-4-25

4．再新建一个"线动画"图层，在"指针经过"帧中插入关键帧，并将 No.1 影片剪辑元件拖入到绘制区，接着在"按下"帧中也插入关键帧。将线动画层拖至底层，使线动画在按钮图形的最底层，如图 6-4-26 所示。

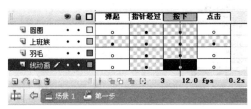

图 6-4-26

5．由于每个按钮的"线"动画图片不同，所以需要按照同样的方法再制作出 3 个包含效果各不相同的按钮，这里不再逐一讲解。

6．4 个按钮制作完成后，进入主场景，将图层 1 重命名为"背景"。把事先准备好的背景图片拖入舞台中，并调整图片的大小和舞台的大小一样，如图 6-4-27 所示。

图 6-4-27

7. 再新建一个名为"按钮"的图层,将做好的按钮元件全部拖入舞台,并排列好它们的位置,效果如图 6-4-28 所示。

8. 按快捷键"Ctrl+Enter"测试影片,当鼠标放在第 1 个按钮上时就会出现圆圈动画和羽毛动画,与此同时,相应的图片也会随着线动画出现。因为每个按钮代表的上班族动作各有不同,所以当鼠标放在不同的按钮上就会出现不同的图片,如图 6-4-29 所示。

9. 执行"文件>保存"命令将该文件保存。

图 6-4-28

图 6-4-29

第7课
规划时间轴

在本课中，您将学习到如何执行以下操作：

- 时间轴的组成；
- 帧的多种使用方法；
- 如何为帧添加标注；
- 如何为动画配音；
- 添加简单控制影片脚本。

7.1 使用时间轴

7.1.1 时间轴外观

在 Flash 中，时间轴是制作和编排动画的主要工具，它以图形的方式，把动画内容按照时间和空间的顺序进行排列。时间轴的主要组件是图层、帧和播放头，如图 7-1-1 所示。

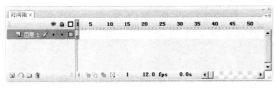

图 7-1-1

图层：图层是用来管理舞台中的元件和图形等素材的。它就像透明的纸一样，在舞台上一层层地向上叠加。图层不仅可以帮助用户组织文档中的插图，还可以在图层上绘制和编辑对象，而不会影响其他图层上的对象。如果

一个图层上没有内容，那么就可以透过它看到下面图层中的内容。

帧：帧实际上就是组成动画的每个画面，用来表示动画的时长。帧越多则动画的时间就越长，它的原理和电影胶片类似。用户可以根据自己的需要设置帧的外观，如图 7-1-2 所示。

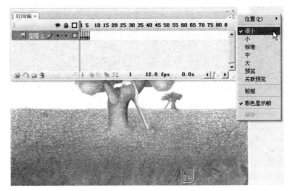

图 7-1-2

播放头：指示当前在舞台中显示的帧。播放 Flash 文档时，播放头从左向右通过时间轴。当用户拖动播放头时，在时间轴面板下方的当前帧显示中可以看到播放头当前所在帧的帧编号，并在舞台中显示当前帧中的图像。如果正在处理大量的帧，而这些帧无法一次全部显示在时间轴上，则可以将播放头沿着时间轴移动，从而轻松显示特定帧。

7.1.2 使用帧

帧是编排动画的重要组成部分。在开始制作动画之前需要对帧的使用方法作详细的了解，为以后动画的制作打下基础。

选择帧：当选择的是单帧，只需用鼠标在所要选择的帧上单击，即可选中这一帧。如果需要选择区间，在两个关键帧之间的任意一帧上双击，就可以选中此区间。选择连续的多帧或多区间时，在时间轴上单击然后拖动就可以

选中多个帧。另外还可以按住"Shift"键并单击,在当前选择集中添加帧。

注意:如果要同时选择不连续的多帧或多区间,可以按住"Ctrl"键进行选择。

移动帧:移动帧的方法非常简单,只需选中需要移动的帧,并将它拖动到新的位置即可。

插入帧:在需要插入帧的位置上用鼠标右键单击,然后在鼠标右键的快捷菜单中选择"插入帧"命令即可。也可以选择需要插入帧的位置后,按下快捷键"F5"插入帧。还可以执行"插入>时间轴>帧"命令来插入帧。插入帧后,该帧右边的所有帧都会沿时间轴向后移动。

插入关键帧:在时间轴上选择想要插入关键帧的位置,然后在鼠标右键的快捷菜单中选择"插入关键帧"命令。当然,也可以按下快捷键"F6"来插入关键帧。还可以执行"插入>时间轴>关键帧"命令来插入。

插入空白关键帧:在时间轴上选择想要插入空白关键帧的位置,在鼠标右键的快捷菜单中选择"插入空白关键帧"命令,或按下快捷键"F7"来插入空白关键帧。若在区间内插入空白关键帧,会把时间轴上下相邻的一个关键帧以前的内容完全清除掉。

复制帧:选中需要复制的帧,在鼠标右键快捷菜单中选择"复制帧"命令即可,或按下"Alt"键,然后将选定的帧拖动到时间轴的其他位置即可复制此帧。

粘贴帧:选择需要粘贴上已经复制或剪切好的帧的新位置,单击鼠标右键并在右键快捷菜单中选择"粘贴帧"命令即可。

扩展帧区间范围:如果需要改变区间的起始点,则只需选择并拖动起始关键帧到新的位置即可。

注意:如果单击并拖动非关键帧时,没有按住"Ctrl"

键,那么在拖到新位置之后,非关键帧会自动转换成关键帧。

清除关键帧:选择需要清除的关键帧,单击鼠标右键,并在快捷菜单中选择"清除关键帧"命令。或执行"修改>时间轴>清除关键帧"命令也可以将选择的关键帧清除掉。在清除掉一个关键帧后,其前面的关键帧的区间将会扩展到下一个关键帧。

编辑关键帧的内容:将需要编辑的关键帧选中,移动播放头到选中的帧上。则帧的内容会显示在舞台中,这时就可以对其进行编辑。如果编辑某一关键帧或区间中某一帧的内容,那么这些改变会应用到当前帧及其所属的区间上。

1. 打开素材的 Flash 文档,我们需要做的就是让花瓣在准备好的背景上飘落,如图 7-1-3 所示。

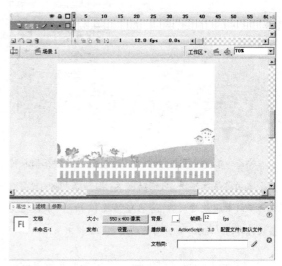

图 7-1-3

2. 新建一个名为"粉色花瓣"的图形元件,在该元件中绘制一个简单的花瓣图形,如图 7-1-4 所示。

3. 再新建一个名为"白色花瓣"的图形元件,为了让花瓣颜色没那么单调,就需要再制作出一个白色的花瓣。

而由于背景素材大部分都是白色，所以这个白色就需要将其调成灰白色，如图 7-1-5 所示。

图 7-1-4   图 7-1-5

4. 在场景 1 中新建一个图层，将粉色花瓣元件拖到场景中。然后在该层的第 60 帧中插入关键帧，如图 7-1-6 所示。

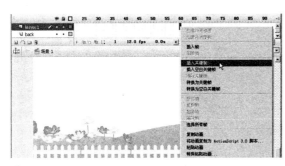

图 7-1-6

注意：在时间轴上，帧区间包含的帧越多则在播放时动画运动速度就越慢，时间就越长。因为在 Flash 中是以帧频来计算播放时间的，每秒中播放 12 帧，所以帧越多播放的时间就越长，动画的运动速度也就慢下来了。

5. 在花瓣层插入关键帧后，就直接跳至第 60 帧的动画场景。当然，由于没有为背景图层添加帧，它就只在第 1 帧中出现。而背景一般都会随着动画的时长一直存在，所以只需为背景图层延长帧就可以了，如图 7-1-7 所示。

6. 选择花瓣层的第 1 帧，将花瓣拖到场景外。再选择第 60 帧，也改变花瓣的位置，如图 7-1-8 和图 7-1-9 所示。

图 7-1-7

图 7-1-8

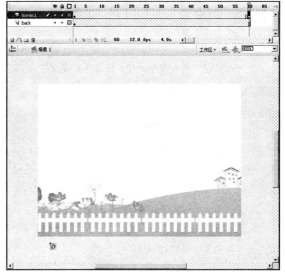

图 7-1-9

7. 选择第1帧，单击鼠标右键，并在右键快捷菜单中
选择"创建补间动画"命令。则时间轴上就会出现第1帧～第
60帧的一个青色帧区间和一个箭头。这时就表明我们已经
成功创建了一个动画补间，如图7-1-10和图7-1-11所示。

图7-1-12

8. 拖动播放头就可以看到花瓣从舞台外面移动到舞
台的左下方，如图7-1-13和图7-1-14所示。

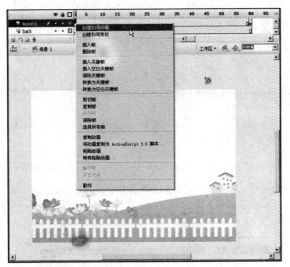

图7-1-10

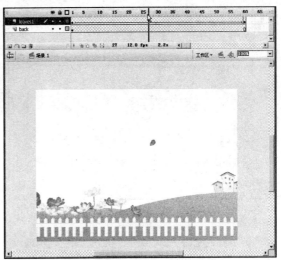

图7-1-13

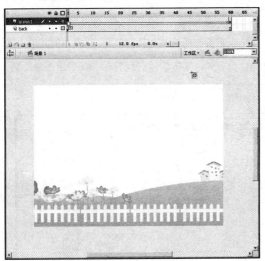

图7-1-11

图7-1-14

注意：如果在创建动画时，动画区间两端的关键帧中
使用的图像不是同类别的元件或图形，或者其中一个帧不
是关键帧，则在时间轴上的错误表现为青色区间中的箭头
变成了虚线，如图7-1-12所示。

9. 接着再新建图层，将白色花瓣拖到场景中制作关于
它的动画。与制作粉色花瓣不同的地方就是，将白色花瓣
拖到场景中之前在该层的第5帧中插入空白关键帧，如图

7-1-15 所示，使白色花瓣比粉色花瓣出现的晚一些。这样在制作飘动花瓣的时候就不会出现动画僵硬不灵活的情况。

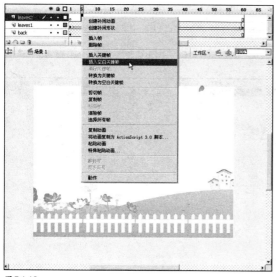

图 7-1-15

10．在插入空白关键帧的第 5 帧中拖入白色花瓣。此时，之前的空白关键帧因为有了内容就变成了关键帧，而第 5 帧～第 60 帧之间也自动出现了帧区间，如图 7-1-16 所示。

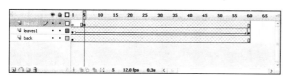

图 7-1-16

11．在创建动画时起始帧和结束帧必须得是关键帧，所以就需要选择第 60 帧，并在右键快捷菜单中选择"转换为关键帧"命令，将该帧变成关键帧以方便制作动画，如图 7-1-17 所示。

12．然后按照同样的方法制作白色花瓣的动画。但是这样会非常麻烦，而且还很耽误时间，如果天上飘得是雨或者雪的时候总不能花费很长的时间来制作每一个雨点和雪片。所以在这里就可以使用复制帧和粘贴帧的方法来制作重复动画。

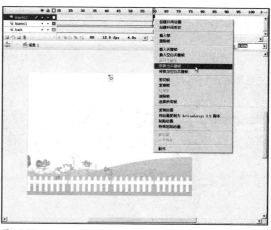

图 7-1-17

13．按住鼠标左键不放，从起始帧开始向结束帧的方向拖动，直到起始帧到结束帧部分全被选中变成黑色，如图 7-1-18 所示。

图 7-1-18

14．当需要选择的帧全被选中后，释放左键并单击鼠标右键，在快捷菜单中选择"复制帧"命令将所选帧复制，如图 7-1-19 所示。

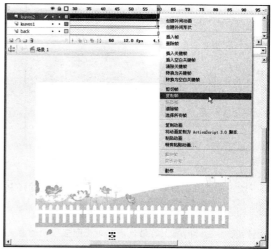

图 7-1-19

15. 新建一个图层，在第10帧中插入一个空白关键帧，并在该帧上单击鼠标右键并在快捷菜单中选择"粘贴帧"命令，将复制好的帧粘贴到这个位置。粘贴完毕后，将结束帧后多余的延长帧删除掉，再将起始帧和结束帧中的图形元件稍作改变使它们有所区别，如图7-1-20所示。

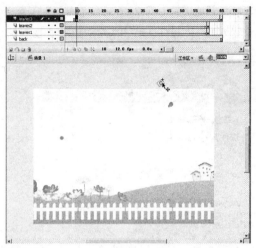

图7-1-20

16. 接着再复制并制作几个花瓣动画的图层，这样可以改变这些图层中动画补间帧的数量和花瓣的大小，那些花瓣就可以实现有快有慢，有近有远的效果了，如图7-1-21所示。

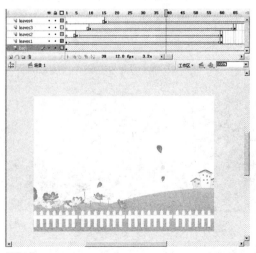

图7-1-21

7.2 编排时间轴

在本课的这一部分将运用前面讲到的知识来制作一个Flash MV，在制作过程中会更深入的将理论应用到实际使用中。

制作Flash MV并不是一件简单的事，需要做很多准备工作。首先要选择一首合适的音乐，或者自己录制音乐。接着要按照歌曲的大概内容来编写一个剧本，还需要设定动画的场景和"主角"的造型。最后就需要导演，也就是制作MV的人来"拍摄"动画，这样，用户也可以做一次专业导演了。

7.2.1 准备音乐

选择一首好听的音乐可以为MV增彩不少。不过在挑选过程中要注意版权问题，一定要在MV中标注歌曲的来源，如作词、作曲、演唱者等。

一般来说，在选择歌曲时大多数人会选择MP3格式的歌曲。这种声音压缩格式很常见，它具有文本体积小、声音质量好的优点，在Flash MV中完全能够被使用。另外还有一种波形声音文件格式WAV，也是常用的声音格式。WAV是一种高品质声音，其音质与CD差不多，常用于类似"电话声"、"爆炸声"、"门铃声"等简短的声音表现。但是由于WAV对储存空间的要求比较大，从而造成交流和传播的不方便。因此它不适合作为时间较长的背景音乐。

如果选用的音乐文件来源于CD或是其他Flash不支持的声音格式，就需要使用一些声音处理软件来将它们转换为标准的MP3格式，然后再将其导入到Flash中以备使用。

1. 新建一个Flash文档，执行"文件>导入>导入到库"命令，将准备好的音乐导入到库中，如图7-2-1所示。

2. 选择导入到库中的音乐，单击鼠标右键并选择"属性"命令，或双击声音图标来打开"声音属性"对话框，如图 7-2-2 所示。

图 7-2-1

图 7-2-2

3. 在这个对话框中，用户可以更新在外部修改过的文件属性，还可以使用导入声音选项来更换声音，也可以在压缩选项列表中对声音进行压缩，来为动画"减肥"。对声音采样比特率和压缩程度的不同，那么声音的质量和声音的大小也就不同了。声音的压缩倍数越大，采样比率也就越低，声音文件就变得越小，但质量也就越不好。

7.2.2 准备素材

1. 首先来制作 MV 前的开始画面。如果制作好的 Flash MV 只是在网络上发布，那么对舞台的尺寸就没

有特殊的要求，一般情况下都使用默认的 550 像素 × 400 像素的尺寸。如果需要把 MV 输出成 AVI 视频文件在电视上播出，就需要严格将尺寸设置成 720 像素 × 576 像素的大小。而且在默认帧频的情况下，输出的动画会因为网络速度及图形耗费资源的原因，造成在播放时出现停顿或跳帧的现象。在这种情况下就需要将帧频设置为 25fps，以保证动画的正常播放，如图 7-2-3 所示。

图 7-2-3

2. 对于开始画面的制作，可以使用 Photoshop 软件处理一张图片作为开始画面，并将其导入到 Flash 中，如图 7-2-4 所示。

图 7-2-4

3. 接着再使用"文本工具"为开始画面添加上歌曲名

称、词曲的作者，以及动画制作等，并绘制一些装饰品来装饰开始画面，如图 7-2-5 所示。

图 7-2-5

7.2.3 制作演员和道具

1. 在这个 MV 中需要两个"主演"来演歌曲内容。新建一个图形元件，将其命名为"粉兔子"。进入编辑状态后，选择"椭圆工具"和"选择工具"先画出兔子的头，如图 7-2-6 所示。

2. 接着再使用"矩形工具"绘制出兔子的身体，如图 7-2-7 所示。

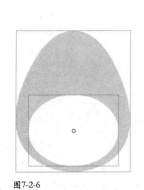

图7-2-6   图7-2-7

备注：在绘制图形时，使用椭圆和矩形工具就可以得到所需的图形，而不需要使用钢笔工具来一点一点的画。灵活使用工具栏中的工具可以使绘制工作变得既有趣又轻松。

3. 继续绘制出兔子的眼睛、四肢和耳朵，如图 7-2-8 所示。

4. 另外还需要再绘制一个蓝兔子。在粉兔子元件中将绘制出的兔子图形复制。然后再新建一个蓝兔子图形元件，并在其编辑区内将复制的粉兔子粘贴到这里。最后来改变头和衣服的颜色就可以了，如图 7-2-9 所示。

图7-2-8   图7-2-9

注意：以上两个"主角"元件只是动画中的一个正面造型，整个动画需要有两个"主角"的多种造型配合来完成。

5. 接着就需要准备道具了，新建一个叶子图形元件。使用"线条工具"绘制出一个树叶的轮廓，如图 7-2-10 所示。

图7-2-10

6. 使用"颜料桶工具"为树叶填充颜色。在颜色中将填充类型设置为"线性"，将树叶填充成有光感变化的效果，如图 7-2-11 所示。

7. 然后再将笔触高度设置为"4"，颜色则使用叶子的填充色。这样画出来的叶脉颜色可以和叶子相匹配，并且还可以对叶脉进行渐变调整，效果如图 7-2-12 所示。

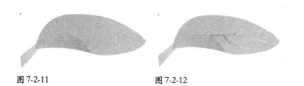

图 7-2-11   图 7-2-12

8．再为叶子画一个枝条，不能让叶子凭空出现，如图 7-2-13 所示。

9．新建一个名为"爱心草"的图形元件，并在该元件中使用绘图工具画出一个绿色的小草，如图 7-2-14 所示。

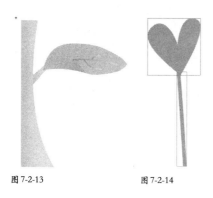

图 7-2-13   图 7-2-14

10．将绘制好的小草多复制出几个并改变它们的颜色、大小和位置，尽量使它们看起来更自然一些，如图 7-2-15 所示。

图 7-2-15

11．新建一个"绿色"图形元件，作为动画背景，在该元件编辑区域绘制出图 7-2-16 所示的效果。

图 7-2-16

12．继续制作整个 MV 中出现频率较高的一个图形，它在动画中要担任按钮和两只兔子的"飞行器"两个角色。

新建一个名为"心形"的图形元件，在绘制该图形时可以执行"视图＞标尺"命令或按快捷键"Shift+Ctrl+Alt+R"来显示标尺，从标尺上拖出一条辅助线，并使用"钢笔工具"对该图形进行绘制，如图 7-2-17 所示。

13．为这个心形图形填充上颜色，再利用颜色和渐变变形工具为心形图形填充渐变的效果，如图 7-2-18 所示。

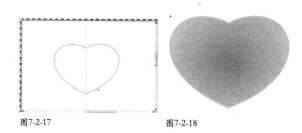

图 7-2-17   图 7-2-18

14．将填充部分复制出两个，然后使用"任意变形工具"分别将复制出来的图形缩小一些。再使用"渐变变形工具"将它们的填充类型设置为"线性"，如图 7-2-19 所示。

15．此时的心形图形看起来非常暗淡无光，而且也不够有质感，所以就需要为它添加高光来点亮它的效果。制作高光时可以灵活一些，在颜色上将渐变的一个色标设置为全透明的，就可以营造出高光到填色部分的自然变化，如图 7-2-20 所示。

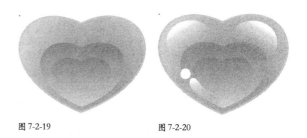

图 7-2-19   图 7-2-20

16．接下来制作开始页上的开始按钮。新建一个按钮元件，将心形元件拖到图层 1 中，接着在"弹起"帧、"指针经过"帧、"按下"帧和"单击"帧中均插入关键帧。在"指针经过"帧中将心形图形放大一些，在"单击"帧中再将心形图形缩小一些，当单击按钮时能有一些变化。接着再新建一个图层，在该层中使用"文本工具"在心形图形上写上"PLAY"字样，如图7-2-21所示。

图 7-2-21

17. 在制作飞行心影片剪辑元件时也和按钮的制作方法一样，将心形元件拖到图层1中，新建一个图层并将该图层拖到心形图形的下面。使用"椭圆工具"画出3个白色的小椭圆，把它们斜向排列组成一个翅膀的大概形状，接着再将它们全选中并分离，再使用"选择工具"将它们调整成翅膀的形状。最后再对翅膀进行装饰和调整颜色，如图7-2-22所示。

图 7-2-22

18. 将画好的翅膀转换为图形元件，以备后期使用。再建一个图层，在该层中将翅膀元件拖进来，改变翅膀的方向和位置，形成展翅的心形，如图7-2-23所示。

图 7-2-23

19. 在两个翅膀图层的第10帧和第20帧分别插入关键帧，改变翅膀的位置和形状，分别为两个图层创建动画补间，使得两个翅膀比翼双飞，如图7-2-24所示，延长图层1至第20帧。该影片剪辑在动画中将与两个"主角"造型组成一个结束动画。

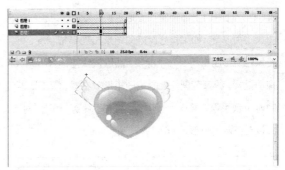

图 7-2-24

7.2.4 编辑 Flash MV

1. 在场景1中，新建一个图层将开始按钮拖到该层中。再新建一个文件夹，将开始页中需要的所有图层都放到这个文件夹中，双击该文件夹将其重命名为"开始页"，如图7-2-25所示。

图 7-2-25

2. 在"库"面板中将之前为开始页制作所需的元件放置在一个文件夹中。制作比较复杂的动画时，在图层面板和库面板中使用文件夹对图层和素材进行归类管理，可以使我们的工作变得非常有条理。

　　3. 选择开始页文件夹上方新建的图层，在该层的第 2 帧中插入空白关键帧。为了适应通常的视觉习惯，使动画看起来更有味道，需要在该层中制作宽屏效果。将笔触颜色设置为"没有颜色"，填充颜色为"黑色"。使用"矩形工具"在舞台中的上部绘制长方形色块，长宽可以根据舞台的大小而改变。如果担心画好的图形出现穿帮状况，可以将黑色矩形超出舞台几个像素。然后按快捷键"Shift+Alt"拖动鼠标，约束范围并复制相同矩形放在舞台下部。若复制时出现手误，可执行"窗口＞对齐"命令，调出"对齐"面板对齐两个矩形，如图 7-2-26 所示。

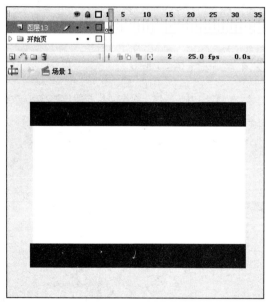

图 7-2-26

　　4. 接下来建立一个保护区域，用来遮挡不愿让观众看到的内容。比如避免屏幕元素在运动过程中超出舞台范围时出现穿帮。就好像在拍摄电视剧时，摄像师不希望拍摄到工作人员和摄影器材一样。新建一个图层，命名为"保护区域"，并拉出 4 条辅助线将舞台框起来，然后继续用"矩形工具"，绘制黑色矩形把周围工作区填满。因为是相同的颜色，因此这些矩形在视觉上会自动融合为一个整体。另外需要注意的是，因为刚刚建立的这两层主要都是为了遮挡，所以之后建立的所有可见内容层都必须要在这两层的下面方可，如图 7-2-27 所示。

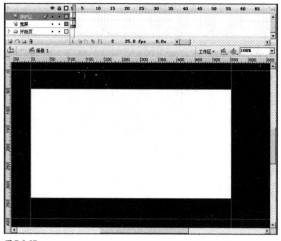

图 7-2-27

　　5. 新建一个图层，将该层命名为"音乐"，把已经导入到库中的"躲在我的温柔 .mp3"声音文件拖到舞台中，这样就添加上了这个声音。还可以在属性检查器中将声音选项选择为"躲在我的温柔 .mp3"，如图 7-2-28 所示。

图 7-2-28

　　6. 在时间轴可以看到，添加的音乐只有一帧显示，需要添加帧才能看到音乐的波形。具体延长多少帧可以使用两种方法来解决这个问题，第一种是计算法：在属性检查器中能够看到一些音乐的信息，如图 7-2-29 所示。从图中可以看到"44kHz 立体声 16 位 70.5s 845.7KB"的字样，这就告诉我们这首歌的持续时间为图中的"70.5s"。使用歌曲时间长度与帧频相乘可以计算出歌曲所占的帧数。在这里我们将帧频设置成 25fps，所需要延长的帧数就是 70.5×25=1762.5。

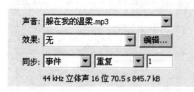

图 7-2-29

7. 另一种方法是在属性检查器中单击"编辑声音封套"按钮，打开"编辑封套"对话框。在该对话框的右下角部分将显示模式选择为帧，这样就会以帧为单位来显示声音的刻度。往右拖动对话框下边的滚动条，一直拖到最右边，就会看到灰白交界处，这里所标识的就是声音的长度为 1762.5 帧，也再次证明了刚刚计算的数值正确，如图 7-2-30 所示。

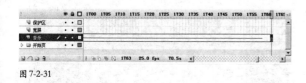

图 7-2-30

8. 由于计算出的帧数不是一个整数，在插入帧时就要四舍五入最终的数字结果，所以就需要在第 1763 帧中插入帧。在时间轴上可以看到延长到该帧出现音波形的尾部，也就是说这个动画的最后一帧就在这里了，如图 7-2-31 所示。

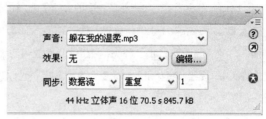

图 7-2-31

注意： 由于宽屏和保护区的画面要一直持续到动画

结束，所以将这两个图层也延长至 1763 帧。

9. 声音已经添加完毕，接下来要能够将声音和动画同步。在属性检查器中提供了 4 种同步选项：事件、开始、停止、数据流。在这里选择"数据流"模式，因为该模式是以流的方式强制分配给动画中相对应的帧。放在网络上后可以完全和动画同步，如图 7-2-32 所示。

图 7-2-32

- **事件：** 是默认的模式，选择该模式后，影片会等待声音下载完毕才开始播放，以声音为主。若声音已经下载完毕，而影片内容还在下载，就会先播放声音。如果影片已经播放完毕，但声音还在播放，那么它就会一直播放声音直到完才结束整个动画。

- **开始：** 选择这种模式后，它会在播放前检测是否正在播放同一个声音，如果有就会放弃这次播放，如果没有才进行播放。

- **停止：** 该模式不是用来设定播放方式的，当选中该项时，指定的声音将变成静音继续播放。

- **数据流：** 该模式多用于在网络上同步播放声音。这种播放模式不必等待全部的声音下载完再播放，而是下载多少就播放多少。由于该模式是强制动画和声音同步的，所以当动画下载进度超前于声音，那么没有播放的声音部分就直接跳过，接着播放当前帧分配到的声音部分。

10. 动画中出现的第 1 个场景是蓝兔子乘着一片树叶向粉兔子飞去，需要"演员"做出相应的表演，和场景中的"道具"配合。将准备好的图片元件合理的摆放在舞台中，如图 7-2-33 所示。

图 7-2-33

11. 此时粉兔子就要出现在场景中的大叶子上，在场景中绘制一个坐在叶子上的粉兔子元件。在"库"面板中新建一个名为"场景1"的文件夹，并将该元件放到场景1文件夹中。在绘制粉兔子的时候要顺便画出叶子上的阴影，如图 7-2-34 所示。

图 7-2-34

12. 在粉兔子图层的第 50 帧中插入关键帧，再将第 2 帧中粉兔子元件的 Alpha 值设置为"0%"，并创建补间动画，如图 7-2-35 所示。

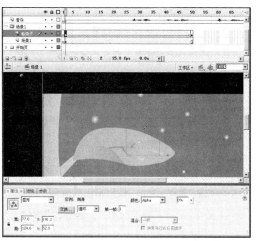

图 7-2-35

13. 新建一个蓝兔子的图形元件，参照粉兔子的画法在该元件的编辑区内画出图 7-2-36 所示的图形。

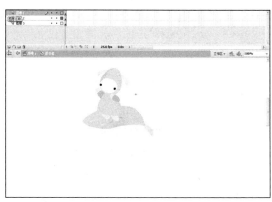

图 7-2-36

14. 接着再制作蓝兔子向粉兔子飞去的动画。在场景1的文件夹中新建一个"蓝兔子"图层，在该图层的第 60 帧插入关键帧并把蓝兔子图形元件拖入舞台的右下脚，进行缩放，如图 7-2-37 所示。同样在第 125 帧插入关键帧，把蓝兔子元件拖到粉兔子旁边，并对蓝兔子进行等比例放大，选中第 60 帧创建补间动画，如图 7-2-38 所示。

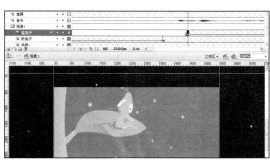

图 7-2-37

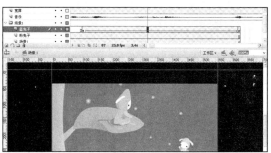

图 7-2-38

15. 在制作该动画时，要注意动画与音乐的同步，可以执行"窗口＞工具栏＞控制器"命令打开控制器来播放和暂停音乐，或按下"Enter"键来测试制作的动画内容与音乐是否相符，如图7-2-39所示。

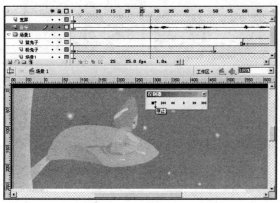

图7-2-39

16. 在制作Flash MV时，除了要使动画与音乐同步，还需要使相应的歌词也与音乐同步。首先要明确每句歌词在帧中所处的位置，在时间轴上把歌词标注到该句出现的起始帧上，为制作歌词字幕作提示。判断歌词的起始位置可以使用控制器，还可以直接从时间轴上声音的波形来判断。但是在标准模式下很难准确地判断出歌词的起始位置，所以需要把时间轴显示模式设置为"预览"，在预览模式下就可以将波形声音看得更清楚，如图7-2-40所示。

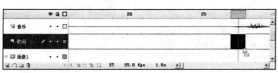

图7-2-40

17. 新建一个歌词图层，经过多番测试后，准确的将歌词开始帧选中，并将其转换为关键帧。回到正常模式下调出属性检查器，在左侧的帧标签处输入"// 牵着你的手，让你靠在我的肩头"，其中"//"代表其为一个注释。需要注意的是，该注释只是起到一个标注和参考作用，不会显示在最终的作品中。按照同样的方法添加其余的帧标签，如图7-2-41所示。

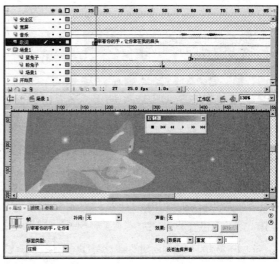

图7-2-41

18. 将所有歌词的备注添加完毕，就需要来添加真正要显示的歌词了。在场景1文件夹里新建一个图层，并将其也命名为"歌词"，使用"文字工具"在场景的下方输入歌词，如图7-2-42所示。

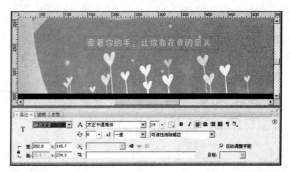

图7-2-42

19. 由于歌词的长短不统一，在文本框中使用"居中对齐"，避免以后的文字在文本框中错位。使所有歌词的位置都统一的方法很简单，只需将第1句调整好的歌词复制，并在其他场景中需要歌词时将复制的第1句粘贴过去，因为之前在文本框中也设置了居中，所以即使歌词和第1句长短差距很大，也会自动居中。按照同样的方法制作其他的歌词，如图 7-2-43 所示。

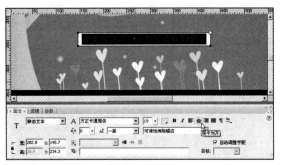

图 7-2-43

20．歌词在场景中的出现可以不必太生硬，使用一些简单的淡入淡出效果使文字的过渡柔和一些。在歌词层的第 27 帧～第 100 帧之间创建动画，接着再分别在第 32 帧和第 95 帧中插入关键帧，把第 27 帧和第 100 帧中的文字 Alpha 值设置为 "0%"，如图 7-2-44 所示。

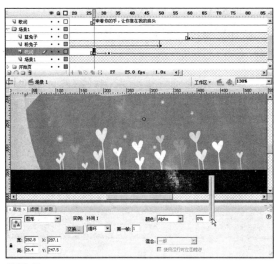

图 7-2-44

21．既然要像拍电影一样来制作这个 MV，那么在每个 "场景"（即同一场景不同的主题画面）之间就需要添加一些转场效果。可以将前一个画面的 Alpha 值由 "100%" 向 "0%" 转变，把后一个画面的 Alpha 值由 "0%" 向 "100%" 转变。当前一个 "场景" 变淡消失的过程中，后一个 "场景"

渐渐显示，这种就被称为淡入淡出效果，如图 7-2-45 ～图 7-2-47 所示。

图 7-2-45

图 7-2-46

注意：以上所谓的 "场景" 并非 Flash 文档中的实际场景，而是一个场景中的不同画面，整个 MV 都是在同一场景中完成的。

图 7-2-47

22．按照同样的方法制作其他 "场景" 之间的转场效果，当然转场不一定都是淡入淡出的效果，也可以发挥自己的想象制作出其他好看的效果，后两个 "场景" 的效果可参见图 7-2-48 和图 7-2-49。具体制作方法可参见第 1 场景，在这不再赘述。

图 7-2-48

图 7-2-49

23．当制作完所有的动画，按快捷键"Ctrl+Enter"测试时会发现，所有动画都按照时间轴上编排的顺序进行播放，但是当它们播放完毕后就又开始重复播放，所以需要为动画添加简单的影片剪辑播放控制代码。首先在开始页中新建一个脚本图层，选择该层的第 1 帧，打开"动作"面板。在该面板左边的动作工具箱中选择全局函数，并在全局函数选项中选择"时间轴控制"，然后再在时间轴控制选项中选择"stop"，双击该选项将其添加到脚本图层的第 1 帧中，如图 7-2-50 所示。

图 7-2-50

24．这样，播放到第 1 帧时所有图层都停止在该帧不再继续播放。接着需要添加一个使动画播放的命令，选择之前放置在开始帧中的开始按钮元件，打开"动作"面板。执行"全局函数 > 影片剪辑控制 > on"命令，添加鼠标命令，如图 7-2-51 所示。

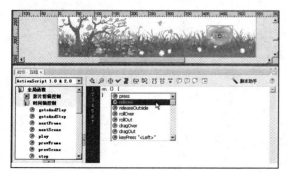

图 7-2-51

25．接着再添加当鼠标释放时所要执行的事件。将鼠标光标移到 on 脚本后的大括号"{"后边，然后按下"回车"键，再执行"全局函数 > 时间轴控制 > gotoAndPlay"命令，添加转到第 2 帧并播放命令，如图 7-2-52 所示。

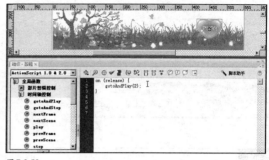

图 7-2-52

26．接着再新建一个图层，并在该层的第 1763 帧，也就是整个动画的最后一帧中插入空白关键帧。打开"动作"面板为该帧添加"stop"停止命令。当所有动画都播放完毕后就停止不再循环播放，如图 7-2-53 所示。

图 7-2-53

27．新建一个名为"replay"的按钮元件，在该元件中使用"文本工具"输入"replay"字样，并在指针经过帧中改变 replay 字样的颜色，如图 7-2-54 所示。

28．在"单击"帧中绘制一个矩形作为单击范围。将制作好的重播按钮拖到舞台中，同样打开"动作"面板，为该按钮添加 on 动作和"gotoAndPlay"命令。当动画播放完毕后单击该按钮可以跳转到第 1 帧重新开始动画，如图 7-2-55 所示。

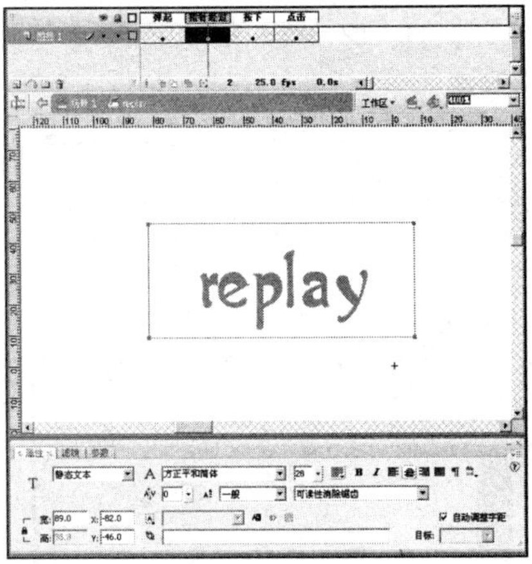

图 7-2-54

图 7-2-55

29。选中开始按钮所在的图层，在动画播放结束的位置，即时间轴的第 1763 帧插入关键帧，如图 7-2-56 所示。

图 7-2-56

30．至此动画制作完成，测试效果如图 7-2-57 所示。

图 7-2-57

31．执行"文件 > 保存"命令存储文件，关闭该文件。

7.3 自我探索

找一首自己喜欢的音乐，将其导入到 Flash 中，并为这首音乐配上好看的动画，制作出一个 Flash MV。

1．新建一个 Flash 文档，可以自己设定尺寸和屏幕效果，也可以使用默认设置。

2．可以使用图片素材来制作 MV，也可以自己绘制场景和主要动画。

3．为音乐添加歌词动画，并制作转场效果。

4．将制作好的动画保存起来。

课程总结与回顾

回顾学习要点:

1. 时间轴由哪些部分组成?

2. 如何添加关键帧?

3. 空白关键帧与关键帧的区别?

4. 如何添加帧标签?

5. 如何使声音和动画同步?

学习要点参考:

1. 主要由图层、帧和播放头这 3 部分组成。

2. 在时间轴上选择需要添加关键帧的位置,单击鼠标右键并在快捷菜单中选择"插入关键帧"命令,即可添加关键帧。

3. 关键帧与空白关键帧的区别就在于该帧中有没有内容,在没有内容的情况下就是空白关键帧,反之则是关键帧。

4. 将需要添加帧标签的帧选中,打开属性检查器,在帧标签输入框中输入所需的备注。

5. 添加完声音后,在属性检查器中将同步选项设置为"数据流",该模式可以在网络中使声音与动画强制同步。

Beyond the Basics

自我提高

圣诞卡

7.4 制作简单贺卡

　　本课通过案例讲述简单贺卡的制作。用户将学习如何使用影片剪辑制作嵌套动画;学习如何将多种动画在时间轴上合理的安排;学习关键帧和空白关键帧的使用方法。并且结合简单的影片控制脚本来实现动画的重播。

7.4.1 建立贺卡主场景

　　1. 在图层 1 中绘制一个和舞台大小一样的矩形,使用线性渐变将这个矩形设置为蓝色渐变效果,如图 7-4-1所示。

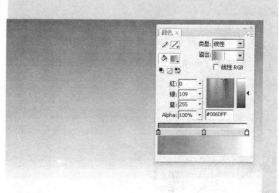

图7-4-1

2. 再使用椭圆工具绘制出一个简单的月亮,依然使用渐变来制作出月光朦胧的效果,如图 7-4-2 所示。

图 7-4-2

3. 再使用"绘图工具"绘制一个简单的被雪覆盖的松树图形元件,并将该元件拖到舞台中,如图 7-4-3 所示。

图 7-4-3

4. 使用"任意变形工具"将雪松缩小,并多复制几个制作出一片树林,如图 7-4-4 所示。

图 7-4-4

5. 新建一个房子图形元件,在该元件的编辑区域使用"绘图工具"再绘制一个简单的小房子进行装饰,如图 7-4-5 所示。

图 7-4-5

6. 将房子元件拖到舞台中,复制出一个将它们的大小缩放成合适的大小,如图 7-4-6 所示。

图 7-4-6

7.4.2 制作小动画

1. 使用动态效果来实现现实中无法实现的效果。新建一个雪花图形元件,并绘制一个漂亮的小雪花。由于雪花的颜色比较白,在这里先将背景设置为黑色以便于观看绘制效果。在绘制雪花的时候需要先画出一个图形,如图 7-4-7 所示。

图 7-4-7

2. 将图形的变形中心点向下拖动,接着打开"变形"面板将旋转角度设置为 60°,单击"复制并应用变形"按钮制作出雪花的形状如图 7-4-8 所示。

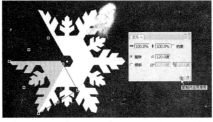

图 7-4-8

3. 当然,使用这种方法还可以绘制出其他漂亮的雪花图形,这样制作出来的动画就更好看了,如图 7-4-9 所示。

图 7-4-9

花转动影片剪辑拖入舞台，并再次制作移动动画。在第55帧中插入关键帧，将雪花向右下角移动，然后为雪花创建动画补间，并在属性检查器中将它的 Alpha 值设置为"0%"，如图 7-4-12 所示。

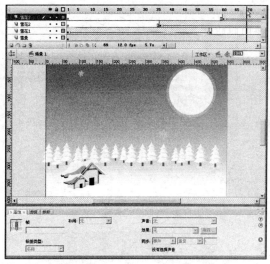

图 7-4-12

4. 新建两个影片剪辑元件，分别为这两个雪花制作旋转动画，具体如图 7-4-10 和图 7-4-11 所示。

图 7-4-10

6. 按照同样的方法来制作其他的雪花飘动动画。在制作时要注意这些雪花的大小和飘落的位置都要有所不同，并在时间轴上将它们的出现时间作简单的调整，不能使动画看起来呆板无趣，如图 7-4-13 所示。

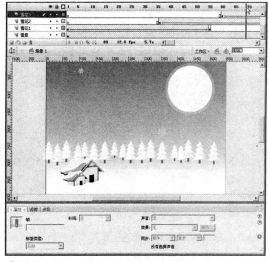

图 7-4-13

图 7-4-11

5. 在场景1中新建一个雪花图层，将之前制作的雪

7. 绘制一个简单的圣诞老人图形，也可以从外部导入一些素材来使用，如图 7-4-14 所示。

图 7-4-14

8. 新建一个图层用来放置圣诞老人，在该层的第 70 帧中插入空白关键帧，将圣诞老人元件拖到该帧中。注意要将圣诞老人元件放在舞台外面，等待入场，如图 7-4-15 所示。

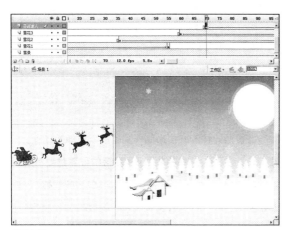

图 7-4-15

9. 在第 130 帧中插入关键帧，将圣诞老人元件拖到舞台外的右上角，使用"任意变形工具"再将圣诞老人元件缩小。为它们添加动画补间，这就是圣诞老人的过场动画，如图 7-4-16 所示。

10. 新建一个名为"祝词"的影片剪辑，选择"文本工具"，在属性检查器中进行设置，写出"Merry Christmas"的字样，如图 7-4-17 所示。

11. 将文字全部分离为图形编辑状态，接着选择工具栏中"墨水瓶工具"，将笔触颜色设置为"粉红色"，Alpha 值为"45%"，为文字描边，如图 7-4-18 所示。

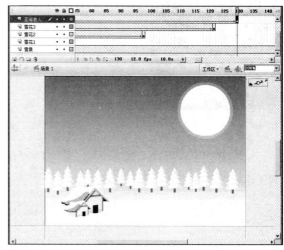

图 7-4-16

图 7-4-17

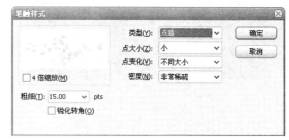

图 7-4-18

12. 将笔触颜色设置为"白色"，Alpha 值为"15%"，笔触类型为"点状"，并单击属性检查器中"自定义"按钮对笔触进行设置，如图 7-4-19 所示。

图 7-4-19

13. 使用"线条工具"画出几条简单的线条，用这些线条来装饰文字。将背景颜色再次设置为黑色来查看效果，如图 7-4-20 所示。

图 7-4-20

14. 在场景 1 中新建一个图层用来放置祝词，在该层的第 135 帧，也就是圣诞老人动画结束帧的后第 5 帧，插入空白关键帧。将祝词图形拖到该帧中，如图 7-4-21 所示。

图 7-4-22

图 7-4-21

15. 在第 155 帧中插入关键帧，再选择第 135 帧，并在属性检查器中将祝词元件的 Alpha 设置为"0%"。然后为其创建动画补间，祝词就会呈现渐渐出现的效果，如图 7-4-22 所示。

16. 新建一个"replay"按钮元件，制作一个重新播放的按钮。使用"文本工具"写出"replay"字样，将其字体颜色设置为"蓝色"，在"指针经过"帧中将字体颜色修改为"深蓝色"，如图 7-4-23 所示。

17. 在"单击"帧中绘制一个和 replay 文字大小差不多的矩形作为单击范围。在场景 1 中新建一个图层，在该层

图 7-4-23

的第 180 帧，也就是整个动画的最后一帧中插入空白关键帧，并将重新播放元件拖到舞台合适的位置。当动画播放到最后一帧时就会出现重新播放按钮，如图 7-4-24 所示。

图 7-4-24

18．选择重新播放按钮元件，打开"动作"面板，执行"全局函数＞影片剪辑控制＞on"命令，添加鼠标命令。接着再执行"全局函数＞时间轴控制"命令，继续添加gotoAndPlay命令，在gotoAndPlay后面的括号里输入"1"。当动画播放到最后一帧时，出现重播按钮，单击该按钮动画就从第1帧开始再次播放，如图7-4-25所示。

图 7-4-26

图 7-4-25

19．最后再新建一个图层，并在该层的第180帧中插入空白关键帧。打开动作面板执行"全局函数＞时间轴控制"命令，在时间轴控制选项中选择"stop"选项，并将其添加到所选的帧上，如图7-4-26所示。

20．测试动画的效果，执行"文件＞保存"命令将文档保存，最终效果如图7-4-27所示。

图 7-4-27

第8课
动画综合制作

在本课中，您将学习到如何执行以下操作：

- 了解动画基础；
- 动画角色制作；
- 设计角色动作；
- Flash中动画的制作方法；
- 动画输出。

8.1 Flash动画基础

8.1.1 制作Flash动画常用的方法

动画是一个创建动作或随时间变化产生幻觉的过程。动画可以是一个物体从一个地方移动到另一个地方的过程，也可以是通过一段时间的变化发生颜色或形状的变化。任何随着时间而发生位置或形态上的变化都可以称为动画。在Flash中，通过一段时间改变连续帧的内容就创建了动画。

创作Flash动画有3种方法。

逐帧动画：通过手动改变任意数量的关键帧自身的内容来制作。

补间动画：在创建动画之前定义好动画的起始点和终点内容，然后插入中间帧的内容。在Flash中有两种补间动画，形状补间和动画补间。

时间轴效果动画：时间轴效果是为用户提供可以应用于形状和元件的"自动"动画和可视效果。时间轴效果是由一些预制的脚本创建的，在效果显示之前，可以在预览对话框中进行设置。在选择设置和应用效果之后，Flash产生图形元件并在时间轴添加一个新图层，用来放置显示效果所需的帧。在制作过程中用户不能添加任何关键帧。

8.1.2 创建逐帧动画

逐帧动画是最基本的动画形式。在制作逐帧动画时，每一帧都是一幅独一无二的画面，每一帧几乎都是关键帧。这种动画制作形式对于需要细微变化的复杂动画来说，是非常好用的方法。

1. 新建一个Flash文档，打开属性面板将文档背景颜色设置为"黑色"，如图8-1-1所示。

图8-1-1

2. 把图层1命名为"字母"，选择"文本工具"在舞台中输入字母"A"，字体"华文行楷"，字号"300"，文本颜色"白色"，如图8-1-2所示。

图8-1-2

3. 选中字母，执行"修改>分离"命令将其进行分离，如图8-1-3所示。

图 8-1-3

注意：如果是多个字母，需要进行多次分离。

4．在第 2 帧上插入关键帧，使用"橡皮擦工具"，将"A"中间的横线由右向左擦除，如图 8-1-4 所示。

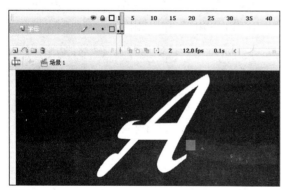

图 8-1-4

注意：如果希望在擦除字体时，切面比较光滑，可以选择方形的橡皮擦。

5．使用相同的方法进行擦除，直至这个"A"字剩下很小的一点，效果如图 8-1-5 和图 8-1-6 所示。

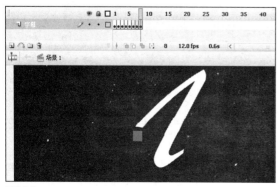

图 8-1-5

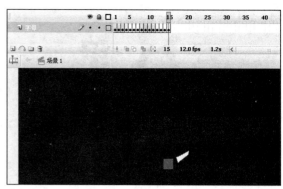

图 8-1-6

6．选择最后一帧，按下"Shift"键再选择第 1 帧，这样所有的帧都被选中。在帧上单击鼠标右键，并在快捷菜单中选择"翻转帧"命令，如图 8-1-7 所示。这样做的目的是，让刚刚慢慢消失的"A"字，转变为从无到有慢慢"生长"出来的状态。

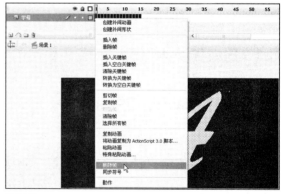

图 8-1-7

7．为了使动画不至单调，可以为动画添加背景。新建一个图层，并命名为"背景"，把该图层拖到"字母"图层的下面。在场景中绘制出一幅淡色图案，使其能与黑色背景很好地融合，效果如图 8-1-8 所示。

8．测试动画，会发现动画不停地循环播放。这个时候，用户需要用简单的脚本来控制动画，使动画播放一遍就能停下来。在"字母"图层的上方新建"Action"图层，并在该图层的第 15 帧插入关键帧，也就是动画结束所在

的帧数。打开"动作"面板，输入"stop()；"脚本，如图
8-1-9 所示。

图 8-1-8

图 8-1-9

9．按快捷键"Ctrl+Enter"测试动画，最终效果如图
8-1-10 和图 8-1-11 所示。

图 8-1-10

图 8-1-11

10．执行"文件＞保存"命令，将源文件保存到指定
的位置。

8.1.3　创建补间动画

补间动画是制作 Flash 动画过程中最常用的方法，无论在
创建角色动画，还是按钮效果，补间都是必不可少的。只需将
初始作品创建好，就可以用补间来产生在两个关键帧之间的
过渡图像。这个功能使迅速制作流畅而准确的动画变得非常
简单，无需花费更多的时间去绘制每一帧上的单独图像。补
间可以用来产生在尺寸、形状、颜色、位置和旋转上的变化。

在 Flash 中有两种补间动画，形状补间和动画补间。
形状补间对形成基本形状很有用，它可以使起始点的图形
变成结束点的图形。

1．将图层 1 命名为"背景"，在第 1 帧中选择"矩形
工具"，设置笔触颜色为"没有颜色"，把填充颜色类型设
置为"线形渐变"，并在舞台上拉出一个黑灰矩形框，如图
8-1-12 所示。

图 8-1-12

2．在工具栏中选择"任意变形工具"，调节矩形的大小
并移动其位置，使矩形框正好覆盖舞台，如图 8-1-13 所示。

图 8-1-13

3. 在背景图层的上方新建一个"补间"图层，选中第1
帧，并在舞台中绘制一个绿
色蝴蝶，如图 8-1-14 所示。

注意：Flash 只能对一
些简单的形状创建形状补
间。因此，在制作形状补间

图8-1-14

动画时不要对一个组、元件或可编辑的文字运用形状补间。

4. 选中已画好的蝴蝶，执行"窗口＞属性＞属性"命
令，调出"属性"面板，记下该图形的 x，y 轴坐标，为创建
第 2 个图形作准备，如图 8-1-15 所示。

图 8-1-15

5. 在第 30 帧中插入关键帧，并在场景中绘制一个
"心"图形。选择该图形，打开"属性"面板，调整其 x，y
轴坐标与蝴蝶坐标一致，如图 8-1-16 所示。

图 8-1-16

6. 光标定位在第 1 帧与第 30 帧之间，在"属性"面板
的补间类型下选择"形状"。此时该区间会出现一个浅绿色
长条和一个黑色箭头，表明补间创建成功，如图 8-1-17 所示。

图 8-1-17

7. 把背景图层延长至第 30 帧。在补间图层的上方新
建"Action"图层。打开"动作"面板，在面板中输入"stop();"
动作，使动画播放一次就停下来，如图 8-1-18 所示。

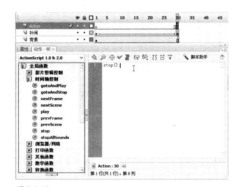

图 8-1-18

8. 测试动画，最终效果如图 8-1-19 和图 8-1-20 所示。

图 8-1-19   图 8-1-20

9. 执行"文件＞保存"命令，将源文件保存到指定的
位置。

动画补间是指物体由一个形态到另一个形态的变化

过程,像移动位置,改变角度,改变透明度等。

1. 新建一个 Flash 文档,将背景颜色设置为"黑色"。执行"插入>新建元件"命令,新建一个名为"流星"的图形元件。进入编辑状态,画出一个流星,如图 8-1-21 所示。

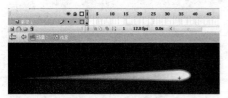

图 8-1-21

2. 新建一个名为"动态流星"的影片剪辑元件,进入编辑状态,把"流星"元件拖入舞台,改变其位置和角度,使其位于舞台的左上角,如图 8-1-22 所示。

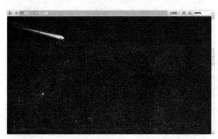

图 8-1-22

3. 在第 10 帧上插入关键帧,改变"流星"元件的位置,使其位于舞台的右中部,并且设置其透明度为"0"。在第 1 帧～第 10 帧的区间上创建动画补间,使得流星在快速的位移中由出现到消失,效果如图 8-1-23 所示。

图 8-1-23

4. 按照以上方法,在图层 1 的上方新建两个图层,创建同样的流星补间动画,注意要使 3 个流星动画的起始帧相互交错,如图 8-1-24 所示。

图 8-1-24

5. 回到场景中,导入一张背景图片。把图层 1 命名为"背景",将导入的素材图片拖入舞台,并调整大小,使得图片正好覆盖场景,如图 8-1-25 所示。

图 8-1-25

6. 在背景图层上方新建 3 个图层,分别命名为"流星 1"、"流星 2"、"流星 3",并在这 3 个图层的不同帧上各插入关键帧。把"动态流星"拖入以上 3 个图层中,如图 8-1-26 所示。

图 8-1-26

7. 测试动画,效果如图 8-1-27 所示。

图 8-1-27

8. 保存文件至指定位置。

8.1.4 时间轴特效

时间轴特效可以用于静止图形或用于添加多帧动画。该效果为非编程人员提供了在项目中添加复杂效果的可能性。默认情况下,时间轴特效在时间轴上作为图形元件进行渲染。如果在影片剪辑元件上添加时间轴特效,就只能继承行为。而个别特效在元件上才可以添加。

在使用时间轴特效时需要注意以下几点：

- 如果想为多个时间轴效果分层，就必须将时间轴效果图形元件嵌套在其他元件里；

- 时间轴效果通常作为嵌套的图形元件结构渲染，在时间轴上拖动即可看到动画效果；但其缺点是如果对现有的元件应用时间轴效果，库中的元件就会出现冗余；另外，可以将时间轴特效嵌套在影片剪辑元件中，这样动画就不会和时间轴紧密地捆绑在一起了；

- 在使用时间轴特效时，它会在项目文件中添加自动命名的元件和图层，这样就很难保持命名系统的一致性；

- 在时间轴上可以重新命名时间轴效果产生在库中和图层中的元件和文件夹；如果编辑时间轴效果的设置，这些项将转换为普通的命名序列；

- 添加时间轴效果之后，项目的元件类型就发生了改变；必须应用或重新应用行为。时间轴效果添加给指定了行为的项目后就失去了通过行为对动作的控制。

1. 从外部导入一张位图，将该位图从库中拖到舞台中，如图 8-1-28 所示。

图 8-1-28

2. 选择该图片，执行"插入>时间轴特效>效果>模糊"命令。在"模糊"对话框中将效果延续时间设置为20帧，将取消选择"允许垂直模糊"复选项，并在将移动方向选择为"右边"，具体设置如图 8-1-29 所示。

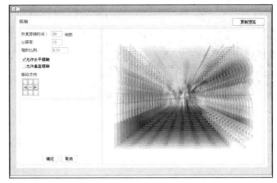

图 8-1-29

注意：在现有运动或形状补间的第 1 个关键帧中选择对象，对它应用时间轴特效。大多数情况下，渲染时间轴特效会破坏补间，因为这时对象会移动到新的图层。为了将不同的动画方法组合在一起，可以在一个单独的图层上应用时间轴特效。

3. 单击模糊对话框右上角的"更新预览"按钮，就可以看到之前调整的效果，如图 8-1-30 所示。

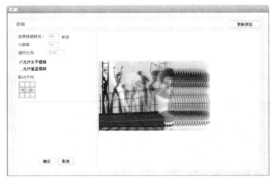

图 8-1-30

4. 单击"确定"按钮，Flash 将渲染元件并在时间轴中插入帧来包含特效。按下"Enter"键即可看到，设置好的特效效果已经应用到了图片上。

5. 此时还会看到，时间轴中自动命名的新图层表示渲染的效果和在项目创作过程中的渲染序列，如图 8-1-31 所示。

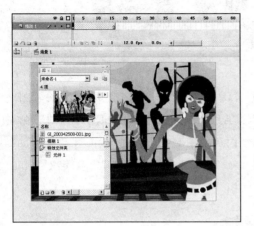

图 8-1-31

注意：如果对影片剪辑添加时间轴特效，则动画序列将在影片剪辑时间轴渲染，所以在主时间轴上看不到添加的帧，而且只能在测试影片模式下预览动画。

8.2　Flash 动画制作

在本课程的下一个部分中，将创建一个种树的动画。在创建该动画的过程中将运用到前面所学的知识，同时还会讲解更多动画编排的技巧。

8.2.1　绘制动画素材

1. 创建一个名为"吊车身"的图形元件。在该元件的编辑区域，选择"矩形工具"，使用黑色和黄色绘制出基本的车体部分，如图 8-2-1 所示。

图 8-2-1

2. 再使用"矩形工具"，将笔触颜色设置为"没有颜色"，填充色为"#CCF0FF"，Alpha 值为"50%"。在车头部分绘制出车窗，如图 8-2-2 所示。

图 8-2-2

3. 接着将之前设置的颜色的 Alpha 值设置为"100%"，再画出旁边的小车窗。并使用刷子工具画出白色的玻璃反光效果，如图 8-2-3 所示。

图 8-2-3

4. 将背景颜色设置为"黑色"。使用"矩形工具"在绘制区画出一个白色的长方形，再画出几个纵向的红色矩形，并将红色矩形排列在白色矩形上。然后将超出白色矩形的部分删除掉，制作出红白相间的矩形，效果如图 8-2-4 所示。

图 8-2-4

5. 将这个矩形全选中，单击鼠标右键，在右键快捷菜单中选择"封套"命令，使用封套将矩形任意变形成图 8-2-5 所示的效果。

图 8-2-5

6. 接着按照同样的方法再制作出车头侧面的红白条

部分, 具体效果如图 8-2-6 所示。

图 8-2-6

7. 将背景颜色再设置为"白色", 然后再画出吊车后面安置吊臂的部分, 如图 8-2-7 所示。

图 8-2-7

8. 将制作好的吊车组合成组。在工具栏中选择"椭圆工具", 笔触颜色为"黑色", 笔触高度为"2", 填充色为"没有颜色", 画出一个椭圆。选择这个椭圆, 执行"窗口>变形"命令调出"变形"面板。在"变形"面板上将约束选项选中。设置变形百分比为"36%", 并单击"应用到再制"按钮两次, 设置如图 8-2-8 所示。

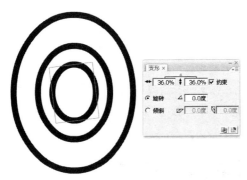

图 8-2-8

9. 选择"颜料桶工具", 将填充颜色设置为"黑色", 填充最外面的环和中心椭圆, 如图 8-2-9 所示。再将填充色设置为"灰色", 填充中间的环, 如图 8-2-10 所示。

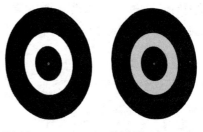

图 8-2-9   图 8-2-10

10. 将最外侧的边框选中, 在属性检查器中将笔触样式设置为"虚线"。单击"自定义"按钮, 在弹出的笔触样式对话框中按照如图 8-2-11 所示进行设置。再选择中间层的边框, 将颜色设置为"白色", 同样单击"自定义"按钮, 在对话框中按照图 8-2-12 所示的进行设置。

图 8-2-11

图 8-2-12

11. 将笔触颜色设置为"没有颜色", 填充色为"灰色"。使用"椭圆工具"画出一个灰色的椭圆, 将该图形放置到最下面, 制作出车轮的厚度, 如图 8-2-13 所示。

图 8-2-13

12. 将制作好的车轮复制出 3 个。分别将这 4 个车轮放置到吊车的合适位置, 如图

8-2-14 所示。

图 8-2-14

13. 再使用"线条工具"绘制出简单的吊车司机图形，并将该图形放到吊车的下一层。此时车窗的透明设置就发挥它的作用了。至此吊车身元件制作完毕，效果如图 8-2-15 所示。

图 8-2-15

14. 在该动画中还需要一个拉树的货车，货车的画法和吊车基本一样，这里就不再详细阐述，具体效果如图 8-2-16 所示。

图 8-2-16

15. 新建一个图形元件，命名为"楼房"。选择"矩形工具"，将笔触颜色设置为"没有颜色"，填充色为"#66CCFF"。在楼房元件的绘制区中画出一个纵向的矩形，再在这个矩形上画几个横向的小矩形，该矩形的颜色为"#D5F2FF"，效果如图 8-2-17 所示。

16. 将图 8-2-17 中的矩形修剪整齐，再运用"封套"将修剪后的图形变形。然后按照同样的方法再制作出楼房的暗面，效果如图 8-2-18 所示。

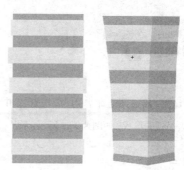

图 8-2-17   图 8-2-18

17. 再使用同样的方法画出另外几个楼房，使它们大小不一，错落有致，效果如图 8-2-19 所示。

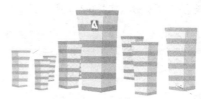

图 8-2-19

8.2.2 制作吊车动画

吊车在种树的过程中需要一系列的动作。首先，吊车在开始吊树前要先抬起它的大吊臂，当大吊臂抬起到适合的位置时，小吊臂从大吊臂中延伸出来；接着释放出绳索和钩子，当钩子的位置到达树的位置时就停下来；钩子钩到树后，就需要用绳索将树从另一辆卡车上吊出来，然后吊车再转到需要种树的地方；最后将吊起的树放到需要种植的地方。从整个动画的制作过程来看，吊臂是最主要的动画部分。

1. 新建一个 Flash 文档，执行"插入>新建元件"命令新建一个影片剪辑元件，将该元件命名为"吊车"。进入编辑状态，将图层 1 重命名为"车身"。

2．把车身元件拖到车身图层中，如图 8-2-20 所示。

图 8-2-20

3．再新建一个图层，将该图层命名为"大吊臂"，并在绘制区中绘制出大吊臂的形状，如图 8-2-21 所示。

图 8-2-21

4．将大吊臂和车身组合在一起，调整它的大小和位置使吊臂和车身配合好，具体效果如图 8-2-22 所示。

图 8-2-22

5．以上对大吊臂的操作，是为了使大吊臂的一系列动画能和车身合理的配合。接着将大吊臂全选中，按下"F8"键，将大吊臂转化为影片剪辑。

6．进入大吊臂的编辑状态，将大吊臂全选中按下"F8"键再次将其转换为图形元件。选择大吊臂图层的第 1 帧，按下"Q"键使用"任意变形工具"，将变形的中心点拖至左下角，如图 8-2-23 所示。

图 8-2-23

注意：元件中心点即为该元件旋转，变形的轴心。

7．接着在第 35 帧中插入关键帧，将变形中心点也拖至左下角，以中心点为旋转轴，调整大吊臂向上旋转，如图 8-2-24 所示。

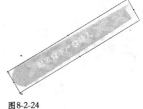

图 8-2-24

8．回到第 1 帧，为大吊臂创建动画补间，如图 8-2-25 和图 8-2-26 所示。

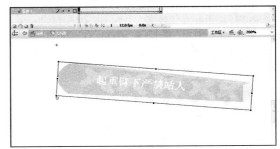

图 8-2-25

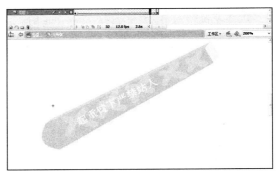

图 8-2-26

9．新建一个图层，将其命名为"支撑杆 1"，并将该图层拖至大吊臂图层的下方。在该图层中绘制出如图 8-2-27 所示的图形，并将该图中的金属杆转换为图形元件。

图 8-2-27

10．将支撑杆放置在大吊臂的下方合适的地方。在第

1 帧中将图 8-2-27 中的金属杆选中，选择工具栏中的"任意变形工具"，将变形中心点拖至最下方，并把金属杆向下缩小，具体效果如图 8-2-28 所示。

11．在第 35 帧中也将金属杆的变形中心点拖至下方，并以最下方为中心点将金属杆拉长，如图 8-2-29 所示。

图 8-2-28　　图 8-2-29

12．再建一个图层，将该图层命名为："支撑杆 2"，按照支撑杆 1 的方法再制作出一个支撑杆 2 的动画。将支撑杆 2 放置在支撑杆 1 的右边稍微靠上，可清楚地显示出它们的前后位置，如图 8-2-30 所示。

13．在第 35 帧中调整好支撑杆和大吊臂的运动关系，最终目的是使大吊臂被支撑杆支撑起来，如图 8-2-31 所示。

图 8-2-30　　　图 8-2-31

14．为两个支撑杆创建动画补间，按下"Enter"键测试支撑杆和大吊臂的动画配合。

15．当动画播放至第 35 帧时，抬起大吊臂，此时需要小吊臂从大吊臂中延伸出来。然后在大吊臂图层上新建一个小吊臂图层。

16．在小吊臂图层的第 35 帧中插入关键帧。将之前转变为图形元件的金属杆从库中拖到绘制区中，使用"任意变形工具"将金属杆放大，并将其放置到大吊臂的右端，具体设置如图 8-2-32 所示。

17．在第 70 帧中插入关键帧。返回第 35 帧，选择"任意变形工具"，将变形中心点拖至左边的控制点上，并以该点为变形中心将金属杆缩小，如图 8-2-33 所示。

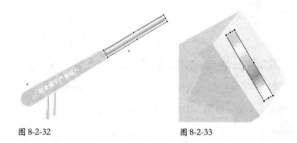

图 8-2-32　　　　　图 8-2-33

18．在第 35 帧中创建动画补间，按下"Enter"键测试目前做好的所有动画，修改需要调整的部分使动画播放流畅。

19．接着制作小吊臂右端的绳索滑轮。在小吊臂图层的上方新建一个滑轮图层。然后在该图层的第 1 帧中绘制出一个黑黄相间的滑轮图形，效果如图 8-2-34 所示。

图 8-2-34

20．将滑轮图形全选中，按下"F8"键将其转换为图形元件。因为滑轮是跟随吊臂在做运动，所以滑轮的动画要从第 1 帧开始一直到动画结束。当大吊臂从第 1 帧运动到第 35 帧停止时，滑轮要一直跟随大吊臂运动。所以在滑轮图层的第 35 帧中也插入关键帧，并将滑轮的位置移至大吊臂的右端，效果如图 8-2-35 和图 8-2-36 所示。

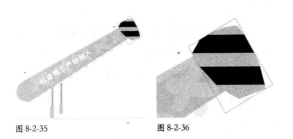

图 8-2-35　　　　　　　　　图 8-2-36

21．将滑轮图层的第 1 帧选中，单击鼠标右键，并在快捷菜单中选择"创建补间动画"命令，按下"Enter"键测试动画效果。

22．当滑轮跟随大吊臂运动制作完成后，接着滑轮还要跟随小吊臂一起延伸出去。因此，在小吊臂的动画结束帧的第 70 帧中插入关键帧，并将第 70 帧中的滑轮移至小吊臂的右端，如图 8-2-37 和图 8-2-38 所示。

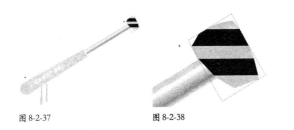

图 8-2-37　　　　　　　　　图 8-2-38

23．选择滑轮图层的第 35 帧，在该帧中创建动画补间，使滑轮跟随吊臂运动。

24．继续新建一个放置吊钩的图层，在该图层中绘制出一个吊车上的吊钩，如图 8-2-39 所示。

25．因为吊钩和滑轮的运动方式一样，所以吊钩的动画制作方法和滑轮一样。将吊钩图层拖至滑轮图层的下方，在第 1 帧、第 35 帧和第 70 帧中将吊钩图形移至滑轮

图形的下方，效果如图 8-2-40 所示。

图 8-2-39　　　　　　　图 8-2-40

26．新建一个名为"绳索"的图层，将该图层拖至吊钩图层的下方。在第 70 帧中插入关键帧，选择工具栏中的"线条工具"，将笔触颜色设置为"黑色"，笔触高度为"3"，笔触样式为"实线"。然后在绘制区画出 3 条线段，如图 8-2-41 所示。

27．将这 3 条线段选中并转换为图形元件。在第 100 帧中插入关键帧，选择"任意变形工具"，将线条图形元件的变形中心点拖至上方控制手柄的位置。返回第 70 帧，同样将线条图形元件的变形中心点拖至上方控制手柄的位置。

28．在第 70 帧中将 3 条线段向上缩短，使得吊钩能够完全遮挡住这 3 条线段，如图 8-2-42 和图 8-2-43 所示。

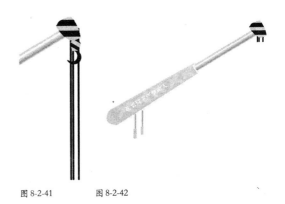

图 8-2-41　　　　　图 8-2-42

图8-2-43

备注：在修改绳索的过程中，如果位于绳索图层上方的其他图层中的图形遮挡住了该图层中的图形，可以将绳索图层上方的其他图层隐藏掉以方便修改图形，如图8-2-42所示。

29．在第70帧～100帧区间上为绳索创建补间动画。

30．将其他图层都延长至第100帧。由于绳索的运动，吊钩也要跟随绳索运动。将吊钩图层的第100帧转换为关键帧，并将吊钩拖至绳索的最下方，效果如图8-2-44所示。

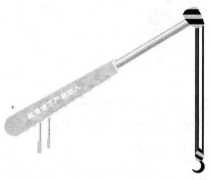

图8-2-44

31．在吊钩图层的第70帧创建吊钩的跟随绳索动画，使动画效果为吊车放下吊钩去钩东西。

32．接着为所有图层延长至第130帧。将绳索层的第130帧转换为关键帧，并将绳索的变形中心点拖至最上方的控制手柄上，然后缩短绳索的长度至滑轮的位置。同时吊钩也跟随绳索做同样的动画，效果如图8-2-45所示。

33．在第100帧～130帧区间上为绳索创建补间动画。

34．在所有图层的最上方新建一个图层，将该图层命名为"树"，在该图层的第100帧中插入关键帧。将

图8-2-45

绘制好的树图形元件拖到绘制区中，并将树图形放置在第100帧中吊钩的位置上。此时吊车需要吊起的物品就出场了，如图8-2-46所示。

图8-2-46

35．在第100帧～130帧应为吊车把树吊起来的动画。之前已将吊起动画的吊车部分做好了，这里只需在第130帧中将树图形拖至回到滑轮的吊钩上，并在第100帧～130帧区间为其创建补间动画即可。在"树"图层的第130帧插入关键帧，并将树图形拖到吊钩上，如图8-2-47所示。

图8-2-47

36. 吊车将树吊起来后，就需要将树放到需要种树的种植区位置上。在本例中，只需将吊臂整体延长一些，就可以制作出吊车从离观众近的地方将树吊起，再将树吊到离观众远的地方。

37. 将所有图层延长到第150帧。将大吊臂、小吊臂、滑轮、吊钩和绳索的第150帧都转换为关键帧，并将这几个图层的第150帧都选中。在选中帧的同时，帧中所包含的所有图形就也都被选中了。在工具栏中选择"任意变形工具"，拖动右边的控制手柄将其向右拉动一些，如图8-2-48所示。

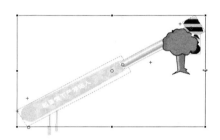

图 8-2-48

备注：当需要选择一些被遮挡的图形时可以利用选择帧或图层来选择需要的图形。如果需要选择的图形、帧或图层比较多，可以按着"Shift"键的同时选择想要的东西了。

38. 将"树"图层的第150帧也转换为关键帧，由于之前的所有变化，树图形也要随它们发生变化。将树再次移至吊钩的位置，并将其均匀缩小一点，使其看起来有远离观众的感觉。

39. 在第130帧中将所有改变过状态的图层创建动画补间，使所有动作可以自然发生。

40. 然后，选择吊钩图层，在第155帧插入关键帧。并在该帧中选用"任意变形工具"，以左边的控制手柄为中心点将吊钩旋转一些，具体效果如图8-2-49所示。

图 8-2-49

41. 再将吊钩图层的第160帧中插入关键帧，按照同样的方法将吊钩恢复到原来的位置。分别在该图层的第150帧和第155帧创建动画补间。

42. 物体在向下落的时候不可能是只保持一个样子的，所以，在制作树落地时就要将树的位置稍作改变。在第165帧中插入关键帧，并在该帧中将树移至落地的位置，如图8-2-50所示。

图 8-2-50

43. 再将第160帧中插入关键帧，在该帧中使用"任意变形工具"将树旋转成向左倾斜的样子，并将树向下移动一段距离，如图8-2-51所示。

图 8-2-51

44．在树图层的第 150 帧和第 160 帧上分别创建动画补间，如图 8-2-52 和图 8-2-53 所示。

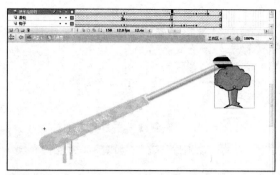

图 8-2-52

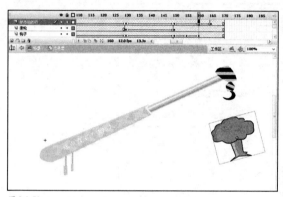

图 8-2-53

8.2.3　动画编排

场景的制作与道具的搭配，在制作 Flash 动画的过程中起到了很重要的作用。吊车的主要动画制作完成后，就需要为其搭配合适的道具及场景。

1．回到主场景中，新建一个背景图层。在工具栏中选择"矩形工具"，将笔触颜色设置为"没有颜色"，填充颜色为"蓝色"。并在颜色中将填充类型设置为"线性"，将色带上左边的色标设置为"#B4E4FE"，右边的色标为"白色"，如图 8-2-54 所示。

2．画出一个和舞台一样大的矩形，在工具栏中选择"渐变变形工具"，将该矩形调节成天空的样子，如图

8-2-55 所示。

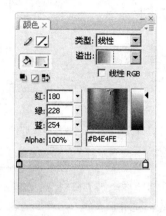

图 8-2-54

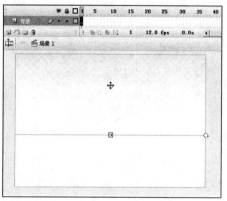

图 4-6-55

3．将填充色设置为"#B4BCD1"，继续使用"矩形工具"画出公路。并使公路风格配合整个夸张的动画，如图 8-2-56 所示。

4．选择"线条工具"，将笔触颜色设置为"#DEE3EF"，笔触高度为"10"，样式为"实线"。然后在公路的边缘部分画出公路的边，如图 8-2-57 所示。

图 8-2-56

5．再使用"线条工具"画出公路中间的分界线，将画出的线选中，并在属性检查器中将笔触类型改变为"虚线"，如图 8-2-58 所示。

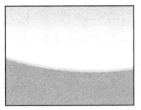
图 8-2-57

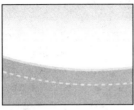
图 8-2-58

6. 再建一个图层，并打开"库"面板，将之前画好的场景素材拖到舞台中，如图 8-2-59 所示。

7. 为吊车新建一个图层，将整个动画最主要的部分吊车元件拖到舞台中，如图 8-2-60 所示。

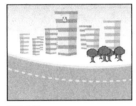
图 8-2-59

图 8-2-60

8. 接着再把运树的货车拖到舞台中。注意，货车的位置要和被吊起的树的位置相同，且货车图层要在吊车图层的上方，使得货车能够遮挡住被吊起的树，从而给观众以树从车上吊起的视觉感受，如图 8-2-61 和图 8-2-62 所示。

图 8-2-61

图 8-2-62

9. 按下"Enter"键测试吊车与货车的位置关系，进一步对整个动画进行调节，如图 8-2-63 和图 8-2-64 所示。

图 8-2-63

图 8-2-64

10. 调节好后执行"文件>保存"命令，将该文档保存到指定的位置。

8.2.4 输出动画

1. 因为影片文件的大小直接影响到它在网络上上传和下载所需等待的时间及播放速度，所以，在发布制作好的 Flash 文档之前要对动画文件进行优化，以缩小文件的大小。

备注：影片的优化原则有以下几点要注意。

- 在动画制作过程中若出现需要应用多次的对象，则要使用元件来完成。

- 在制作动画时尽量使用补间动画，避免逐帧动画。在动画中添加过多的帧会增加文件的大小。

- 在为动画添加背景时要尽量避免使用位图。

- 绘制图形时，铅笔工具画出的线条要比刷子工具画出的小。

- 要多使用组合元素，运用层来组织不同时间、不同元素的对象。

- 可以执行"修改＞形状＞优化"命令来优化曲线。

- 若动画中需要插入音乐时，要尽量选用体积小的 MP3 格式。

2. 执行"文件＞导出＞导出影片"命令，在弹出的对话框中为动画命名并选择.swf 文件，将文件保存到和原文件同样的位置，如图 8-2-65 所示。

图 8-2-65

3. 单击"保存"按钮，在弹出的导出 Flash Player 对话框中使用默认设置，并单击"确定"，则影片输出成功，如图 8-2-66 所示。

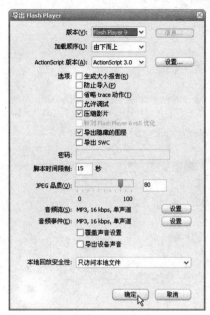

图 8-2-66

8.3 自我探索

制作简单的 Flash 动画，练习使用逐帧动画、补间动画、时间轴动画，并熟练掌握各种动画制作技巧。

1. 绘制动画所需素材，在准备素材的同时要注意尽量方便被用于制作动画。

2. 运用 3 种动画制作方法制作出想要的动画效果。3 种方法的效果各有千秋，因此可以根据各个优点来创作出精彩的动画。

3. 测试动画效果，及时修改错误或不合理的部分，最后将制作好的动画导出到指定的位置。

课程总结与回顾

回顾学习要点：

1. 如何创建逐帧动画？

2. 如何制作形状补间动画？

3. 在制作动画补间时须注意哪些？

4. 制作时间轴动画的步骤。

5. 如何导出 .swf 文件？

学习要点参考：

1. 在时间轴中插入所需的关键帧的个数，在每一帧中制作各部不相同的图形。

2. 在第 1 帧中绘制出一个图形，相隔几帧插入一个空白关键帧，在该帧中绘制出另一个图形。选择第 1 帧，在属性检查器中将补间类型选择为形状。当这两个关键帧之间出现一个绿色的区间和一个箭头，则该动画制作成功。

3. 在制作动画补间时要将被制作的图形转换为元件。

4. 执行"插入＞时间轴特效"命令，在快捷菜单中选择需要的时间轴效果。

5. 执行"文件＞导出＞导出影片"命令，将需要导出的文件保存到指定的位置，并将文件格式设置为 .swf 格式。单击"保存"按钮后，在弹出的导出 Flash Player 对话框中设置需要的效果，单击"确定"按钮后动画就可以导出了。

Beyond the Basics

魔镜

8.4 动画的巧妙应用

在 Flash 中，制作动画的方法虽然只有 3 种，但是由于 Flash 的灵活性，它可以制作出各种丰富的动画效果。本课通过魔镜测试动画，来表现制作 Flash 动画的灵活性。

8.4.1 绘制动画所需素材

1. 新建一个 Flash 文档，执行"插入＞新建元件"命令，再新建一个背景布图形元件，进入其编辑状态。使用"矩形工具"，画出一个矩形。将矩形的边框删掉，填充色设置为"#A51031"。在矩形上再任意画出几个黑色的矩形，效果如图 8-4-1 所示。

图8-4-1

2．将画出的黑色纵向矩形剪裁整齐，全选中剪裁好的图形，使用"封套"将该图形变形，如图 8-4-2 所示。

3．新建一个影片剪辑元件，将该元件命名为"镜子动画"。并进入镜子动画编辑状态，使用"椭圆工具"画出猪头的样子，如图 8-4-3 所示。

图 8-4-2

图 8-4-3

4．继续使用"矩形工具"画出黄色的头发，在绘制头发时可以使用黄色的不同亮度来实现立体感，如图 8-4-4 所示。

5．接着再使用"矩形工具"和"线条工具"画出猪的眼睛、鼻子和嘴，效果如图 8-4-5 所示。

图 8-4-4

图 8-4-5

6．为猪添加装饰效果。画出一只烟让小猪"叼"上，看起来酷一些。只需使用"椭圆工具"和"线条工具"即可实现，在细节上使用"铅笔工具"装饰小猪的"道具"，如图 8-4-6 所示。

7．然后再为小猪制作一个领结，使小猪图形不会太单调，如图 8-4-7 所示。

图 8-4-6

图 8-4-7

8．将绘制出的小猪复制，并将复制出的小猪"支解"，删掉眼睛、鼻子、嘴和烟。再将领结放置到最下层，制作出背面的效果，如图 8-4-8 所示。

9．将正面小猪选中，按下"F8"键将其转换为图形元件。将背面小猪也选中并转换为图形元件。

10．新建一个名为"魔镜"的图形元件，进入编辑状态。使用"矩形工具"绘制出镜框，并将镜框复制出，另外将颜色填充得较浅一些，如图 8-4-9 所示。

图 8-4-8

图 8-4-9

11．使用两个椭圆剪切出一个弧形，再在弧形的上端画出一个小圆，制作出一个花纹，如图 8-4-10 所示。

12．将绘制好的花纹成组，利用这一个小花纹组合出镜框的周边装饰，如图 8-4-11 所示。

图 8-4-10

13．接着再使用"椭圆工具"画一个正圆，放置在镜框中。将该正圆的边框删掉，并在颜色中为其创建渐变效果。把色带上左边的色标设置为"粉红色"，Alpha 值为"70%"；右边色标为"白色"，Alpha 值为"53%"，如图 8-4-12 所示。

图 8-4-11

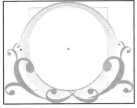

图 8-4-12

14．使用"刷子工具"为魔镜添加高光。

8.4.2　创建单独动画

1．进入镜子动画影片剪辑，将正面小猪和背面小猪的距离拉远一些，如图 8-4-13 所示。

图 8-4-13

2．为了使接下来的工作简单准确，将这两个小猪成组。在第 20 帧中插入关键帧。选中成组后的小猪，按下"Shift"键的同时再按着向左键"←"，可以将其直线向左移动。第 20 帧中小猪组与第 1 帧中小猪组的距离要与正反两猪之间的距离一样。在这里使用时间轴上的编辑多个帧工具来查看它们的距离，并将它们调至合适的位置，如图 8-4-14 所示。

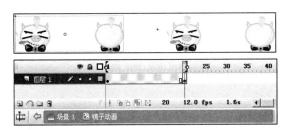

图 8-4-14

3．为其创建动画补间，如图 8-4-15 所示。

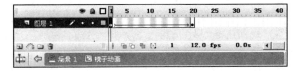

图 8-4-15

4．选中第 20 帧，并打开"动作"面板，在动作面板中添加 stop 动作，如图 8-4-16 所示。

图 8-4-16

8.4.3　组合动画

1．把背景布图形元件拖放到舞台上。由于背景布是不规则的形状，为了方便确定其他素材的摆放需要用辅助线来确定动画的范围。执行"视图＞标尺"命令将标尺调出来，隐藏背景布图层。从标尺中拉出辅助线，将舞台的四周框起来，再将背景布取消隐藏，如图 8-4-17 所示。

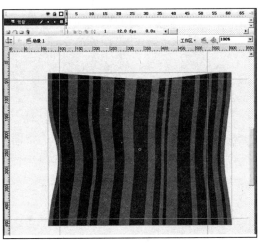

图 8-4-17

2. 再建一个放置魔镜的图层。将魔镜元件拖到舞台中，如图 8-4-18 所示。

图 8-4-18

3. 在背景布图层上再新建一个图层，将背景布图层中的图形复制一个粘贴到该图层。并将复制出的和原来的位置完全重合。在该图层中使用"椭圆工具"画出一个和魔镜中的玻璃一样大小的圆形，将魔镜图层隐藏，效果如图 8-4-19 所示。

图 8-4-19

4. 使用绘制出的圆形在复制出的背景布上剪切出一个洞，用来显示将来需要放置在后面的动画。把之前的背景布图层隐藏掉后可以看到图 8-4-20 所示的效果。

图 8-4-20

5. 在两个背景布图层中间新建两个图层，分别为这两个图层命名为"正面"和"背面"，正面图层在背面图层的上面。在这两个图层的第 2 帧分别插入关键帧。将镜子动画拖到背面图层中，执行"修改＞变形＞水平翻转"命令。将有洞的背景隐藏起来就可以看到变形后的效果，如图 8-4-21 所示。

图 8-4-21

6. 将有洞的背景取消隐藏，再调整镜子动画的位置，使其在第 1 帧中不出现。接着再将镜子动画拖入到正面图层中，并将正面图层中的正面猪与背面图层中的正面猪重合放在一起，整体调整镜子动画具体位置如图 8-4-22 所示。

图 8-4-22

7. 新建一个按钮元件，将背面猪图形元件拖到按钮绘制区。在"弹起"帧、"指针经过"帧、"按下"帧和"点击"帧均插入关键帧，将"指针经过"帧中的图形元件使用"任意变形工具"进行扩大，如图 8-4-23 所示。

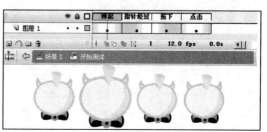

图 8-4-23

8. 新建一个图层,在该图层中使用"文本工具"在按钮上输入"开始"字样,并在"弹起"帧、"指针经过"帧和"按下"帧中插入关键帧,效果如图 8-4-24 所示。

图 8-4-24

9. 将制作好的按钮拖到舞台中,并使用滤镜改变按钮的颜色,如图 8-4-25 所示。

图 8-4-25

10. 新建一个图层,在该图层中输入问题,并对问题进行简单的装饰,如图 8-4-26 所示。

图 8-4-26

11. 由于之前制作的镜子动画长度为 20 帧,所以要将场景中的所有图层延长至第 30 帧,才可使镜子动画播放完毕。接着在正面图层上新建一个名为"答案"的图层,在该图层的第 20 帧中添加关键帧,将正面猪的图形元件

拖到舞台中,放置在魔镜中,如图 8-4-27 所示。

图 8-4-27

12. 在第 30 帧中也插入关键帧,返回第 20 帧,将该帧中的正面猪元件的 Alpha 值设置为"0%"。并在该帧中创建动画补间。

13. 该动画需要的效果是,当单击按钮时魔镜开始回答问题,所以要为动画添加简单的脚本控制。在图层的最顶端新建一个"Action"图层,选中第 1 帧,执行"窗口>动作"命令打开"动作"面板,在"动作"面板中执行"全局函数 > 时间轴控制"命令。然后在时间轴控制中双击"stop"即可为该帧添加停止动作,如图 8-4-28 所示。

图 8-4-28

14. 在 Flash 中,若使用影片剪辑元件,则当动画播放完毕后它会继续循环播放。为了使动画播放完毕后就停止不再播放,在这里需要将答案图层的最后一帧即第 30 帧

中也添加 stop 动作，如图 8-4-29 所示。

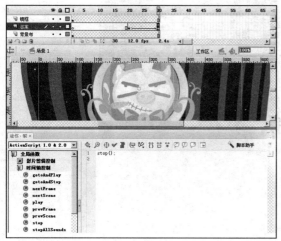

图 8-4-29

15．最后为按钮添加简单脚本，使按钮控制动画．选择按钮元件，打开"动作"面板．在动作面板中执行"全局函数＞影片剪辑控制"命令，然后在影片剪辑控制列表中双击当发生特定鼠标事件时执行动作"on"选项．在脚本编辑框内将出现 on 的事件列表，并在列表中选择"release"鼠标按下选项并双击添加该事件，如图 8-4-30 所示．

图 8-4-30

16．然后再选择时间轴控制函数，在列表中选择"gotoAndPlay"转到某一帧并从该帧开始播放动作．双击 gotoAndPlay 选项，在 on 代码的后的大括号中添加该播

放控制．因为之前为正面和背面图层的第 1 帧中添加了停止脚本，所以，此时在 gotoAndPlay 后面的括号中输入"2"，表示当单击鼠标时跳转的第 2 帧并开始播放，如图 8-4-31 所示．

图 8-4-31

17．为该动画添加上一些光点，增加整个动画的神秘感，效果如图 8-4-32 所示．

图 8-4-32

18．按快捷键"Ctrl+Enter"测试动画，如图 8-4-33 和图 8-4-34 所示．

19．执行"文件＞保存"命令，将源文件保存到指定的位置．再将文件导出，为了方便观看和使用输出文件，将导出后的 swf 文件保存到和源文件相同的目录下．

图 8-4-33

图 8-4-34

第9课
引导线动画

在本课中，您将学习到如何执行以下操作：

- 绘制场景；
- 设置元件；
- 设置引导线图层；
- 创建引导线动画；
- 调整缓入\缓出曲线。

9.1 新建文件

影片设置

在绘制动画场景前，最好先画一个草图，以便今后绘制过程中的操作和整个场景构图的安排。

1. 新建一个 Flash 文档，保存文件，如图 9-1-1 所示。

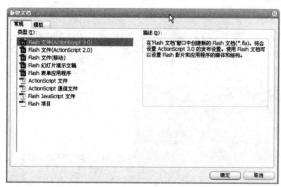

图 9-1-1

2. 单击下方属性框中的文档属性按钮，打开文档属性对话框，如图 9-1-2 所示。

图 9-1-2

3. 设置动画的尺寸为 550 像素 ×400 像素，背景颜色为"#EFC453"，帧频为 12fps，如图 9-1-3 和图 9-1-4 所示。

图 9-1-3

图 9-1-4

注意：文档属性主要分为 3 项，包括文档大小、背景颜色和帧频，可以在属性框中直接修改，也可以选择文档属性的按钮，在弹出的文档属性的对话框中进行修改。

9.2 绘制背景

背景设置

在制作动画前首先要为动画设置相应的场景，如果有多个场景就需要绘制许多不同的场景，制作动画时就需要在不同的场景中进行切换。在本课中，只需要一个场景，首先就来绘制场景中的背景部分。绘制场景通常都需要花费不少的精力，场景在整个动画中占有重要的位置。

1. 选择 ✏ （铅笔工具），在工具栏的最下方选择"墨水"属性，选择颜色"#6E341C"，并在画布中画一个不规则的图形，如图9-2-1和图9-2-2所示。

图9-2-1

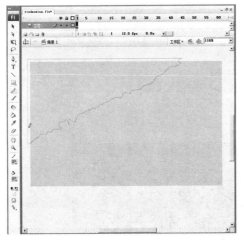

图9-2-2

注意：绘制曲线部分应尽量自然，需要画直线时按住"Shift"键即可。注意图形的封闭，如果有较大缺口，可使用 ▶（选择工具）拖动端点将图形闭合。

2. 选择 🪣 （颜料桶工具），填充不规则图形，在颜色面板的配色器中设置"线性"渐变，如图9-2-3所示。

注意：如果出现图形填充不上颜色，可能是由于该图形未完全闭合。这时候可以通过放大文档视图，观察图形并用"选择工具"对其进行闭合。也可以在工具面板中设置空隙大小 🔘 模式为"封闭大空隙"。

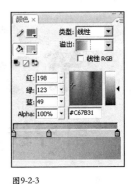

图9-2-3

3. 渐变色彩设置完成后，选择"渐变变形工具" 🔳 将渐变填充为一定的倾斜角度，并按照以上步骤，在场景的右下方再制作一块相同的色块，要注意填充颜色角度的不同，如图9-2-4和图9-2-5所示。

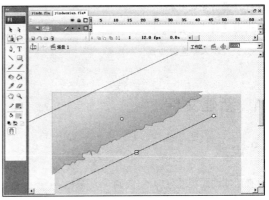

图9-2-4

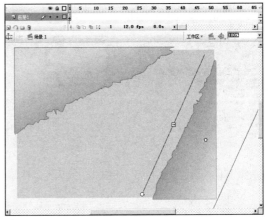

图9-2-5

在使用 ﹗(渐变变形工具)时注意手柄、旋转和大小的控制,将两个色块填充颜色的角度分别旋转,并尽量使深色部分和不规则曲线处接近平行。

9.3 绘制景物

9.3.1 绘制树丛

在绘制场景时需要注意透视的问题,如果没有把握可以设置几条辅助线来帮助绘制景物的透视效果。

1. 将刚才绘制好的图层命名为"地面",新建一个图层,并命名为"辅助线"。选择 ∕(线条工具)在刚才绘制图形接近平行的位置画两条直线,作为下一步绘制图形中透视的参考线,如图9-3-1所示。

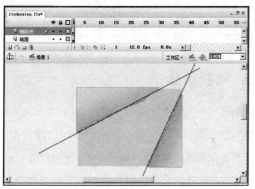

图9-3-1

2. 新建一个图层并命名为"树丛",选择 ✐(刷子工具),分别使用橙色"#CC9900"、草绿"#CCCC00"、深绿"#006600"颜色画出圆形的树丛。再使用 ∕(线条工具)从刚才做的辅助线交点中拉出两条线,上下端与树丛的上下端平齐,如图9-3-2所示。

在图层绘制的过程中,要注意图层的命名和排列的顺序,在绘制某个图层时,选择其他图层右侧的锁定键进行锁定,以避免错误操作。

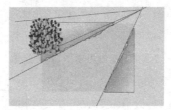

图9-3-2

3. 选择树丛,按快捷键"Ctrl+G"将树丛进行组合,根据辅助线的提示选择 ⊡(任意变形工具)将单个的树丛进行缩放。执行"修改>排列"命令将它们的顺序合理地进行排列,使得最远方的树丛在最下层。按照上面的步骤,在刚才绘制图形的右侧再绘制一片树丛,如图9-3-3所示。

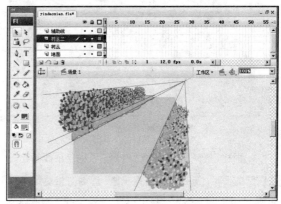

图9-3-3

9.3.2 绘制篱笆和路灯

1. 新建一个图层,并命名为"栅栏"。选择"矩形工具"绘制一个渐变的矩形,如图9-3-4所示。

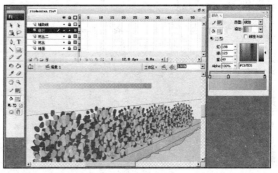

图9-3-4

2. 选择"任意变形工具"将矩形按照辅助线的角度进行旋转。使用"选择工具"选中矩形的端点，将矩形调整出一些弧度，如果调整的不够精确，则可使用"部分选取工具"选中矩形的节点，并使用键盘中的方向箭头←↑→↓进行调整，将矩形调整成一个有弧度的左边宽右边窄的不规则形状，如图9-3-5所示。

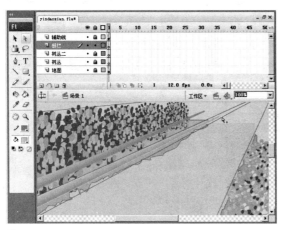

图9-3-5

3. 同样，选择"椭圆工具"按照透视的辅助线新建一些椭圆的图形。近处的大而粗一些，远端的相对细小一些，间距也是离得越远就越小，这样看起来就会有透视的效果。最后使用"选择工具"将栅栏横竖相交的位置的线条调整为弧线，如图9-3-6所示。

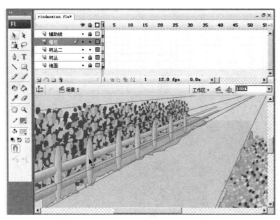

图9-3-6

如没有把握一次性将这些椭圆制作到位，可以新建一个图层，并在这个图层中对椭圆形进行编辑。使用"任意变形工具"将它们逐个变形移动，调整到适合位置后将这些椭圆全部选中，按快捷键"Ctrl + X"将它们剪切，然后选中栅栏图层按快捷键"Ctrl + Shift + V"将图形粘贴在原位置即可。

4. 使用同样的方法，制作出道路两旁的路灯，效果如图9-3-7所示。

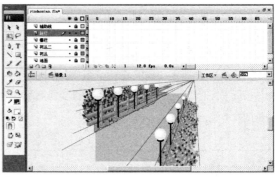

图9-3-7

9.3.3 绘制长凳

1. 新建一个图层并命名为"长凳"，选择"矩形工具"新建两个长条形的矩形，注意保持两个矩形的宽度一致。上方较窄的矩形填充颜色为"#FFE293"，下方较宽矩形填充颜色为"#E7A55B"。选择"任意变形工具"，选中上方较小的浅色矩形，将鼠标移动至矩形上方，将这个矩形拉伸成为一个平行四边形，如图9-3-8所示。

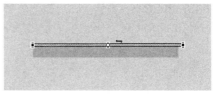

图9-3-8

2. 选择"墨水瓶工具"将该图形进行描边，描边颜色为"#4A1B1A"，并将这个图形复制3个对齐，如图9-3-9

所示。

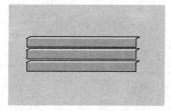

图9-3-9

3. 将刚才做好的图形分别复制两组放置到场景中，选择"任意变形工具"，按住"Ctrl"键，选中四角可拖动的手柄，将它们按照透视辅助线调整成一个长凳的形状，如图9-3-10所示。

图9-3-10

4. 使用"钢笔工具"勾勒出长椅的腿，再使用"钢笔工具"勾勒出一个大概的半透明的阴影在长椅的斜下方，如图9-3-11所示。

图9-3-11

5. 将长椅再复制一个，选用"任意变形工具"将复制得到的长椅缩小一些放置在远方。新建一个图层，使用"矩形工具"拉出一些矩形，再使用"选择工具"选中矩形的4个角，将其拖曳成不规则的梯形，并给它们填充上深浅不一的由半透明到透明的黄色渐变，作为一些光束的效果来丰富画面，如图9-3-12和图9-3-13所示。

图9-3-12

6. 场景部分就基本制作完成了。如果直接在场景中设置动画，有时会觉得图层过多，影响后面的操作。这时，将当前场景中所有的图层选中，单击鼠标右键，选择"剪切帧"命令，将场景中的所有帧剪切后，按快捷键"Ctrl+F8"，并在创建新元件

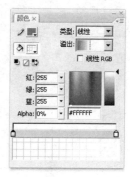

图9-3-13

弹出框中将新元件命名为"场景"，单击"确定"按钮。在新元件的帧上单击鼠标右键，选择"粘贴帧"命令，将场景中所有的帧都粘贴在了新元件中。再将新元件拖动到场景中，可以将原来场景中的其他图层都删除。这时，场景中就只剩下了背景的这一个图层，如图9-3-14、图9-3-15和图9-3-16所示。

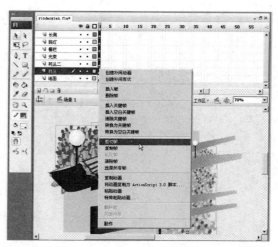

图9-3-14

图 9-3-15

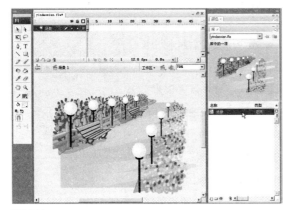

图 9-3-16

当前场景中的物体都是静态不需要移动的内容，所以可以将它们都放置在一个元件中。如果有需要移动的物体，那么就需要单独制作成元件，方便该物体进行动画的设置。

9.4 绘制动画

9.4.1 绘制树叶

首先要绘制需要场景中飘动的叶片。

1. 新建一个叶子图形元件，进入编辑状态。选择"刷子工具"，先绘制出一个叶子的外型，然后再绘制出叶柄，最后使用"颜料桶工具"给叶片填充上颜色"#EE7C46"，如图 9-4-1 所示。

图 9-4-1

2. 根据上述方法再来制作第 2 片叶子，填充颜色为"#E4BE1F"。如果想要更加丰富的效果，可以制作更多颜色和种类不同的叶子作为元件，如图 9-4-2 所示。

图 9-4-2

如果在日常生活中注意观察，可以发现叶子飘落的大致规律，通常都会是一个"之"字形的飘落轨迹。为了设置动画的方便，注意将树叶元件的叶柄部位对齐元件中的小十字形标识的位置。通过对物体的观察，注意一些物体动态的规律在动画的制作中非常的重要。比如下雨刮风等自然现象，人的行走跑跳、小球的跳动等，只有多观察，制作出的动画才能够更加细腻生动。

9.4.2 引导线动画

引导线动画中的引导线就是物体运动的轨迹线，需要先设置好引导线，然后让物体沿着引导线进行运动。

1. 将制作好的叶子元件拖入画面中，选择"任意变形工具"将叶子进行旋转、缩放、变形等，将它们尽量自然地散落在画面中，如图 9-4-3 所示。

图 9-4-3

2. 在图层的最上方新建一个图层，并命名为"遮盖"，将画面的四周用黑色遮盖住，使画面中央和画布等大的面积露出来，相当于一个遮罩的作用，以便参考画面在什么位置进行引导线的动画，如图 9-4-4 所示。

图 9-4-4

3．在遮盖层和叶子层之间新建一个层，并命名为"飘 1"，将元件中的一片叶子拖到画面中。单击添加运动引导层的按钮并在飘 1 层上方新建一个添加引导线的图层，选择"铅笔工具"在场景中绘制一条之字形的线，引导线在最终形成的动画中是不会出现的，可以用任意的颜色，如图 9-4-5 所示。

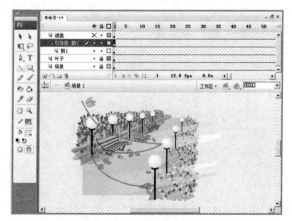

图 9-4-5

4．回到"飘 1"图层上。调整叶子中心点的位置至叶柄处，把叶子摆放到合适的位置，使得叶子的中心点吸附在引导线的首端。

5．在第 51 帧处单击鼠标右键或者按快捷键"F6"插入一个关键帧。在第 1 帧～ 51 帧区间中单击鼠标右键并选择"创建补间动画"命令，如图 9-4-6 所示。

图 9-4-6

帧数的设置与影片设置的帧频有关，基本上来说帧频越大、关键帧越多整个动画就越流畅越细腻。

6．选中第 51 帧影片，用鼠标拖动场景中的叶片至引导线末端的位置，同样把叶片的中心点与引导线的末端点对齐。这时叶片就会顺着引导线滑动，可按下"回车"键预览看叶片是否会沿着引导线移动，也可以按快捷键"Ctrl + Enter"预览整个动画的效果，如图 9-4-7 和图 9-4-8 所示。

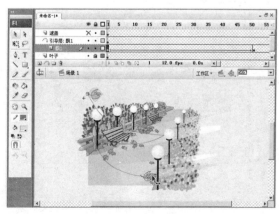

图 9-4-7

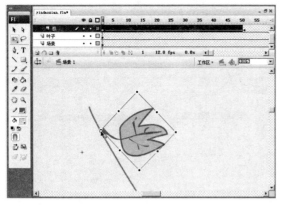

图 9-4-8

注意：引导线以元件上圆点位置为移动标准。如果圆点调整到叶片中心，那么叶子就会以中心对齐引导线的方式飘动。这里将圆点设置在叶柄的位置，看起来飘动的效果更加地自然逼真。如果需要调整圆点的位置，只需选择"任意变形工具"，将元件中心的小圆点用鼠标单击并拖动到需要的位置，引导线便会自动选择对齐这个圆点。

7. 选中第 51 帧，选择"任意变形工具"调整叶片落地的大小和角度，使叶片看起来更自然。可以在第 1 帧将叶片略微放大一些，落地后变小一点，这样可以使叶片飘落产生从大到小由近到远的效果，如图 9-4-9 所示。

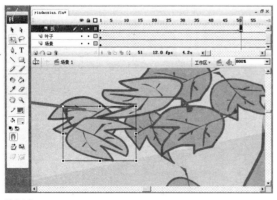

图 9-4-9

8. 在第 31 帧、45 帧和 46 帧处添加关键帧，为了看清楚效果，可以将其他图层暂时隐藏，如图 9-4-10 所示。

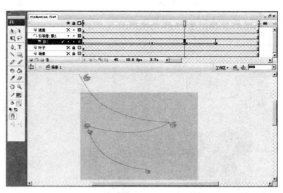

图 9-4-10

9. 在第 31 帧、45 帧和 46 帧处调整叶片的角度，为了使飘落效果更加地逼真，在第 45 帧处和第 46 帧处将叶片反转过来，尽量模拟叶片飘落时不规则的状态。这些设置来源于对日常生活中小细节的观察，而不是仅仅通过学习软件得来的，如图 9-4-11、图 9-4-12 和图 9-4-13 所示。

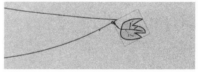

图 9-4-11

图 9-4-12

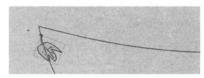

图 9-4-13

在这些帧中设置关键帧是因为以上这些地方是"之"字形引导线转折的位置，叶片通常会飘落呈"之"字形也是由于在飘落的过程中产生反转、受力的方向改变的原因，所以关键帧是根据引导线的位置、帧频灵活设置的，而不是固定的。

10. 在飘落的过程中，叶片并不是匀速的运动，可以通过编辑缓动来调整叶片飘落的速度。首先选中时间轴中叶片飘动层的第 1 帧，在下方的属性框中出现动画的缓动设置，单击右侧的"编辑"按钮，可以看到第 1 帧～ 30 帧的曲线，在第 20 帧的位置调整缓动设置，放慢最后 10 帧中飘落的速度，尽量使曲线光滑，这样可以使缓动的效果比较自然，而不是忽快忽慢，如图 9-4-14 和图 9-4-15 所示。

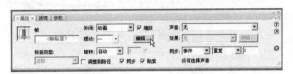

图 9-4-14

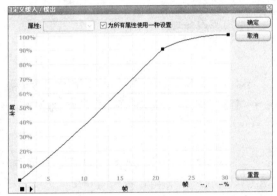

图 9-4-15

11. 同上步，选中第 46 帧调整动画中的"自定义缓入 / 缓出"设置，使叶片最后落地的动作比较轻缓，如图 9-4-16 和图 9-4-17 所示。

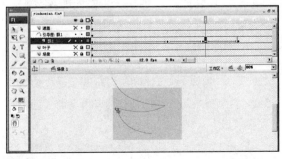

图 9-4-16

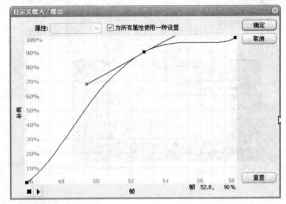

图 9-4-17

12. 接下来将进行整个动画的调整，这个过程可能会在整个制作过程中花费很长的时间，需要反复调试。例如叶片飘动过快，可以调整动画的帧数，引导线的位置在整个构图中是否合适等，都可能需要进一步的修正使整个动画变得更好看，如图 9-4-18 所示。

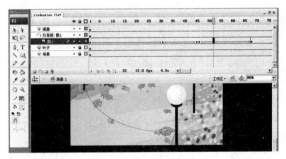

图 9-4-18

13. 为了场景中的动画更加丰富，更有助于渲染气氛，可以在场景中增加新的图层和引导线，绘制更多的树叶飘落的效果。它们可以是同时飘落，也可以是相互交错的；可以是相同的元件，也可以增加更多不同形态和颜色的叶片作为元件。这时需要注意各个图层之间的衔接和动画之间的安排是否和谐自然，如图 9-4-19 所示。

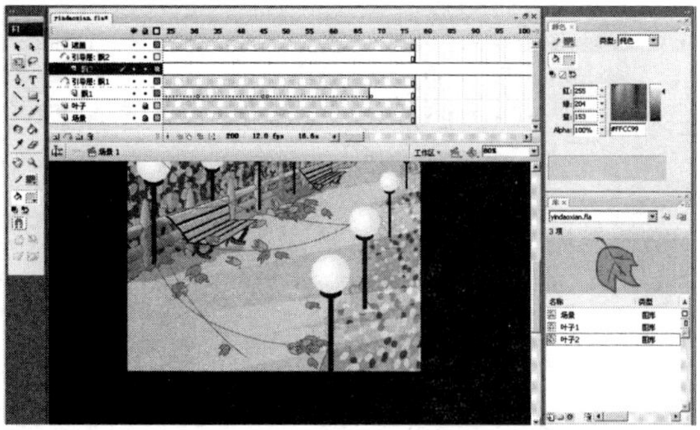

图 9-4-19

9.5 自我探索

新建一个 Flash 文档，运用所学的引导线知识创建一个动画。

1．在图层 1 中，使用"绘图工具"绘制所需的动画场景。

2．继续绘制动画中所需的图形元件，再将这个图形元件拖到场景中。接着在该图层上新建一个运动引导层，使用"铅笔工具"绘制出动画的运动路线。

3．在动画的起始帧和结束帧中，分别将图形元件的中心点放在引导线上。

4．将它们放好后，在起始帧上创建动画补间。按下"Enter"键就可以查看动画的运动效果。

课程总结与回顾

回顾学习要点：

1．如何创建引导线图层？

2．如何使用引导线图层？

3．创建后的元件怎样才能够沿着引导线运动？

4．在沿着引导线运动时，怎样改变元件上参照圆点的位置？

5．在沿着引导线运动时，如何调整缓入\缓出曲线？

学习要点参考：

1．在时间轴下方新建图层中单击"添加运动引导层"按钮，即可创建引导线图层。或者选中元件图层，执行"插入＞时间轴＞运动引导层"命令也可创建引导线图层。

2．引导线图层必须和元件图层相关联，并在元件图层的上一层，引导线图层才能够使用。

3．创建元件中的起始关键帧并将它们拖动至引导线的起始点以创建动画，元件就会沿着引导线运动。

4．如需改变元件上参照圆点的位置，使用"选择工具"拖动，引导线就会根据参照点自动改变动画中元件的位置。

5．如需要调整缓入\缓出曲线，只需选择两个关键帧区间中前面一个关键帧的位置，单击缓动右侧的"编辑"按钮，使用曲线来控制这个引导动画区间的缓入\缓出。

Beyond the Basics

自我提高

彩蝶飞舞

9.6　动态元件在引导线中的应用

本案例讲述如何在引导线应用中使用动态元件。引导线可以应用的动画范围非常广泛，动态元件在引导线中的应用也相当常见，可以作为本章节中的进阶教程，来尝试自己制作引导线动画。

在引导线动画中使用动态元件或使用静态元件并没有本质的区别，只是在制作过程中，元件本身的类型是影片剪辑还是图形来决定的。如果元件类型是影片剪辑，可以在沿着引导线运动的同时，进行元件本身的动画播放。例如在本实例中，蝴蝶沿着引导线飞舞的同时，还有翅膀挥动的动作。

1．首先新建一个文件，并命名为"butterfly.fla"，保存在合适的路径下。文件的大小、帧频等属性均保持不变，背景色为"#5CC0E0"浅蓝色，如图9-6-1所示。

图9-6-1

2．首先绘制动画的背景部分，由几个简单的图形，通过改变透明度、设置渐变等方式制作出云彩和草地的效果，这里就不再详细讲解具体的制作过程，效果如图9-6-2所示。

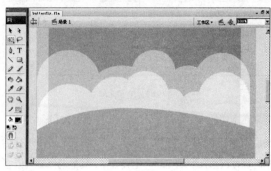

图9-6-2

绘制云彩部分时，选择"椭圆工具"绘制许多大大小小不规则的正圆或椭圆，将它们连接在一起并填充白色。使用相同的方法再绘制两个图层，改变不同的透明度并排列好前后的顺序即可。制作过程中可以多建几个新图层以方便对场景部分进行编辑。

3．使用同样的方法绘制花朵的部分，如图9-6-3所示。

图9-6-3

4．新建一个元件并命名为"蝴蝶"，元件类型为"图形"，绘制蝴蝶的翅膀部分。由于蝴蝶翅膀是左右对称的图形，所以只绘制一半的蝴蝶翅膀即可，如图9-6-4所示。

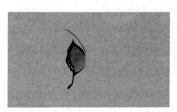

图9-6-4

5. 使用快捷键"Ctrl + F8"创建新元件，并命名为"飞舞"，设置元件的类型为"影片剪辑"，如图 9-6-5 所示。

图 9-6-5

在本实例中，只需将"飞舞"元件设置为"影片剪辑"类型，其他元件类型均为"图形"。当元件需要进行规律运动时如使用影片剪辑元件会比较方便，其他动画则可以在场景中通过时间轴实现。

6. 在该元件中画出蝴蝶的身体部分，并将"蝴蝶"元件拖入该影片剪辑中。将它们通过动画，制作出从合并到展开的飞舞过程。制作过程中可通过"变形工具"旋转、拉伸来改变翅膀的形状，如果想要动画的效果更加细腻，可增加蝴蝶的翅膀挥动的帧数，如图 9-6-6 所示。

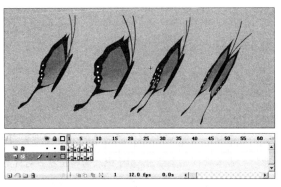

图 9-6-6

7. 这时可以看到库中的元件，如果"飞舞"元件的类型不是影片剪辑，放到场景中后其动态效果是不能实现的。如果只是元件的属性设置错了，可以选中该元件单击鼠标右键，并选择"类型>影片剪辑"命令即可，如图 9-6-7 所示。

图 9-6-7

8. 在时间轴菜单中新建一个引导线图层，并使用"铅笔工具"绘制出一条蝴蝶飞舞的引导线，如图 9-6-8 所示。

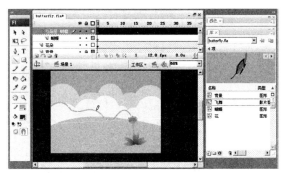

图 9-6-8

9. 将库中的"飞舞"影片剪辑元件拖动到场景中。

10. 在引导线动画元件层的第 1 帧处，将元件移动到引导线的起始端，如图 9-6-9 所示。

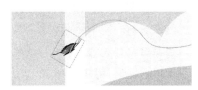

图 9-6-9

11. 在引导线动画元件层的结束帧，将元件移动到引导线的末端，这里并不一定是最末帧，而是引导线动画结束的适当的帧数，如图 9-6-10 所示。

12. 在该层单击鼠标右键，并在快捷菜单中选择"创建补间动画"命令，如图 9-6-11 所示。

图9-6-10

在创建蝴蝶飞舞的影片剪辑时，可以充分地利用洋葱皮的工具，使它们对齐。观察蝴蝶飞舞时的动态，尽量使蝴蝶的身体部分保持在较平衡的位置挥动翅膀，这样蝴蝶的动态看起来才不会跳跃，而是一个飞舞的过程，如图 9-6-13 所示。

图9-6-11

13. 再新建一个引导层，绘制引导线。

14. 在库中选择"飞舞"元件，选中后单击右键并在快捷菜单中选择"直接复制"命令，并命名为"飞舞 2"。

15. 在库中双击元件"飞舞 2"，并改变蝴蝶飞舞的频率和动态，如图 9-6-12 所示，便于使两只蝴蝶有一定的区别。

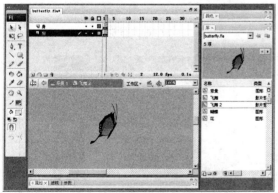

图9-6-12

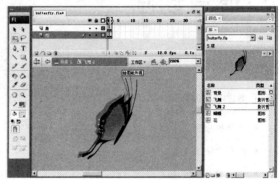

图9-6-13

16. 然后和上一只蝴蝶进行同样的操作，制作完成两只蝴蝶飞舞的动作。

17. 按快捷键"Ctrl+Enter"，对动画进行完成前的最后调试，如图 9-6-14 所示。

图9-6-14

第10课

遮罩动画

在本课中，您将学习到如何执行以下操作：

- 遮罩的原理；
- 遮罩的使用范围；
- 遮罩的具体方法；
- 使用遮罩制作幻灯片；
- 如何使用线条制作遮罩。

10.1 遮罩的概念

遮罩层是用来定义其下图层中对象的可见区域，所定义遮罩之外的区域被忽略显示。就像是观众通过一个"窗口"来看"外面"的世界，而从这个窗口看到的部分，就是最终需要的范围。

遮罩本身的类型是无关紧要的，它可以是渐变、位图或者任何颜色，因为遮罩所需要的只是一个范围而已。所以除了线条，几乎任何元件或者填充形状都可以用来创建一个遮罩。遮罩可以是动态的或者静态的。但是遮罩在使用时，唯一的限制就是用户不能对在另一个遮罩层中的内容再次应用遮罩，而且遮罩层不能放在按钮元件时间轴里。

如果必须用线条做遮罩，可以先将线条转变为填充，再对其进行遮罩创建。

10.2 使用遮罩

10.2.1 使用填充形状创建遮罩

1. 新建一个 Flash 文档，导入一张素材图片。将库中的素材图片拖到舞台中，作为被遮罩层，如图 10-2-1 所示。

图 10-2-1

2. 在素材图层上新建一个图层，使用"椭圆工具"绘制一个填充图形。绘制好的图形就是遮罩层，如图 10-2-2 所示。

图 10-2-2

3. 选择图层面板中的图层 2，在该层上单击鼠标右键，选择快捷菜单中的"遮罩层"命令，如图 10-2-3 所示。

图 10-2-3

图 10-2-6

4. 此时图层面板中图层的图标就会发生改变，以表示现在被遮罩层从属于遮罩层，而两个图层可以被自动锁定以激活遮罩。被遮罩层的内容现在只能从遮罩层的填充部分中见到，如图 10-2-4 和图 10-2-5 所示。

图 10-2-4

6. 将图层 1 和图层 2 再锁定，则遮罩效果就又出现了，如图 10-2-7 所示。

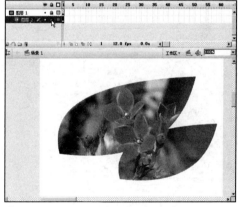

图 10-2-7

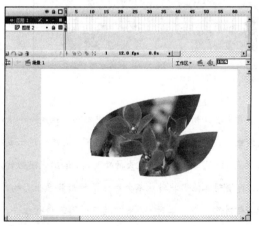

图 10-2-5

5. 如果需要重新定位或者修改遮罩层，可以将自动锁定的图层解锁来对其进行调整。解锁后，被锁定的图层就又出现了，如图 10-2-6 所示。

10.2.2 使用组创建遮罩

1. 如果使用"对象绘制"图形组来制作遮罩，那么直接使用这种图形组是无法创建遮罩的。选择遮罩选项后只会实现组中第 1 个图形的遮罩效果，如图 10-2-8 和图 10-2-9 所示。

2. 若遇到这种情况，在创建遮罩之前，可以先将该组选中，执行"修改＞分离"命令先把该组解组成为独立的图形组，接着再次执行该命令将图形分离成编辑状态，如图 10-2-10 所示。

图 10-2-8

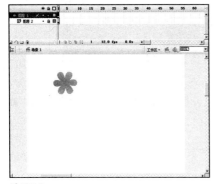

图 10-2-9

图 10-2-10

3. 选择有组的图层，单击鼠标右键，并在快捷菜单中选择"遮罩层"命令，具体效果如图 10-2-11 所示。

图 10-2-11

注意：在创建遮罩效果时，无论遮罩层中使用的是什么图形和效果，只要用它来遮罩下一层的被遮罩层，就会全部变成以该图形的轮廓图形来显示被遮罩层。

4. 并不是组就无法进行遮罩，而是已经组成一个组的填充形状是可以被用做遮罩的。例如制作一个简单的图片分割效果，通常情况下是先将图片分割成几块，接着再将分割完的图片进行排列，而这样往往会出现位置不准确的情况。但是使用组合的填充形状来对整张图片进行遮罩，就会既简单又准确。使用"绘图工具"绘制图 10-2-12 所示的几个简单填充形状，并将这几个形状组合成组。

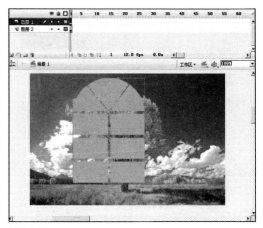

图 10-2-12

注意：在绘制完填充形状后，将其组合成组是一个很好的绘制习惯，制作一个简单的动画时不一定能体现出成组的优点。但是当制作一个较大的项目时，绘制完图形就成组，再绘制其他形状时就不会对之前的形状产生影响。因此，在制作一个遮罩时，必须对遮罩的图形进行组合，那么此时就体现出了填充图形遮罩的重要性。

5. 选择窗户图形所在的图层，单击鼠标右键，并在快捷菜单中选择"遮罩层"命令，创建遮罩效果，如图 10-2-13 所示。

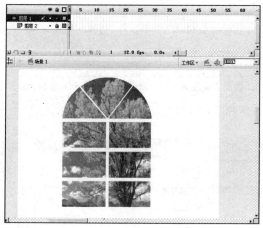

图 10-2-13

6. 这样一来，窗户外的风景就不会出现位置的错误。接着再将背景颜色设置为"黑色"，使用"绘图工具"绘制出暗淡的光线，制作出一个完整黑暗屋子图片，如图10-2-14 所示。

图 10-2-14

10.2.3 使用文本创建遮罩

1. 使用文本创建遮罩的方法很简单，基本和前面所讲述的方法一样。它不仅可以被隐藏，还可以用于隐藏其他图片。在工具栏中选择"文本工具"，打开属性检查器，将字体设置为较粗且丰满的类型，尺寸也要大一些，这样制作出来的效果较好，如图 10-2-15 所示。

图 10-2-15

2. 新建一个图层，导入一张图片放置到该层中。并将其拖到文字层的下面，如图 10-2-16 所示。

图 10-2-16

3. 选择文本层，将所有文字选中按快捷键"Ctrl+C"将它们复制。在文本图层上新建一个图层，将鼠标放置在工作区或舞台中，然后单击鼠标右键，并在快捷菜单中选择"粘贴到当前位置"命令。这样就把文本图层中的文字复制到了另外一个图层中，如图 10-2-17 所示。

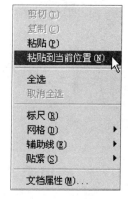

4. 将复制好的文字选中，执行"修改>分离"命令将

文字进行两次打散分离。接着使用"墨水瓶工具"为文字添加上边框，目的是为了使创建遮罩效果后的文字能够清晰一些，与背景区分开，如图 10-2-18 所示。

图 10-2-18

5．然后将边框里面的文字删除掉，只留下边框就可以了，不会对文本层产生影响。

6．最后选择文本图层，并对其应用遮罩效果。从图中可以看到，之前添加的轮廓使文字很容易被看出，如图 10-2-19 所示。

图 10-2-19

10.3 使用遮罩制作幻灯片

在本课的下一个部分中，将创建一个幻灯片动画。在创建该动画的过程中将结合运用到前面所学的知识，同时还会讲解更多遮罩的应用技巧。

1．新建一个 Flash 文档，执行"文件＞导入＞导入到库"命令，导入几张图片素材。

2．执行"修改＞文档"命令，将舞台设置为 480 像素×350 像素的尺寸，如图 10-3-1 所示。

图 10-3-1

3．执行"窗口＞库"命令打开"库"面板，从库中拖出两张图片。这两张图片分别占用一层，如图 10-3-2 所示。

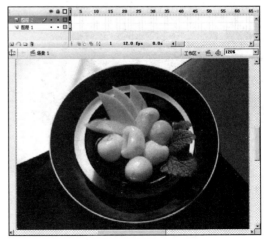

图 10-3-2

4．新建一个图层，将其命名为"遮罩 1"。使用"矩形工具"绘制一个和舞台一样大的矩形,将这个矩形转换为图形元件。

5. 在遮罩 1 图层的第 40 帧中插入关键帧。在第 40 帧中选择已经和舞台对齐的矩形,按下"Shift"键的同时再按住向右键→,快速地移动这个矩形到舞台外面。直到它完全移出舞台就停止移动,如图 10-3-3 所示。

图 10-3-3

6. 选择遮罩 1 图层的第 1 帧,在该帧中创建动画补间。接着再选中遮罩 1 图层,单击鼠标右键,并在快捷菜单中选择"遮罩层"命令,为其创建遮罩动画,如图 10-3-4 所示。

图 10-3-4

7. 接着再新建两个图层,在这两个图层的第 41 帧中均插入关键帧,另外再分别拖进来两张图片。然后在它们上面再新建一个图层,将该层命名为"遮罩 2"。

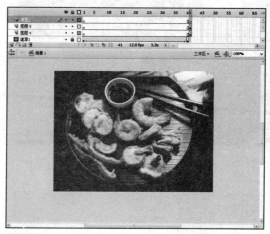

图 10-3-5

8. 在遮罩 2 图层的第 41 帧中也插入关键帧。在工具栏中选择"矩形工具"绘制一个和舞台一样宽的矩形,如图 10-3-6 所示。

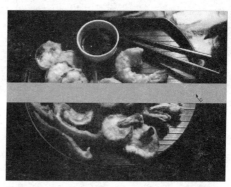

图 10-3-6

9. 执行"窗口>信息"命令打开"信息"面板,在信息面板中将高设置为"0",如图 10-3-7 所示。

10. 在该层的第 80 帧中插入关键帧,并将"信息"面板中矩形的高设置为"350.1"。再将放大的矩形与舞台对齐,如图 10-3-8 所示。

图 10-3-7

图 10-3-10

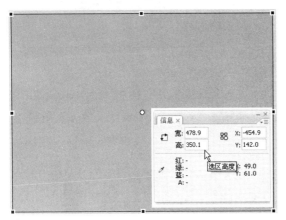

图 10-3-8

11. 打开属性检查器，在遮罩 2 图层中的第 41 帧中创建形状补间动画，如图 10-3-9 所示。

图 10-3-9

12. 创建好的遮罩动画效果如图 10-3-10 所示。

13. 新建一个名为"圆圈"的影片剪辑元件。在该元件中使用"椭圆工具"绘制出一个正圆，选择这个正圆，按下"F8"键将其转换为图形元件。在第 1 帧中将正圆沿直线向上移动。接着再在第 15 帧中插入一个关键帧，并在该帧中将圆形向下拖动。单击绘图纸外观按钮来观看移动的位置是否标准，如图 10-3-11 所示。

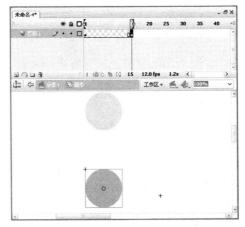

图 10-3-11

14. 接着在第 35 帧中插入关键帧，在该帧中使用"任意变形工具"将这个圆形放大。然后为它们创建动画补间，如图 10-3-12 所示。

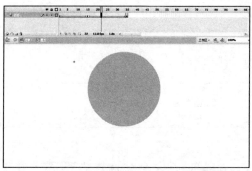

图 10-3-12

15．回到场景 1 中，新建两个图层，分别在它们的第 81 帧上插入关键帧，并放置两张图片。在这两张图片的图层上面新建一个图层，把该层命名为"遮罩 3"。将制作好的圆形影片剪辑元件拖到该层的第 81 帧中，如图 10-3-13 所示。

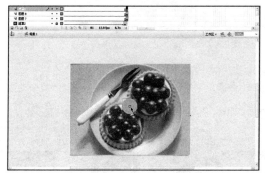

图 10-3-13

16．由于在圆形影片剪辑中制作的圆形动画是先从上面移动到下面。所以，在第 81 帧中要将圆形影片剪辑向上拖动，以避免后面的动画在舞台中出现，如图 10-3-14 所示。

图 10-3-14

17．将遮罩 3 图层和它下面的两个图片图层都延长到第 35 帧。因为圆形动画的总长度是 35 帧，在场景 1 中要使该影片剪辑能够播放完毕，如图 10-3-15 所示。

图 10-3-15

18．为遮罩 3 图层创建遮罩效果。在场景中是看不到它的具体效果的，可以按快捷键"Ctrl+Enter"通过影片测试来观看它的效果，如图 10-3-16 和图 10-3-17 所示。

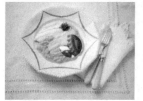 

图 10-3-16 　　　　　　　　图 10-3-17

19．新建一个名为"矩形"的影片剪辑。使用"矩形工具"绘制一个 60 像素 ×350 像素的矩形。之所以将该矩形设置为 60 像素 ×350 像素是因为，舞台的宽是 480 像素，它可以被分为 8 个宽为 60 像素，高为 350 像素的小矩形，如图 10-3-18 所示。

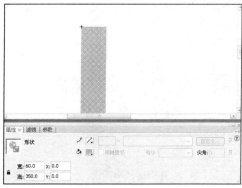

图 10-3-18

20．在第 20 帧中插入一个关键帧。将第 1 帧中矩形的变形中心点拖到左边，同样，将第 20 帧中矩形的变形中心点也拖到左边。打开属性检查器把第 20 帧中的矩形的宽度设置为"0"，将这个矩形变形为一个几乎看不到的细条，如图 10-3-19 所示。

图 10-3-19

21. 在第 1 帧中为矩形创建形状补间动画，使矩形由宽变窄，如图 10-3-20 所示。

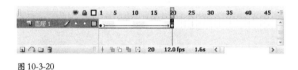

图 10-3-20

22. 新建一个影片剪辑元件，将其命名为"百叶窗"。把矩形元件拖到进来，再复制 7 个，并将它们排列整齐，如图 10-3-21 所示。

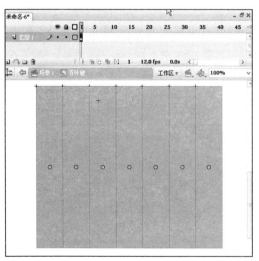

图 10-3-21

23. 回到主场景，并新建两个图层。在这两个图层的第 117 帧中均插入关键帧，分别拖进来两张图片。

24. 在这两张图片上新建一个图层，将其命名为"遮罩 4"。从库中将百叶窗影片剪辑拖到遮罩 4 的第 117 帧

中。由于矩形影片剪辑中的补间动画长为 20 帧，所以在遮罩 4 图层和它下面的两个图层均延长 20 帧，如图 10-3-22 所示。

图 10-3-22

25. 为遮罩 4 图层创建遮罩效果，按快捷键"Ctrl+Enter"测试动画效果，如图 10-3-23 所示。

图 10-3-23

26. 最后，再次按快捷键"Ctrl+Enter"，测试整个动画的效果，如图 10-3-24 ～图 10-3-27 所示。

图 10-3-24

图 10-3-25

图 10-3-26

图 10-3-27

备注：在 Flash 中有专门的幻灯片制作模板，在制作幻灯片方面非常专业（在第 14 课中将会详细讲解幻灯片

模板）。但是，在 Flash 动画制作界面中制作幻灯片虽然不像模板那么方便快捷，不过，在这里可以任意制作自己喜欢的转场效果。

10.4　自我探索

找几张自己喜欢的图像，将其导入到 Flash 中，使用遮罩创建个性的幻灯片动画。

1．新建一个 Flash 文档，可以自己设定尺寸，但是要注意使舞台和图片大小一致。

2．导入需要的图片，将它们拖到舞台中。使用元件制作好看的动画。

3．将制作好的动画拖到舞台中，选择图层面板中的遮罩层。单击鼠标右键，并在快捷菜单中选择"遮罩层"命令，创建动态遮罩效果。

课程总结与回顾

回顾学习要点：

1．简述遮罩层在 Flash 中的制作原理。

2．创建遮罩的步骤有哪些?

3．遮罩的使用范围?

4．如何为线条创建遮罩动画?

学习要点参考：

1．它是用来定义其下图层中对象的可见区域，所定义遮罩之外的区域被忽略显示。

2．需要两个图层，一个是遮罩层，另一个是被遮罩层，分别置入遮罩和被遮罩对象。选择遮罩层，在该层上单击鼠标右键并选择"遮罩层"命令即可。

3．它可以被使用到填充区域、位图、图形元件和影片剪辑。只有线条不可以被使用到遮罩上。

4．线条是无法被用来创建遮罩的，但是如果必须要使用线条来创建遮罩，可以先将线条选中，然后执行"修改＞形状＞将线条转换为填充"命令。只要将线条转换为填充，就可以对其进行遮罩的创建了。

Beyond the Basics
自我提高

水晶

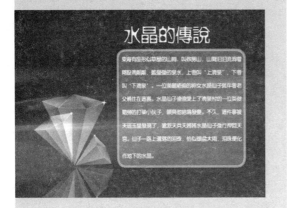

10.5 遮罩的特殊效果

本课通过案例讲述遮罩的特殊效果。用户将学习如何使用遮罩制作光泽流动画；学习如何制作字幕动画。遮罩的使用可以为 Flash 增添许多丰富的效果，只要将它巧妙的应用到各种动画或元件中就会出现精彩的效果。

10.5.1 绘制素材

1. 新建一个 Flash 文档，执行"插入>新建元件"命令，新建一个图形元件。在工具栏中选择"多角星形工具"，打开属性检查器，单击"选项"按钮，将边数设置为"3"，如图 10-5-1 所示。

图10-5-1

2. 单击"确定"后，将笔触设置为"没有颜色"。画出一个三角形，使用颜色将三角形填充为蓝色到透明的渐变。使用"选择工具"将三角形拖动为窄长的形状，将背景颜色设置为"黑色"以方便查看效果，如图 10-5-2 所示。

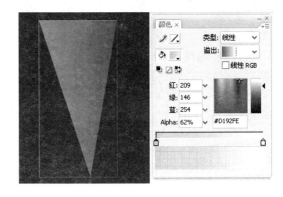

图 10-5-2

3. 再绘制几个三角形，将它们拼成一个水晶的样子，如图 10-5-3 所示。

图 10-5-3

10.5.2 准备遮罩素材

1. 新建一个遮片图形元件，使用"矩形工具"绘制一个窄长的矩形。使用颜色将这个矩形填充为"线形"渐变，如图 10-5-4 所示。

2. 新建一个名为"发光水晶"的影片剪辑元件。将水晶元件拖到舞台中，在水晶所在的图层上新建一个图层，将其命名为"线框"，如图 10-5-5 所示。

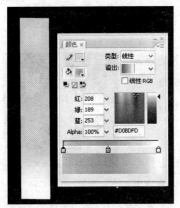

图 10-5-4

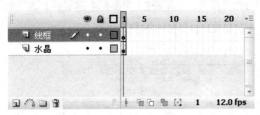

图 10-5-5

3. 选择"线条工具"，在线框图层中沿水晶的棱角画出它的边框，如图 10-5-6 所示。

4. 新建一个"遮片"图层，将之前制作的遮片元件拖进来。把遮片图层拖到线框层的下面，它是需要被遮罩的，如图 10-5-7 所示。

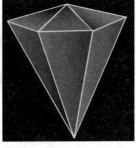

图10-5-6

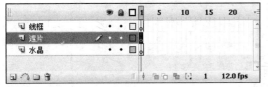

图 10-5-7

5. 使用"任意变形工具"将遮片旋转，使其成为倾斜的状态，并位于水晶的左下角。在遮片层的第 15 帧中插入关键帧，将倾斜的遮片拖到水晶的右上角，并将其他两

个图层延长到第 15 帧，如图 10-5-8 和图 10-5-9 所示。

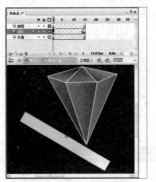

图 10-5-8

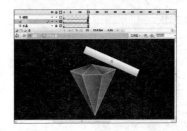

图 10-5-9

6. 选择遮片图层的第 1 帧，单击鼠标右键并选择"创建补间动画"命令，为遮片图层创建动画补间，如图 10-5-10 所示。

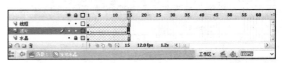

图 10-5-10

10.5.3 创建光泽遮罩

1. 将线框图层中的水晶线框全选中，执行"修改>形状>将线条转换为填充"命令。如果不将线条转换为填充，则使用线条遮罩动画的效果将无法实现，因为线条是无法用来作为遮罩层的，如图 10-5-11 所示。

2. 将线条转换为填充之后，遮罩工作就可以继续进行了。选择线框图层，单击鼠标右键，并在快捷菜单中选择"遮罩层"命令，如图 10-5-12 所示。

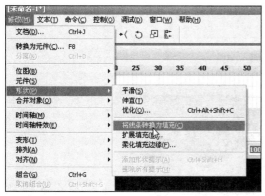

图 10-5-11

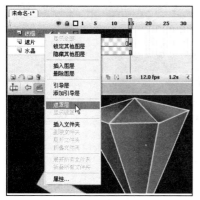

图 10-5-12

3．线框层和遮片层都变成遮罩和被遮罩的状态后，按下"Enter"键检测遮罩是否成功创建，如图 10-5-13 所示。

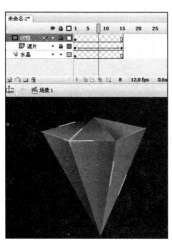

图 10-5-13

10.5.4 添加闪烁动画

1．新建一个影片剪辑元件，使用"多角星形工具"绘制一个四角星形的图形，如图 10-5-14 所示。

图 10-5-14

2．单纯的一个白色星形看起来未免有些单调，如果让星形有些柔光就看起来更有发光的质感了。为星形添加发光的方法很简单，只需将这个星形选中，执行"修改＞形状＞柔化填充边缘"命令，如图 10-5-15 所示。

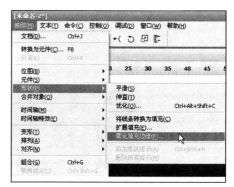

图 10-5-15

3．在弹出的对话框中将距离设置为"30 像素"，步骤数为"5"，方向为"插入"，如图 10-5-16 所示。

图 10-5-16

4．单击"确定"按钮后，查看星形的效果是否是我们需要的，如图 10-5-17 所示。

5. 打开发光水晶影片剪辑元件，在线框层的上面新建一个名为"闪光"的图层。在该层的第 15 帧中插入关键帧，将星形元件拖到进来，使用"任意变形工具"将星形的大小调整为适合水晶的大小，如图 10-5-18 所示。

图 10-5-17　　　　　　　图 10-5-18

6. 在闪光层的第 25 帧中插入关键帧，将星形放大一些，再将其旋转。接着再在第 40 帧中插入关键帧，将星形缩小。返回到第 15 帧上，打开属性检查器，将旋转选项设置为"顺时针"，旋转次数为"1"。同样，将第 25 帧的旋转也按照第 15 帧的设置进行设置，如图 10-5-19 所示。

图 10-5-19

7. 为上光层创建动画补间，按下"Enter"键测试动画。从动画中我们可以看到，当水晶的光泽闪过之后，出现一个闪光点。闪光点在旋转中变大，接着就又在旋转中缩小，如图 10-5-20～图 10-5-22 所示。

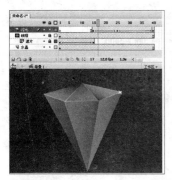

图 10-5-20

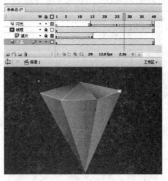

图 10-5-21

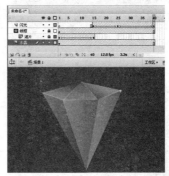

图 10-5-22

10.5.5　制作文字动画

1. 回到主场景中，执行"文件＞导入＞导入到库"命令，将准备好的背景素材导入到库中。新建一个图层，将背景图片拖进来，并调整图片的大小使其能够和舞台完全重叠在一起，如图 10-5-23 所示。

图 10-5-23

2. 在背景图层上新建一个名为"水晶"的图层，从库中将制作好的发光水晶影片剪辑元件拖到舞台中。按快捷键"Ctrl+D"再复制出两个发光水晶元件, 分别改变它们的大小和位置, 如图 10-5-24 所示。

图 10-5-24

3. 将这 3 个调整好的水晶全选中, 按快捷键"Ctrl+D"再复制出一个。选择复制的水晶, 执行"修改>变形>垂直翻转"命令, 将它们翻转过来, 接着移动这 3 个水晶的位置, 如图 10-5-25 所示。

图 10-5-25

4. 打开属性检查器, 将这 3 个水晶的 Alpha 值调整为"59%"。这样投影的效果就出来了, 如图 10-5-26 所示。

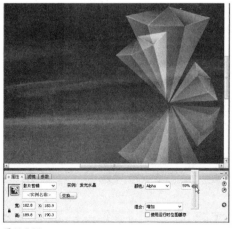

图 10-5-26

5. 接着在水晶图层上新建一个文字图层, 使用"文本工具"在舞台中输入文字"水晶的传说", 将文字类型设置为"方正细珊瑚繁体", 字体颜色为"白色", 大小为"38"。移动水晶和水晶的"倒影", 留出放文章的位置, 如图 10-5-27 所示。

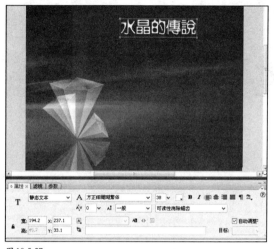

图 10-5-27

6. 接着在文字图层上新建一个图层, 将其命名为"文本框"。在工具栏中选择"矩形工具", 在下面的属性工具栏中将边角半径设置为"20", 如图 10-5-28 所示。

图 10-5-28

7. 将笔触颜色设置为浅蓝色"#B4B5FE", Alpha 值为"70%", 高度为"5"。填充颜色为"白色", Alpha 值为"30%"。在舞台中画出一个矩形作为文本框, 如图 10-5-29 所示。

图 10-5-29

8．在文本框图层上方新建一个图层，选择"文本工具"，在属性检查器中将文字大小设置为"11"，颜色为"#EBD9FF"。并在文本框上输入文章的内容，如图 10-5-30 所示。

图 10-5-30

9．然后在文章图层上再新建一个名为"遮片"的图层，在该层中绘制一个矩形。矩形的大小要和文章占据的位置大小一致，如图 10-5-31 所示。

图 10-5-31

10．在遮片层和文章的第 55 帧中插入关键帧。在遮片层的第 1 帧中，选择白色矩形，按着"Shift"键的同时再按着向上键。将其向上平移，使其不档住文章层的文字，如图 10-5-32 所示。

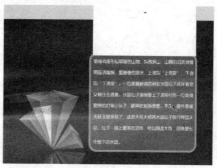

图 10-5-32

11．为遮片层创建动画补间。接着再将其他图层均延长至第 55 帧。选择遮片层，为其创建文字遮罩动画，如图 10-5-33 所示。

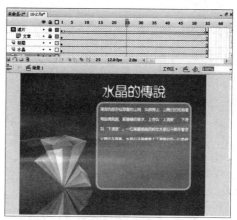

图 10-5-33

12．最后，再新建一个"Action"图层，在该层的第 55 帧中插入一个空白关键帧。选择该帧，执行"窗口>动作"命令打开"动作"面板。执行"全局函数>时间轴控制"命令，在时间轴控制选项中选择"stop"命令。双击将其添加到选中的帧上。因为在 Flash 中是默认的动画循环播放，添加停止动作后，动画在播放完毕后就不再播放，如图 10-5-34 所示。

图 10-5-34

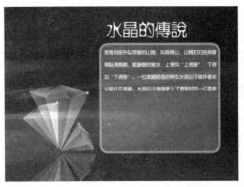

图 10-5-35

13. 添加完毕后，动画就基本上制作完了。按快捷键"Ctrl+Enter"测试动画的整体效果，如图 10-5-35 所示。

14. 执行"文件＞保存"命令，将文件保存到指定的位置。

第11课
滤镜与混合模式

在本课中，您将学习到如何执行以下操作：

- 滤镜的使用范围；
- 如何在 Flash 中使用滤镜；
- 各种滤镜的功能；
- Flash 中的混合模式；
- 混合模式的使用方法。

11.1 滤镜的使用

11.1.1 滤镜基础

在许多图像处理软件中如 Photoshop、Fireworks 的处理环境中都会有滤镜功能，它是一种对图像像素进行处理并产生特殊效果的功能。而如今滤镜也出现在了 Flash 中。众所周知，Flash 是一个动画软件，添加了滤镜功能之后 Flash 就如虎添翼了，它可以通过滤镜与补间的结合产生丰富的动态视觉效果。

不过在添加滤镜效果时要注意，原始的形状、组、绘制对象、图形元件和位图是不能够直接添加。只有文本、按钮和影片剪辑有这个权限。所以，在添加滤镜之前要检查添加对象是否是这 3 种类型，如果不是就需要先将其转换为可添加类型，如图 11-1-1 所示。

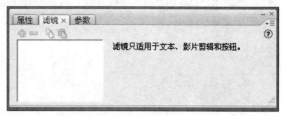

图 11-1-1

另外，Flash CS3 的滤镜还有一个特性，添加滤镜后的对象是完全可编辑的，而不会在添加滤镜后就被像素化。只需双击被添加过滤镜的对象，就可以进入它的编辑状态，任意改变其颜色、形状等属性，如图 11-1-2 所示。

图 11-1-2

滤镜面板与属性检查器并排位于界面的下方。在滤镜面板上单击 ➕ （添加按钮），在弹出的选项列表中可以看到 7 种滤镜，它们分别是投影、模糊、发光、斜角、渐变发光、渐变斜角和调整颜色，如图 11-1-3 所示。

图 11-1-3

添加滤镜的方法很简单，只需单击需要的滤镜即可被添加到白色的列表框中。并在滤镜面板中显示相关的设置选项。如果用户选择的是调整颜色滤镜，则面板中就会出现一些颜色的调整选项：色相、饱和度、对比度等，如图 11-1-4 所示。

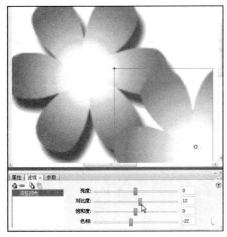

图 11-1-4

而且，Flash CS3 允许用户同时为一个对象添加多种滤镜效果。只需继续单击"添加"按钮，并选择需要的效果就会被列在白色的框中。所有被添加在对象上的滤镜是按上下顺序叠加在一起的，靠上的滤镜往往会将靠下的滤镜遮挡住，因此这些滤镜排列的顺序不一样，出现的效果也就不一样。想要改变滤镜的顺序只需选中一个滤镜，并在白色框中拖动它到合适的位置即可，如图 11-1-5 所示。

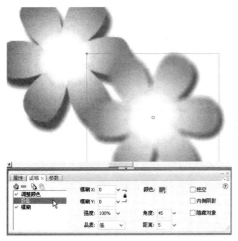

图 11-1-5

如果添加的某个滤镜效果不适合对象，单击滤镜名称前面的绿色对号，当它变成红色的错误符号时就表示该滤镜已经被禁用了。除了这种方法，还可以选中某个滤镜后单击白色列表框上面的 ━ （删除按钮），将其删除，如图 11-1-6 所示。

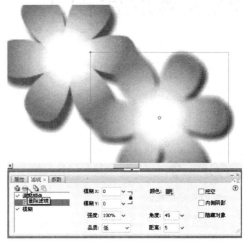

图 11-1-6

当单击添加按钮时，会看到在列表的最上方有一个预设选项，如图 11-1-7 所示。使用该选项可以将当前制作好的效果保存起来，以便以后使用。保存后的滤镜名称就会在预设列表底部显示出来，再次使用时只需单击该预设选项就可以使所有的对象拥有一样的滤镜效果，如图 11-1-8 所示。

图 11-1-7

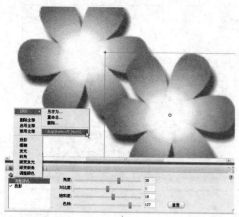

图 11-1-8

11.1.2　各种滤镜的功能

投影：投影滤镜可以模拟对象向一个表面投影的效果，还可以在背景中剪出一个外观与对象相似的洞。在投影选项中，拖动"模糊 X"和"模糊 Y"滑块可以设置投影的宽度和高度。拖动"距离"滑块可以设置阴影和对象之间的距离。单击颜色框可以改变投影的颜色。拖动"强度"滑块可以设置投影的暗度。勾选"挖空"复选框可以将源对象隐藏；勾选"内侧阴影"复选框则可以在对象的边界内应用阴影；勾选"隐藏对象"复选框将会只显示其阴影，如图 11-1-9 所示。

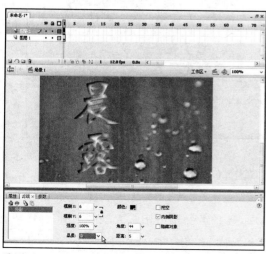

图 11-1-9

模糊：使用模糊滤镜可以柔化对象的边缘和细节。可以使用模糊滤镜来制作动感效果。在模糊设置项中，"模糊 X"和"模糊 Y"滑块可以设置模糊的宽度和高度。当将品质设置选项设置为"高"时，模糊效果就近似于高斯模糊，如图 11-1-10 所示。

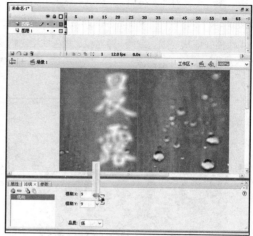

图 11-1-10

发光：选择发光滤镜可以为对象的整个边缘应用颜色。同样，该滤镜的"模糊 X"和"模糊 Y"滑块可以设置发光的宽度和高度。而且单击颜色窗口可以设置发光的颜色，拖动"强度"滑块可以设置发光的清晰度，如图 11-1-11 所示。

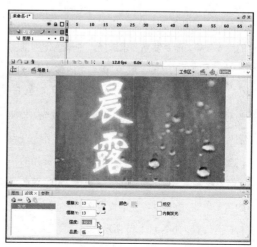

图 11-1-11

斜角：斜角滤镜实际上就是向对象应用加亮效果，使其看起来凸出于背景表面。可以创建内斜角、外斜角或者完全斜角。"模糊 X"和"模糊 Y"滑块，可以设置斜角的宽度和高度。"强度"滑块，设置斜角的不透明度，而不影响其宽度。"阴影"和"加亮"设置可以改变斜角的阴影和加亮颜色。拖动角度盘或输入值，更改斜边投下的阴影角度。拖动"距离"滑块可以改变阴影和加亮的位置。"挖空"选项可以挖空（即从视觉上隐藏）源对象，并在挖空图像上只显示斜角，如图 11-1-12 所示。

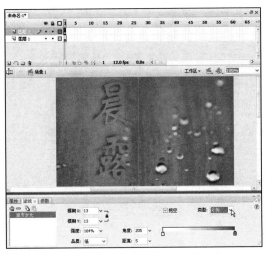

图 11-1-13

渐变斜角：应用渐变斜角可以产生一种凸起效果，使得对象看起来好像从背景上凸起，且斜角表面有渐变颜色。渐变斜角要求渐变的中间有一个颜色，颜色的 Alpha 值为"0"。在色带上无法移动此颜色的位置，但可以改变该颜色，如图 11-1-14 所示。

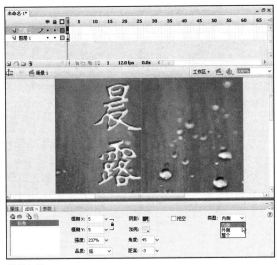

图 11-1-12

渐变发光：应用渐变发光，可以在发光表面产生带渐变颜色的发光效果。渐变发光要求选择一种颜色作为渐变开始的颜色，该颜色的 Alpha 值为"0"。无法移动此颜色的位置，但可以改变该颜色。在"发光类型"弹出菜单上，选择要为对象应用的发光类型。可以选择内侧发光、外侧发光或者完全发光。拖动"模糊 X"和"模糊 Y"滑块，设置发光的宽度和高度。拖动"强度"滑块，设置发光的不透明度，而不影响其宽度。拖动角度盘或输入值，更改发光投下的阴影角度。在渐变发光的设置选项中可以对渐变颜色进行任意设置，如图 11-1-13 所示。

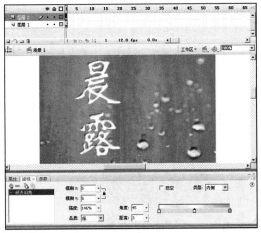

图 11-1-14

调整颜色：使用调整颜色滤镜，可以调整所选影片剪辑、按钮或者文本对象的亮度、对比度、色相和饱和度。拖动要调整的颜色属性的滑块，或者在相应的文本框中输入数值。属性和它们的对应值如下所示。

1．对比度调整图像的加亮、阴影及中调。数值范围是 –100 ～ 100。

2．亮度调整图像的亮度。数值范围是 –100 ～ 100。

3．饱和度调整颜色的强度。数值范围是 –100 ～ 100。

4．色相调整颜色的深浅。数值范围是 –180 ～ 180。

单击"重置"按钮，可以把所有的颜色调整重置为"0"，使对象恢复原来的状态。如图 11-1-15 所示的文字是没有进行颜色调整的，而图 11-1-16 所示的文字是调整过颜色的状态。

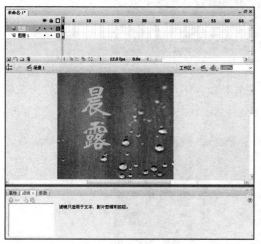

图 11-1-15

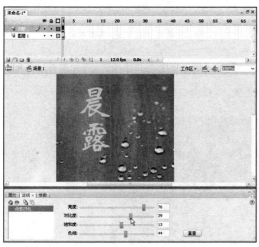

图 11-1-16

11.2 混合模式的使用

11.2.1 混合模式的概念

在 Flash CS3 中提供了 14 种混合模式，混合模式是通过数学运算来过滤两张或两张以上叠加图片的颜色、透明度、亮度等值，来创建拥有炫目艺术效果的复合图像。从实用主义的角度来说，混合模式常用于两种情况：

- 将两张或多张不相干的图片通过混合模式来混合为一体，达到整体的融合、自然。比如把图案或文字融合到其他对象上。

- 还可以将两张或多张图片合成，通过混合模式来达到"你中有我，我中有你"的特殊叠加效果。就像生活中常见的使用各种材料和调料来烹饪食物。

在使用混合模式之前，要先导入两张或多张图片，并将它们都转换为影片剪辑。下面为金蛋上添加条形码，如图 11-2-1 所示。

图11-2-1

1．将条形码图片放置到金蛋图片的上面，使它们叠加在一起，如图 11-2-2 所示。

图 11-2-2

2. 选择条形码图片，打开属性检查器。在混合选项中选择"减去"模式。则条形码图片的黑色部分就被减去了，而条形码也变成了与其相反的颜色，如图 11-2-3 所示。

图 11-2-3

3. 移动条形码图片，将条形码移动到金蛋上，如图 11-2-4 所示。

4. 此时的条形码并没有很自然的"贴"到金蛋上，所以，改变混合的模式，查看各种模式中哪种比较适合。最后，选择"叠加"模式，条形码上有了金蛋的元素，金蛋上就也有了条形码图片的黑色，如图 11-2-5 所示。

图 11-2-4   图 11-2-5

11.2.2 各种混合模式的效果

一般： 正常应用颜色，影片剪辑之间没有任何变化。

图层： 可以层叠各个影片剪辑，而不影响其颜色。

变暗： 只替换比混合颜色亮的区域。比混合颜色暗的区域不变，效果如图 11-2-6 所示。

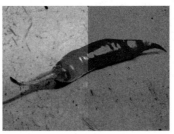

图 11-2-6

色彩增值： 将基准颜色复合以混合颜色，从而产生较暗的颜色，如图 11-2-7 所示。

图 11-2-7

注意： 基准颜色就是混合颜色下像素的颜色。

变亮： 只替换比混合颜色暗的像素。比混合颜色亮的区域不变，如图 11-2-8 所示。

图 11-2-8

屏幕：将混合颜色的反色复合以基准颜色，从而产生漂白效果，如图 11-2-9 所示。

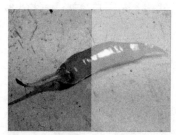

图 11-2-9

叠加：进行色彩增值或滤色，具体情况取决于基准颜色，如图 11-2-10 所示。

图 11-2-10

强光：进行色彩增值或滤色，具体情况取决于混合模式颜色。该效果类似于用点光源照射对象，如图 11-2-11 所示。

图 11-2-11

增加：从基准颜色增加混合颜色，如图 11-2-12 所示。

减去：从基准颜色减去混合颜色，如图 11-2-13 所示。

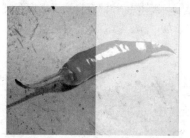

图 11-2-12

图 11-2-13

差异：从基准颜色减去混合颜色，或者从混合颜色减去基准颜色，具体情况取决于哪个的亮度值较大。该效果类似于彩色底片，如图 11-2-14 所示。

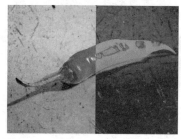

图 11-2-14

反转：是取基准颜色的相反颜色，如图 11-2-15 所示。

图 11-2-15

Alpha：应用 Alpha 遮罩层。该混合模式要求将图层混合模式应用于父级影片剪辑。不能将背景剪辑更改为"Alpha"并应用它，因为该对象是不可见的。

擦除：删除所有基准颜色像素，包括背景图像中的基准颜色像素。该混合模式要求将图层混合模式应用于父级影片剪辑。不能将背景剪辑更改为"擦除"并应用它，因为该对象是不可见的。

注意：一种混合模式可产生的效果会很不相同，具体情况取决于基础图像的颜色和应用的混合模式的类型。

11.3 运用滤镜与混合模式创建动画

在 Flash 中虽然有很多滤镜和混合模式的精彩效果，但是要如何将它们合理地结合起来呢？在本课程的下一个部分，将创建一个简单的 Flash 动画，在创建该图的过程中将结合运用到前面所学的知识。同时还将讲解在实际应用中滤镜与混合模式的结合。

11.3.1 制作文字动画

1. 新建一个 Flash 文档，将舞台的颜色设置为"黑色"。将图层 1 重新命名为"小标题"。并在工具栏中选择"文本工具"，将字体设置为"方正超粗黑简体"，大小为"35"，字体颜色为"绿色"。在黑色的舞台中输入文字，如图 11-3-1 所示。

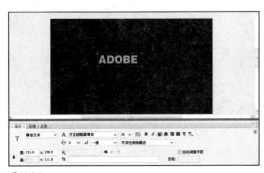

图 11-3-1

2. 执行"文件 > 导入 > 导入到库"命令，从外部导入一张图片，如图 11-3-2 所示。

3. 选择导入的位图图片，按下"F8"键将其转换为影片剪辑元件。

4. 选择图片所在的图层，将其拖到小标题层的上面。在第 1 帧中将图片向下移动，移到图片的最上面能够遮挡住文字的位置上，如图 11-3-3 所示。

图 11-3-2　　　　　　　　图 11-3-3

5. 打开"滤镜"面板，在"滤镜"面板中选择调整颜色模式。在该模式中将图片的亮度调整为"-57"，对比度为"-52"，饱和度为"-29"，色相为"0"。由于原图的颜色过亮，并不是很适合此例使用。而此时滤镜就派上用场了，通过滤镜可以像使用 Photoshop 一样处理图片，如图 11-3-4 所示。

图 11-3-4

6. 打开属性检查器，在属性检查器中将图片与它下面的文字之间的混合模式设置为变暗，如图 11-3-5 所示。

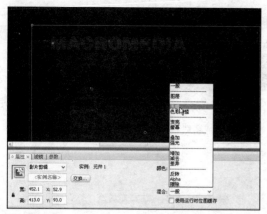

图 11-3-5

7. 在图片层的第 50 帧中插入关键帧，在该帧中将图片向上拖动。和第 1 帧中的一样，在向上拖动时，图片最下面的边缘不能离开文字，如图 11-3-6 所示。

图 11-3-6

8. 在第 50 帧中对图片进行颜色调整滤镜的应用，将它的亮度调整为"82"，对比度为"3"，饱和度为"20"，色相为"22"，如图 11-3-7 所示。

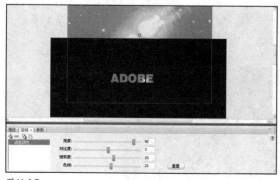

图 11-3-7

9. 在第 50 帧中的"主角"，也就是大标题就要出场了。在图片图层的下面新建一个大标题层，然后在该层的第 50 帧中插入关键帧，使用"文本工具"输入相关的内容，并在属性检查器中对大标题的字体进行设置，如图 11-3-8 所示。

图 11-3-8

10. 将大标题图层中的文字选中，并将其转换为影片剪辑。打开"滤镜"面板，为大标题添加模糊滤镜，将模糊的 x 轴和 y 轴均设置为"100"，如图 11-3-9 所示。

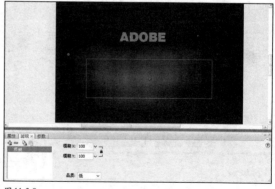

图 11-3-9

备注：实际上在调整模糊的 x 轴和 y 轴时，只需拖动任意一个轴上的滑块，另一个的模糊值也会随其发生变化，且两轴的模糊值都一样。这是在锁定的状态下进行调整的效果。也可以根据个人需要将 x 轴和 y 轴解除锁定，分别对它们进行模糊调整。

11. 在 Flash CS3 中可以对一种滤镜进行多层的叠加，这样就使滤镜效果不会只局限于一个样式的表现，为用户扩展了更大的发挥空间。在这里，将模糊滤镜再添加两次，每次的模糊值都为 100，直到文字模糊得看不到，如图 11-3-10 所示。

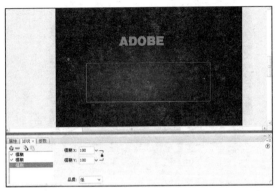

图 11-3-10

12. 在第 80 帧中分别为图片图层和大标题图层插入关键帧。首先选择图片图层的第 80 帧，在该帧中将图片的位置向下拖动，使其能够完全覆盖住小标题和大标题的文字。并再次将其颜色调整滤镜的亮度改为"82"，对比度为"11"，饱和度为"45"，色相为"180"，如图 11-3-11 所示。

图 11-3-11

13. 接着再对大标题进行设置。选择大标题层的第 80 帧，在该帧中将大标题的 3 个模糊值均改为 0。目的是要实现文字由暗变亮，由模糊变清晰的动画，如图 11-3-12 所示。

图 11-3-12

14. 为图片图层和大标题图层的各个帧区间创建相应补间动画，如图 11-3-13 所示。

图 11-3-13

15. 为了使得动画效果明显，把各个图层均向后延长至第 115 帧，如图 11-3-14 所示。

图 11-3-14

11.3.2　制作铁锈效果

使用外部的位图素材是一件很方便的事，但是不一定导入的图片就刚好适合当前的动画使用。而使用滤镜或混合模式就可以帮助用户打造 Flash 特有的图片来调整效果，在这个案例中需要一个铁锈的边框来装饰动画，具体制作方法如下。

1. 执行"文件>导入>导入到库"命令，将一张铁锈图片导入到 Flash 文档中。新建一个图形元件，将铁锈图片拖入到舞台，如图 11-3-15 所示。

图 11-3-15

2. 如果直接使用这张图，可能会出现喧宾夺主的情况。它只是用来装饰动画，而不是整个动画的主体，这样就不能直接将它放在动画中，需要经过加工方可使用。在铁锈图片层上新建一个图层，在该层中使用"线条工具"绘制一个装饰图形，如图 11-3-16 所示。

图 11-3-16

3. 选择画出来的装饰图形，按下"F8"键将其转换为影片剪辑。选择这个图形，打开属性检查器在混合模式中选择"叠加"模式，如图 11-3-17 所示。

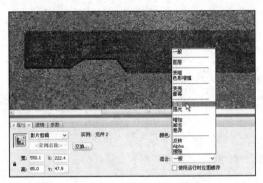

图 11-3-17

4. 选择铁锈图片，按快捷键"Ctrl+B"将图片分离为可编辑状态。在工具栏中选择"套索工具"沿装饰图形的边缘将图片没有被装饰图形遮住的部分裁出来一块，如图 11-3-18 所示。

图 11-3-18

5. 将其余的部分删除掉，再把装饰图形拖到裁出来的铁锈图片上面。在拖动时要注意，把裁出来的图片留出

一点发亮的边缘，做简单的装饰，如图 11-3-19 所示。

图 11-3-19

6. 回到主场景中，在所有图层的最上面新建一个图层，将其命名为"铁锈框"。将制作好的铁锈元件拖到舞台中，使用"任意变形工具"将其调整好位置，如图 11-3-20 所示。

图 11-3-20

7. 选择铁锈元件，按快捷键"Ctrl+D"复制。再将复制出的铁锈元件拖到舞台靠下的地方，接着执行"修改 > 变形 > 垂直翻转"命令和"修改 > 变形 > 水平翻转"命令，如图 11-3-21 所示。

图 11-3-21

8. 按快捷键"Ctrl+Enter"测试最终的动画效果，如图 11-3-22 ～图 11-3-24 所示。

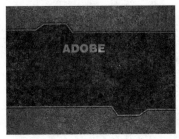

图 11-3-22

图11-3-23

图11-3-24

9. 执行"文件 > 保存"命令，将制作好的 Flash 文档保存的指定的目录下。

11.4　自我探索

发挥自己的创意，使用各种滤镜和混合模式创建一幅图片或一个动画。

1. 新建一个 Flash 文档，自己绘制或使用外部图片，将其转化为影片剪辑元件，利用混合模式来对图片进行调整。

2. 为它们添加上各种各样的滤镜效果。亲身体会滤镜的功能。

3. 使用所学的各种滤镜和混合模式，创建一个与各种元素结合的 Flash 动画或图片。

课程总结与回顾

回顾学习要点：

1. 滤镜效果可以运用到哪些对象上？

2. 如果想要制作出立体效果需要哪个滤镜？

3. 如何调整位图的亮度、对比度和饱和度？

4. 混合模式的作用有哪些？

5. 混合模式多用于哪些对象？

学习要点参考：

1. 有文本、影片剪辑元件、按钮元件这 3 种。

2. 若对象不是按钮和文本，可以将其转换为影片剪辑元件，为其添加"渐变斜角"和"投影"滤镜，并调整它们的相关参数。

3. 将位图转换为影片剪辑元件，添加"调整颜色"滤镜并根据自己的需要调整相关参数。

4. 混合模式可以将两个或两个以上的图片或其他对象融合在一起，以达到炫目的视觉效果。

5. 大多数情况被应用到按钮元件和影片剪辑元件中。

Beyond the Basics

自我提高

日出

11.5 各种效果的制作

本课通过案例讲述各种效果的制作。用户将学习如何使用模糊滤镜制作场景的深度；学习使用混合模式结合透明度动画来制作日出的光线变化；学习使用调整颜色、模糊和发光滤镜，制作太阳的颜色和发光变化动画。

11.5.1 绘制场景

1. 新建一个 Flash 文档，按快捷键"Ctrl+F8"新建一个影片剪辑元件。使用"矩形工具"画出一个绿色的矩形，再将这个矩形调整成个简单的草地，如图 11-5-1 所示。

图 11-5-1

2. 再使用"矩形工具"和"选择工具"制作出一片草地，使用颜色将这片草地填充成渐变效果，如图 11-5-2 所示。

图 11-5-2

3. 在工具栏上选择"多角星形工具"，并在属性检查器中单击"选项"按钮，将边数设置为"3"，如图 11-5-3 所示。

图 11-5-3

4. 使用"选择工具"将画出的三角形调整为草地上的小路。并使用颜色将小路填充成渐变效果，如图 11-5-4 所示。

图 11-5-4

5. 将制作出的小路复制，放在后面的草地上。将后面草地上的小路缩小一些，这样就会有一些近大远小的空间感，如图 11-5-5 所示。

图 11-5-5

6. 新建一个名为"花草"的影片剪辑元件。使用"椭圆工具"绘制出一个绿色的圆，继续使用"选择工具"改变圆的形状。最后，将圆拖成一个叶子的形状，如图 11-5-6 所示。

7. 依然使用三角形制作出叶脉，注意叶脉的颜色要比叶子的浅。在制作的时候可以先画出一个叶脉，接着再复制出几个，将它们分别缩小并放置在合适的位置上，如图 11-5-7 所示。

图 11-5-6   图 11-5-7

8．将制作好的叶子成组，再将它们多复制几个，如图11-5-8所示。

图11-5-8

9．使用"钢笔工具"画出一片花瓣，将这一片复制出几个组合成一朵花，如图11-5-9所示。

10．将花复制几个分散到叶子中，如图11-5-10所示。

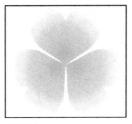

图11-5-9　　　　　图11-5-10

11.5.2　布置场景

1．回到主场景中，新建一个名为"天空"的图层。使用"矩形工具"绘制一个和舞台一样大的矩形。再使用颜色将这个矩形改成浅蓝色到白色的渐变，如图11-5-11所示。

2．在天空图层上新建一个图层，将制作好的草地影片剪辑元件拖到该层中，如图11-5-12所示。

图11-5-11　　　　　图11-5-12

3．接着再新建一个花草图层，将绘制好的花草影片剪辑拖到该层中，并将其位置放置在舞台的右下角，如图11-5-13所示。

4．选择草地元件，在"滤镜"面板中为其添加"模糊"滤镜。模糊草地就会产生向后退的感觉。而前面清晰的花草与草地产生远近的对比，当观众看到画面时就会有一种空间深度感，如图11-5-14所示。

图11-5-13

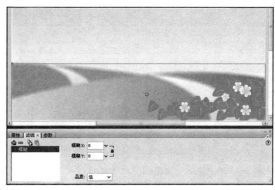

图11-5-14

11.5.3　创建动画

1．在所有图层上新建一个图层，在该层中使用"矩形工具"绘制出一个深蓝色的矩形。这个矩形要和舞台一样大，能够把舞台中的画面都遮挡住，如图11-5-15所示。

图11-5-15

2．将这个蓝色矩形转换为影片剪辑元件，在属性检查器中将该矩形的混色模式设置为"色彩增值"。从图11-5-16中可以看到，场景已经变暗了，这就是本例所要的"黎明"效果。

3．在深蓝色矩形图层的第45帧中插入关键帧，并在该帧中将矩形的Alpha值设置为"0%"，此时就是天亮的效果了，如图11-5-17所示。

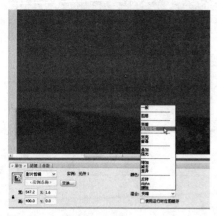

图 11-5-16

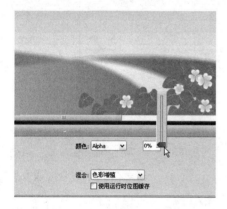

图 11-5-17

4. 在蓝色矩形图层的第 1 帧中创建动画补间,按"Enter"键就可以看到由黎明到天亮的动画了,如图 11-5-18 和图 11-5-19 所示。

图 11-5-18　　　　图 11-5-19

5. 没有太阳是无法出现从黎明到天亮的变化的,接着制作太阳动画。在蓝色矩形图层上新建一个图层,使用"椭圆工具"绘制一个黄色的正圆做太阳,并将这个太阳

转换为影片剪辑,如图 11-5-20 所示。

6. 在太阳图层上新建一个名为"遮片"的图层,并在该层中使用"矩形工具"绘制出一个矩形,把天空遮起来,如图 11-5-21 所示。

图 11-5-20　　　　　图 11-5-21

7. 在太阳图层的第 1 帧中将太阳元件选中,将它移动到遮片图形的下面。并为其添加"调整颜色"滤镜,将太阳的对比度设置为"-10",饱和度为"-2",色相为"-42"。也就是升起前的橘红色太阳,如图 11-5-22 所示。

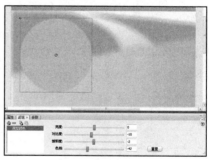

图 11-5-22

8. 接着添加"模糊"滤镜,并将模糊值设置为"20",如图 11-5-23 所示。

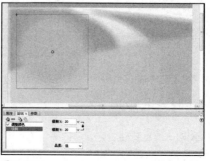

图 11-5-23

9．添加"发光"滤镜，将太阳光的颜色设置为黄色，光的模糊值为"88"，如图11-5-24所示。

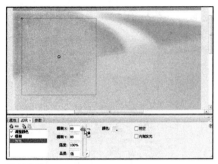

图11-5-24

10．选择太阳层的第45帧，再在该帧中插入关键帧。并将太阳的位置移动到天空上，使遮片层隐藏起来以观看太阳的位置，如图11-5-25所示。

图11-5-25

11．中午的太阳和早上的是不一样的，需要再次对太阳进行调整。选择太阳元件，打开"滤镜"面板，将调整颜色滤镜的亮度设置为"79"，对比度为"100"，饱和度和色相均为"0"，如图11-5-26所示。

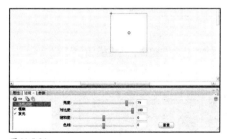

图11-5-26

12．接着再将太阳的模糊值设置为"18"，使太阳的边缘更清晰一些，如图11-5-27所示。

13．然后太阳的光线也要随着它升起的高度进行变

化，将它的发光颜色设置为"白色"，模糊值为"0"，强度为"0"，如图11-5-28所示。

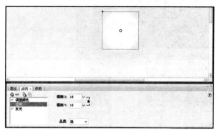

图11-5-27

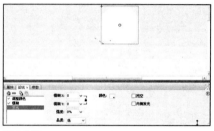

图11-5-28

14．接着在太阳图层中第1帧～第45帧之间创建动画补间。最后再将遮片图层显示出来，并在该层上创建遮罩效果。为了保证效果明显，把各个图层延长至第55帧，如图11-5-29所示。

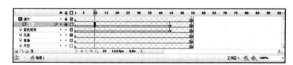

图11-5-29

15．最后，按快捷键"Ctrl+Enter"测试动画的整体效果，如图11-5-30和图11-5-31所示。

图11-5-30

图11-5-31

第12课

音频的处理

在本课中，您将学习到如何执行以下操作：

- 常见的声音导入格式；
- 基本的导入方法；
- 声音的添加对象；
- 对声音进行编辑；
- 声音的发布设置。

12.1 导入声音文件

12.1.1 导入格式

Flash 可以处理很多不同的声音文件格式，绝大部分声音文件格式都可以被 Flash 导入。下面是能够被导入到 Flash CS3 的最常见的两种声音文件格式。

MP3 格式：该格式是公认的数字音乐格式。使用 MP3 声音文件有许多优点，它能够压缩到其本身的 1/12 而不会破坏声音的质量。MP3 使用听觉编码技术，极大地减少了一些重复冗余的用于描述声音的信息数量。通过 Flash 实现的扩展功能，MP3 就能够支持更长的流，在使用时用户不必下载完整声音文件就可以开始在 Flash 影片中播放声音。

WAV 格式：是一种声音输入格式，它可以通过麦克风或在电脑其他声音源录制声音的格式。导入的 WAV 文件可以是立体声也可以是非立体声，它能够支持各种各样的比特率和频率。

12.1.2 导入方法

与位图或矢量图等其他导入资源相比，Flash 不会自动将被导入的声音文件插入到时间轴上的活动图层所包含的帧中。也就是说，在导入声音文件之前不必选择一个特定的图层或帧，所有的声音一旦被导入就直接被放置在库中。如果导入的声音文件过大，则会使整个 Flash 文档也就是源文件（.fla 文件）变大，因为声音成了 Flash 文档的一部分。而相应的 Flash 影片（.swf）就不会出现这样的状况，因为声音不会成为影片的一部分，自然也就不会增加影片的大小。

执行"文件 > 导入"命令，在导入选项中有"导入到舞台"、"导入到库"、"打开外部库"、"导入视频"，而在导入声音时只需选择"导入到舞台"或"导入到库"这两个选项，不过选择这两项的结果都一样，如图 12-1-1 和图 12-1-2 所示。

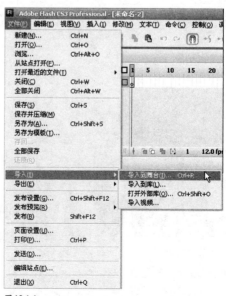

图 12-1-1

图 12-1-2

12.2 为影片添加声音

　　1. 为了方便管理新建一个图层，并在需要开始播放声音的位置上插入一个关键帧，按快捷键"Ctrl+L"打开"库"面板，将需要的声音文件拖到舞台中就会在时间轴上显示出声音的波形，如图 12-2-1 所示。

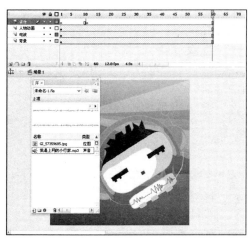

图 12-2-1

　　2. 如果当前的帧数无法完全显示声音的长度，可以按"F5"键为声音添加帧或用鼠标直接拖动该帧至合适的

位置，如图 12-2-2 所示。

图 12-2-2

12.3 为按钮添加声音

　　为 Flash 影片添加一些简单的效果可以增强作品的交互性。因为按钮是保存在库中，而且在影片中都只是使用按钮元件实例的，所以分配给某个按钮的声音对这个按钮元件的所有实例都有效。

　　1. 新建一个按钮元件，绘制好按钮后，在按钮层上新建一个图层，然后在这个图层的"指针经过"帧和"按下"帧中插入关键帧，如图 12-3-1 所示。

图 12-3-1

　　2. 选择"指针经过"帧，打开属性检查器，单击声音选项的下拉列表按键，并在已经导入到库的所有音乐列表中选择适合的选项，如图 12-3-2 所示。

图 12-3-2

3. 选择需要的声音后就自动添加到了所选的帧中，如图 12-3-3 所示。

图 12-3-3

4. 再选择"按下"帧，并按照同样的方法为"按下"帧添加声音。当单击该按钮时，就会出现两种状态的声音。这样，即可为按钮添加上了声音，将具有声音的按钮元件拖到主场景中并按快捷键"Ctrl+Enter"测试按钮的效果。需要注意的是，在选用按钮声音的时候尽量选择较短的声音，适合按钮使用的短促声音。

12.4 编辑声音

Flash 不仅可以导入声音，还可以对导入的声音进行编辑。

1. 选择已经添加的声音，打开属性检查器，可以看到效果选项里已经有了一些内置的效果，如图 12-4-1 所示。

图 12-4-1

无：不附加任何声音效果。

左 / 右声道：只单独播放立体声的左声道或者右声道。

从左到右淡出 / 从右到左淡出：是指声音从一个声道逐渐转到另一声道。相当于降低一个声道级别的同时增加另一声道的级别。

淡入 / 淡出：使声音逐渐由小变大，或由大变小。

自定义：用户自定义声音效果，等同于单击右侧的"编辑"按钮。

2. 单击效果选项右边的"编辑"按钮，可以在编辑框中对声音进行编辑，如图 12-4-2 所示。

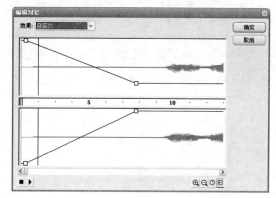

图 12-4-2

进入"编辑封套"对话框后，就可以看到显示此声音的波形。对话框分上下两个窗口，上面表示左声道，下面表示右声道。两个声道中间的横向标尺表示声音持续的长短，有秒和帧两种表示方法，由右下角的两个按钮进行切换。标尺的起点和终点有"开始和结束时间控制条"，用来确定声音从哪里开始播放，又在哪里结束，这个控制条是可以左右拖动的，如图 12-4-3 所示。

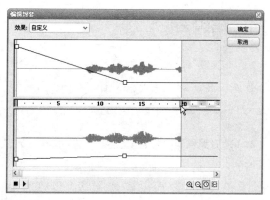

图 12-4-3

3．从图 12-4-4 中可以看到声道中有一些白色方块，它们是封套控制手柄，控制手柄与中间标尺的垂直距离表示声音的音量，控制手柄越靠上，音量越大。连接控制点的线段是控制线，表示音量变化的趋势。在声道窗口中单击可增加控制手柄，在一个声道中增加一个手柄后，另一个声道的相同位置也会出现一个控制手柄。这些手柄都是可以进行拖动的，通过编辑手柄的位置，可以控制音量的上下起伏从而改变声音的音量。

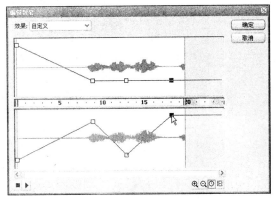

图 12-4-4

在对话框的左上角可以看到，声音效果也可以在这里进行设置。

4．调整好声音的开始结束时间和音量后，单击"确定"按钮就可以返回到属性检查器面板。

12.5　编辑声音属性

1．按快捷键"Ctrl+L"打开"库"面板，在库中选中一个声音文件，并单击鼠标右键，在快捷菜单中选择"属性"命令，如图 12-5-1 所示。

2．在声音属性对话框中有很多基本的功能按钮，包括声音的导入、测试、停止等基本的功能。在面板下侧有一栏"导出设置"，是有关声音格式和压缩比的设置。主要的功能区是在"压缩"下拉列表中，如图 12-5-2 所示。

图 12-5-1

图 12-5-2

3．在图 12-5-2 中得知，文件的压缩格式除了 MP3 还有 3 种。这 3 种格式的属性各不相同，用途也各有所长。

ADPCM：是老版本 Flash 中默认的输出方式。多用于输出短的事件声音。在其采样率中有 4 种格式，5kHz，最低的可接受标准，可以达到人说话的声音；11kHz，标准的 CD 比率的 1/4，是建议声音最低质量的设置；
22kHz，相对于目前的网速，比较适合使用这种采样率；
44kHz，采用标准的 CD 音质，可达到最佳的听觉效果，如
图 12-5-3 所示。

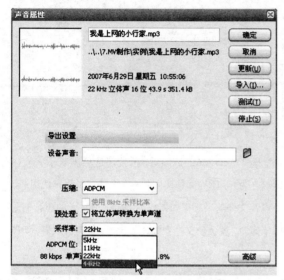

图 12-5-3

预处理：将立体声转换为单声道，这样可以节省近一
半的声音体积。

采样率：当采样率设置较高时声音质量会较好，但体
积会增大。其中 22kHz 适合网络上的传输。

语音：这种格式适用于对语音进行压缩。

原始：对声音不做任何压缩。只能够对采样率和声道
进行设置。

12.6 音频的发布设置

1. 作品完成后还可以根据需要来设置声音的
输出，执行"文件 > 发布设置"命令，或按快捷键
"Ctrl+Shift+F12"打开发布设置对话框，如图 12-6-1 所示。

图 12-6-1

2. 对话框中有 3 个选项卡，选择"Flash"选项卡就可
以看到该区域中音频的一些设置，如图 12-6-2 所示。

图 12-6-2

关于声音的设置有下面这两个选项。

（1）音频流：控制数据流模式的声音输出质量。

（2）音频事件：控制事件声音的输出质量。

设置选项

单击音频流和音频事件后面的"设置"按钮,可以对声音进行压缩设置。单击"Flash"选项卡上的任何一个设置按钮,都会出现相同的声音设置对话框,这就意味着对话框向音频流和音频事件提供了相同的选项。随着压缩类型的不同,就会出现不同的设置框,这些部分分别控制声音质量和文件大小。

选择 MP3 即可出现图 12-6-3 所示的设置选项,预处理选项可以将左右声道混合为一个声道。低比特率如低于 20kbit/s,该选项将不可用。MP3 用 kbit/s 来衡量压缩率,比特率越高则声音的质量就会越好。MP3 高效的压缩机制,可以在较高的比特率设置下对文件的大小不会有很大的影响。

在品质选项中有"快速"、"中"、"最佳"这 3 个选项。这些设置决定了 Flash 在压缩的过程中如何分析声音文件。选择"快速"选项可以对声音文件进行优化,使其在网络上快速传递,而这样做通常会使文件的质量严重下降。所以在使用的时候要注意,除非用做简单的按钮单击声或是以 8kbit/s 模拟非常轻的声音,否则不要使用这个设置。选择"中"选项可以产生能够被接受的声音效果,但是选择该项会降低速度。"最佳"选项可以产生最好的声音质量,但是它会增加使压缩声音文件的时间。

实际上品质设置并不会对最终压缩声音的文件大小产生任何影响,它只是指示 Flash 在压缩过程中分析声音的程度。分析声音的时间越长,最终压缩声音就越可能接近实际的声音效果,如图 12-6-3 所示。

图 12-6-3

选择"禁止"选项,就会关闭所有已经在属性面板中被分配给时间轴上关键帧上的声音,只有使用在脚本中的声音才能够在影片中播放。当发布影片时,其他所有类型的声音都不会被输出,如图 12-6-4 所示。

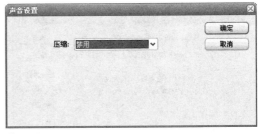

图 12-6-4

选择"ADPCM"选项后,预处理选项就表示将立体声混合为一声道。采样率中共有 4 个选项供用户使用。一个声音文件的采样率如果提高到比之前导入的声音的采样率高时,就会使文件变大,且不会改善声音效果,如图 12-6-5 所示。

图 12-6-5

当选择"原始"压缩选项时,就会出现两个选项,一个为预处理选项,它可以将左右声道混合为一个声道。采样率依然和其他采样率的设置一样,如图 12-6-6 所示。

图 12-6-6

选择"语音"选项，任何使用语音多媒体数字信号编解码器进行压缩的声音将被转换为单声道，如图 12-6-7 所示。

图 12-6-7

图 12-7-1

12.7　使用组件控制音乐播放

在本节的学习中，用户将掌握如何使用组件来控制音乐的播放。组件作为可以在 Flash 文档中使用的预置对象，本质就是带有参数的影片剪辑。允许用户修改它们的外观和行为。通过使用组件，用户无需亲手创建复杂的用户交互界面，通过简单的设置即可完成复杂的工作。Flash CS3 对常用组件进行了进一步的扩充，已经不再是简单的单选框和复选框，新增的组件无论是外形还是功能都比老版本有了重大飞跃。其中"MediaPlayback"组件就是用来控制声音的。

12.7.1　载入外部音乐

1. 新建一个 Flash 文档，执行"窗口>组件"命令，或按快捷键"Ctrl+F7"打开"组件"面板，如图 12-7-1 所示。

2. 从"Media"组中找到"MediaPlayback"组件，选择该组件并将其拖到舞台中，如图 12-7-2 所示。

3. 再次执行"窗口>组件检查器"命令，调出"组件检查器"面板。它是和"组件"面板配合使用的，用来设置组件的参数，如图 12-7-3 所示。

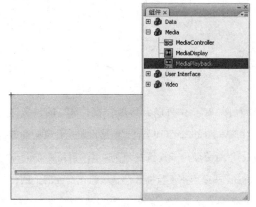

图 12-7-2

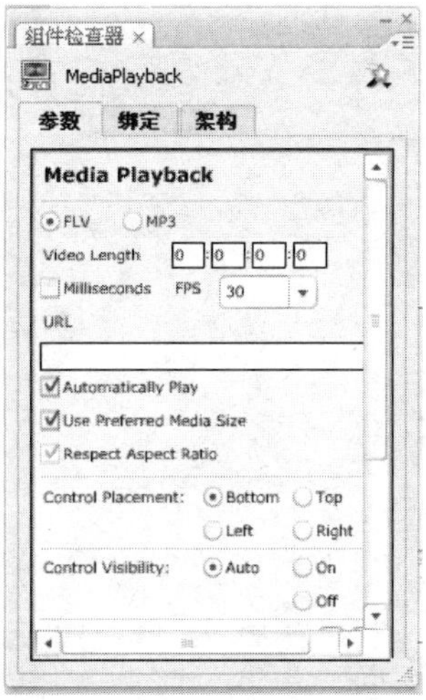

图 12-7-3

4. 参数最上面有两项,"FLV"和"MP3",这里选择"MP3"。在下面的"URL"文本框中粘贴入 MP3 歌曲的网址,当然也可以是硬盘上的 MP3 音乐,不过该音乐一定要和当前存储的 FLA 源文件在同一目录,如图 12-7-4 所示。

图 12-7-4

5. 从图 12-7-5 中可以看到几个关于 MP3 的设置选项,其中"Automatically Play"这一项是设置是否自动播放该音乐。下面两项用于设置视频,这里不可用。"Control Plancement"选项用来设置播放控制按钮在播放器上的位置,4 个选项"上、下、左、右",如图 12-7-5 所示。

图 12-7-5

6. "Control Visibility"选项用来设定是否显示播放控制按钮。其中"Auto"是指鼠标向上移动时才显示。"ON"和"OFF"分别是指显示与不显示。

7. 组件就是一种带有参数的影片剪辑,因此它可以和普通影片剪辑一样,进行各种拉伸和变形,并且不会对组件本身和功能有任何影响,如图 12-7-6 所示。

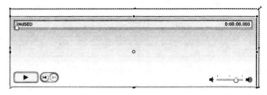

图 12-7-6

8. 按快捷键"Ctrl+Enter"测试播放器的效果。之前载入的音乐就开始播放了,而且播放器中的控制按钮,包括前进后退、音量、进度条都完全可以使用,如图 12-7-7 和图 12-7-8 所示。

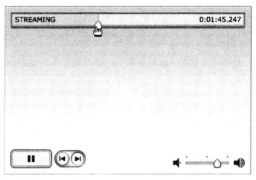

图 12-7-7

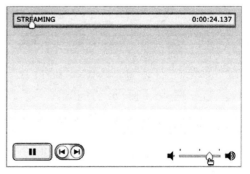

图 12-7-8

9. 执行"文件>保存"命令将这个简单的播放器保存起来。

12.7.2 添加播放器背景

1. 单独放置一个播放器看起来会有一些单调和乏味，但是整个播放器又会占据画面不少的面积。所以，这里就需要将播放器折叠起来。执行"窗口>组件检查器"命令，打开"组件检查器"面板，如图12-7-9所示。

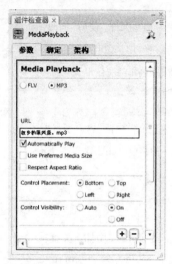

图 12-7-9

2. 在图12-7-10中可以看到，当前的"Control Visibility"选项是"On"，表明当前播放器是一直显示在画面中。若将"Control Visibility"选项设置为"Auto"，就表示动画载入时播放器就隐藏起来，只有当鼠标放到相应的位置上时播放器才会出现。

3. 选择自动选项后播放器在舞台中就折叠起来了，但是当选择它时依然会显示出这个播放器的大小，如图12-7-11所示。

4. 选择播放器后打开属性检查器，在属性检查器中可以看到它的大小。执行"修改>文档"命令，将文档的大小设置为300像素×230像素，也就是舞台的宽度和

播放器的宽度一样，高度上要比播放器的要高一些，如图12-7-12所示。

图 12-7-10

图 12-7-11

图 12-7-12

5. 执行"文件>导入>导入到库"命令，导入一张可以用来配播放器的背景图片。从库中将图片拖到舞台中，并调

整图片的大小使其和舞台大小一样，如图 12-7-13 所示。

图 12-7-13

6. 新建一个图层，在该层中使用"椭圆工具"绘制一个圆形，使用"渐变填充"将这个圆形填充为简单的树冠的形状，如图 12-7-14 所示。

图 12-7-14

7. 使用"矩形工具"，将填充颜色设置为"深绿色"，画出一个很窄的矩形。再使用"选择工具"将矩形调整为树干，如图 12-7-15 所示。

图 12-7-15

8. 接下来，将绘制好的树复制几个并分别改变它们的大小，使它们能够自然摆放在图的左下角，如图 12-7-16

所示。

图 12-7-16

9. 然后新建一个影片剪辑元件，使用"椭圆工具"绘制出一个正圆。这个正圆是要用来做叶子的，所以在这里要绘制得抽象一些。使用颜色和渐变变形工具将树叶也填充成树冠的样子。

10. 在叶子层上新建一个引导层，并在引导层中绘制一条曲线，作为叶子飘动的路径，如图 12-7-17 所示。

图 12-7-17

11. 在叶子和引导层的第 75 帧中插入关键帧，制作叶子的引导线动画，如图 12-7-18 和图 12-7-19 所示。

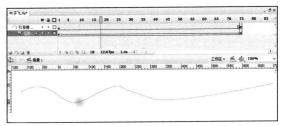

图 12-7-18

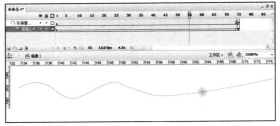

图 12-7-19

12. 接着再制作其他的叶子动画，它们的飘动速度和路线，以及出现时间都可以进行任意设置，最重要的是要制作出自然的叶子动画。将叶子飘动的影片剪辑元件拖到舞台中，并将其放置在树图层的下面。

13. 选择组件播放器，并将播放器放置在舞台的上面，如图 12-7-20 所示。

图 12-7-20

14. 按快捷键"Ctrl+Enter"，测试动画的最终效果，如图 12-7-21 所示。

图 12-7-21

15. 从动画中可以看到，简单的树叶在天空中飞舞，音乐悠悠地播放着。当拖动鼠标到播放器上时，它就会自动展开，移开鼠标后播放器就又自动收回到画面的最上方，如图 12-7-22 所示。

16. 也可以在播放器展开时改变播放设置。

图 12-7-22

17. 执行"文件＞保存"命令，将制作好的播放器保存到指定的位置。

12.8　自我探索

找一首自己喜欢的音乐，使用组件播放器载入所选的音乐，然后根据音乐的感觉来制作简单的动画来搭配音乐。

1. 新建一个 Flash 文档，可以自己设定尺寸和颜色模式，也可以使用默认设置。

2. 执行"窗口＞组件"命令，在"组件"面板中选择"MediaPlayback"组件，将其拖到舞台中。再打开组件检查器，将所选音乐的文件名粘贴到 URL 输入栏里。注意在测试音乐之前要先将目前正在制作的 Flash 文档保存到和音乐相同的目录下。否则，组件就无法找到粘贴进去的 URL 地址。

3. 使用素材或自己制作图片和动画来做装饰，既然是一个 Flash 作品就要认真对待，尽量每一件作品都力求完美。

课程总结与回顾

回顾学习要点：

1. 指出常用的声音格式。

2. 简述 MP3 格式的特点。

3. 如何导入音乐？

4. 如何得知声音的总长度？

5. 简述使用 MediaPlayback 组件载入外部音乐的步骤。

学习要点参考：

1. 常用的有 MP3 和 WAV 这两种格式。

2. MP3 格式具有较小的比特率、较大的压缩比，可以达到近乎完美的 CD 音质。支持更长的流，在使用时用户不必下载完整声音文件就可以在 Flash 影片中播放声音。是公认的数字音乐格式，适合用做动画的背景音乐。

3. 执行"文件＞导入＞导入到库"或"文件＞导入＞导入到舞台"命令，选择需要的声音文件即可将声音文件导入到 Flash 文档中以供使用。

4. 选择放置在图层中的音乐，打开属性检查器，单击"编辑封套"按钮。并在编辑封套对话框中将显示模式设置为"帧"，就可以查看声音共有多少帧了。

5. 执行"窗口＞组件"命令，打开"组件"面板，在"组件"面板中选择"MediaPlayback"，并将其拖到舞台中。然后再打开"组件检查器"，在"组件检查器"中选择"MP3"格式，并添加音乐地址链接和设置相关的选项即可。

Beyond the Basics

自我提高

音乐诗歌

12.9　编辑声音

本课通过案例讲述两个声音的混合编辑。用户将学习如何编辑声音的长度；学习使用编辑封套对话框来制作声音的淡入淡出效果；学习用增加帧标签的方法制作同步音乐诗词的简单动画。

12.9.1　制作诗歌动画

1. 首先在制作动画的时候要注意与诗歌的意境相配。在这里选择徐志摩著名的一首诗《再别康桥》，如图 12-9-1 所示。

图 12-9-1

2. 这首诗是一首优美的抒情诗，更像一曲优雅的轻音乐需要听众静静地听，细细地品。所以在选择背景图片时要能够和诗意结合，效果如图 12-9-2 所示。

图 12-9-2

3. 按快捷键"Ctrl+F8"新建一个图形元件，并为该元件命名为"文字"。在工具栏中选择"文本工具"，打开属性检查器，选择"静态文本"，将字体设置为"方正黄草简体"，大小为"21"，字体颜色为"深蓝色"。并将文本方向设置为"垂直，从左向右"，如图 12-9-3 所示。

图 12-9-3

4. 拉出一个输入框输入《再别康桥》这首诗，如图 12-9-4 所示。

图 12-9-4

5. 接着再新建一个诗的名称和作者的图形元件，依然使用书法类型的字体。名称和作者的名字要一大一小，具体效果如图 12-9-5 所示。

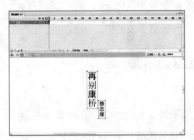

图 12-9-5

6. 回到主场景中，将准备好的背景图片拖到舞台中，并使用"对齐"面板将其与舞台完全对齐，如图 12-9-6 所示。

图 12-9-6

7. 新建一个图层，将文字元件拖到舞台中。并在文字入场之前需要先在工作区中作准备，如图 12-9-7 所示。

图 12-9-7

8. 在第 830 帧中插入关键帧，并将文字元件拖到舞台左边的工作区。然后为其创建动画补间使文字的动画变慢。如果太快，观众还未看到文字内容文字就消失了，如图 12-9-8 所示。

图 12-9-8

9．新建一个文字遮罩层，并在该层中绘制一个矩形，这个矩形的大小其实就是文字显示区域的大小，如图 12-9-9 所示。

图 12-9-9

10．在图层面板中选择遮罩图层，单击鼠标右键，并在快捷菜单中选择"遮罩层"命令，创建文字的遮罩动画，如图 12-9-10 所示。

图 12-9-10

11．接着再新建一个"名称"图层，将名称元件拖到舞台中。将其放置在文字遮罩层左边空出来的区域处。由于还需要对名称创建动画，所以名称的位置要稍靠下一些，如图 12-9-11 所示。

图 12-9-11

12．新建一个图层作为遮罩层，并在该层中绘制一个可以同时将名称和作者名字遮住的矩形，如图 12-9-12 所示。

图 12-9-12

13．在名称层的第 35 帧中插入关键帧，并在该帧中将名称和作者元件拖到它们的遮罩矩形处即可。然后创建动画补间，如图 12-9-13 所示。

14．接着再为名称元件创建遮罩效果。此时按下"Enter"键测试动画的效果，如图 12-9-14 和图 12-9-15 所示。

音乐, 如图 12-9-16 所示。

图 12-9-13

图 12-9-16

2. 新建一个音乐图层, 将库中的音乐拖到该层中。打开属性检查器, 单击"编辑"按钮, 如图 12-9-17 所示。

图 12-9-17

图 12-9-14

3. 在"编辑封套"对话框中单击帧显示模式查看音乐的长度, 如图 12-9-18 所示。

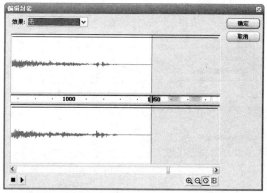

图 12-9-18

图 12-9-15

12.9.2　添加朗诵和背景音乐

1. 执行"文件 > 导入 > 导入到库"命令, 导入一首和该意境相同的音乐, 在这种情况下, 一般使用较多的是轻

4. 从上图中可以看到, 整首音乐的长度为 1050 帧。但前面所做的动画长度为 830 帧, 如果将动画延长到第

1050 帧就有点长了，所以就要将音乐缩短为 830 帧。拖动"编辑封套"中的结束时间控制条到第 830 帧处，如图 12-9-19 所示。

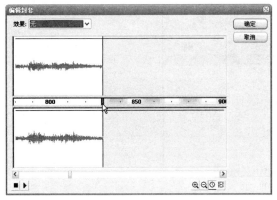

图 12-9-19

5. 这样拖动后，声音会播放到一半就停止。当然这是在制作音乐动画时所不允许的，解决这种情况的方法有很多，可以在导入之前就对声音进行专业的处理。在这里可以调整声音的音量来使声音播放到这一部分时就慢慢消失掉，对整个动画就不会有很大的影响。可以直接在左右声道中对声音进行编辑，也可以选择"效果"选项中的"淡出"效果，如图 12-9-20 所示。

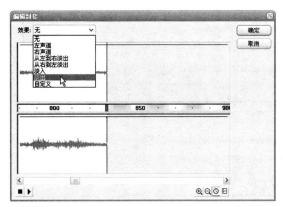

图 12-9-20

6. 选择"淡出"后，左右声道上就会自动将声音控制

手柄调到适合的位置，如图 12-9-21 所示。

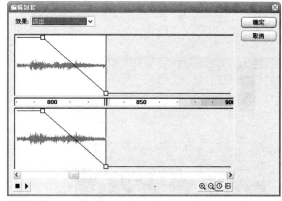

图 12-9-21

7. 单击"确定"按钮，按下"Enter"键测试声音的效果，如图 12-9-22 所示。

图 12-9-22

8. 如果效果不是很满意，还可以在"编辑封套"对话框中进行手动调节，直到声音能够很自然地结束。需要注意的是，在调节控制手柄时，调得越靠上声音就会越大，所以在这里需要将控制手柄向下拖动，如图 12-9-23 所示。

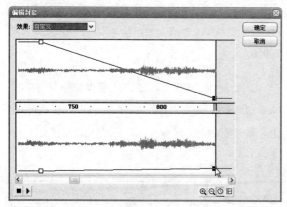

图 12-9-23

9. 接着再新建一个图层，将该层命名为"朗诵"，用来放置录制好的诗歌朗诵声音。执行"文件>导入>导入到库"命令，将朗诵导入到库中，在库中选中该声音并将其拖到朗诵层中，如图 12-9-24 所示。

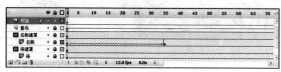

图 12-9-24

10. 新建一个图层，按下"Enter"键听朗诵的声音，并在上一段与下一段之间停顿处标上标识符，如图 12-9-25 所示。

图 12-9-25

11. 根据添加的标识符，在声音"编辑封套"中将背景音乐中有朗诵部分的音量调小。这样做的目的是使声

音在朗诵时将背景音乐的声音调小，让观众主要听朗诵。当朗诵停顿时，背景音乐就会再次响起来，如图 12-9-26 所示。

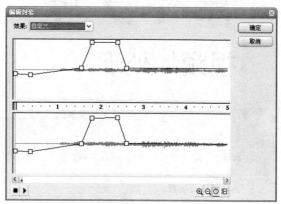

图 12-9-26

12. 按照同样的方法调整整个音乐。在调整的过程中对声音进行多次测试，以达到朗诵与音乐完美的结合，如图 12-9-27 所示。

图 12-9-27

13. 执行"文件>保存"命令，将制作好的影片保存到指定的位置。

第13课
视频的处理

在本课中，您将学习到如何执行以下操作：

- 导出视频的流程；
- 导入视频的流程；
- 视频的相关设置；
- 将视频与 Flash 内容结合；
- 其他视频组件的使用。

13.1 导出视频文件

导出视频文件后，Flash 的世界豁然开朗，正犹如江河流入大海一般。使其拥有更多的设备支持，更多的受众，更大的市场。用户可以尝试将自己的 Flash 视频制作成 VCD 或 DVD 在电视上播放，也可以考虑将它们输出到 MP4、PDA 或手机上播放，甚至和传统录像合成为短片播放等，Flash 的世界将变得更加精彩！

注意：在 Flash 中输出视频本身是一件非常简单的事，就如同新建或存盘一样容易。不过鉴于 Flash 软件本身的特殊性，用户需要注意一些问题。比如 Flash 内容是支持人机交互的，但电视是单向的，因此在转换为视频后，所有的脚本在转换完成后丢失。另外，Flash 的影片剪辑元件在输出成视频后会失去运动能力，只显示该剪辑的第 1 帧画面。那么解决该问题的方法是，在项

目策划时就将视频作为输出格式之一。那么在创建动画时，所有动画都务必在主时间轴上完成，以避免该问题的出现。

1. 打开名为"时尚 .fla"的文件，可以看到已经存在的 Flash 动画文档，所有内容都显示在主时间轴上。执行"文件 > 导出 > 导出影片"命令，即可开始输出视频文件，如图 13-1-1 所示。

图 13-1-1

2. 这时会出现"导出影片"对话框。在该对话框的底部下拉列表中选择"保存类型"为"Windows AVI（*.avi）"格式，输入文件名为"时尚"。还可以选择 Apple 的 QuickTime （*.mov）格式，如图 13-1-2 所示。

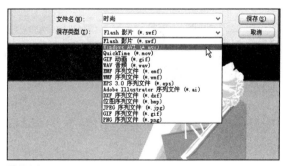

图 13-1-2

3. 保存后会出现"导出 Windows AVI"对话框，在该对话框中罗列了关于导出视频的基本选项，如画面

尺寸大小的调整,长宽比例的保持,视频格式和声音格式等。一般来说,用户选用默认值即可,如图 13-1-3 所示。

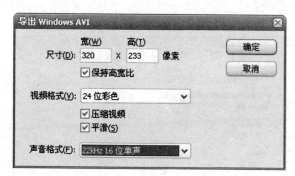

图 13-1-3

4. 然后进入"视频压缩"对话框,用户可以选择一种压缩程序,比如常见的 MPEG4、TSCC 等。另外可设置压缩的画面质量和每秒播放帧数等,选择什么样的压缩程序和压缩比例,取决于视频的用途。比如用于展示或教学,以及输出到光盘或网络上,在参数上都有很大的差异,特别是压缩比例和每秒帧数的设置,如图 13-1-4 所示。

图 13-1-4

5. 单击"确定"按钮后,就开始输出视频。输出后的文件可以通过常见的播放器打开,比如 Windows Media Player、暴风影音或者 RealPlayer 等。至此,导出视频的过程就全部结束了,效果如图 13-1-5 所示。

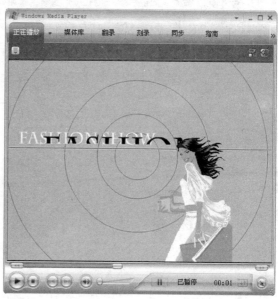

图 13-1-5

13.2 导入视频文件

Flash CS3 的视频导入流程是对以前版本的完全颠覆,新版本的流程更加快捷、专业和人性化。

1. "导入视频"作为一个独立的条目位于"文件 > 导入"菜单下,它的主要功能就是用于开启视频的载入向导。

2. 执行该命令后,即进入了向导的第 1 个对话框"选择视频",从外部导入名为"时尚 .avi"的视频文件。鉴于视频所在的位置不同,Flash 提供了两种选择文件的方法。如果文件位于本地硬盘上,那么可以直接在文本框中输入路径,或单击"浏览"按钮,然后选择该视频,其扩展名可以是 .AVI、.WMV、.MOV、.ASF 等,也可以是 Flash 的 .FLV 格式。如果文件位于网络上,那么就需要输入该视频的 URL 地址,该视频的扩展名则是 .FLV。而在使用 Flash 视频数据流服务时,扩展名应为 .XML。在该对话框右下角单击"下一个"按钮,进入向导的下一页,如图 13-2-1 所示。

注意：要添加 QuickTime 影片 (.MOV) 视频，需安装 Apple QuickTime 插件。请到 http://www.apple.com/quicktime/win.html 网站下载。

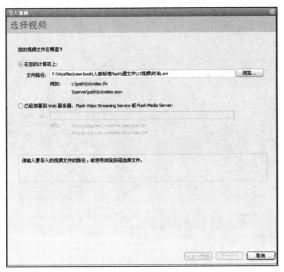

图 13-2-1

3. 进入向导的"部署"页面，Flash 提供了几种部署方式，也就是视频和 Flash 结合的方式。选择"在 SWF 中嵌入式视频并在时间轴上播放"选项，该方法是 Flash 传统的视频整合方式，是把视频直接导入 Flash 的主时间轴上或影片剪辑中，作为源文件的一部分和 SWF 文件发布为一个整体。它的特点是适用于小段的视频剪辑，视频文件太大就会造成 SWF 文档负载过重，如图 13-2-2 所示。

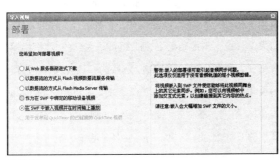

图 13-2-2

4. 单击"下一个"按钮，进入"嵌入"页面，符号类型中有 3 个选项，分别为"嵌入的视频"、"影片剪辑"和"图

形"。前者会将视频添加到主时间轴上，而后两者分别嵌入到"影片剪辑"或"图形"元件当中。选择"将实例放置在舞台上"和"如果需要，可扩展时间轴"两个副选项，如图 13-2-3 所示。

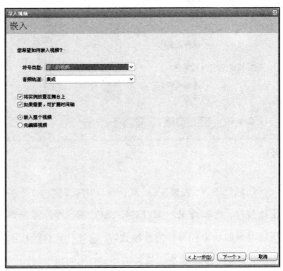

图 13-2-3

5. 单击"下一个"按钮，进入"编码"页面。对导入的视频进行相关设置，如图 13-2-4 所示，详细设置将在第 13.3 节中讲解。

图 13-2-4

6. 单击"完成"按钮，即结束了视频的导入。可以看到该视频已经被导入到主时间轴的当前层中，并舞台上显示该视频的预览画面，如图 13-2-5 所示。

图 13-2-5

7. 执行"文件 > 保存"命令，保存并关闭该文件。

13.3 部署和编码视频

在本节的学习中，将用一个完整的实例来展示视频导入、编码、合成的全过程。从而进一步展示 Flash 视频方面的非凡能力。

1. 打开名为"风景 .avi"的视频文件。AVI 是 Windows 中的常见格式，一般无需另外安装解码器。对于其他格式的视频，如果出现导入错误，则要检查是否安装了相应的解码器，如图 13-3-1 所示。

2. 在 Flash CS3 中新增了专门用于视频装载的向导窗口，执行"文件 > 导入"命令，在导入命令的选项中可以看到多出了一个"导入视频"命令，选择该命令后就会进入向导第一页"选择视频"。用户需要给出要导入视频的文件

图 13-3-1

在硬盘上的位置，这就是视频文件的路径。单击"浏览"按钮，找到名为"海边"的 QuickTime 视频文件，单击"确定"按钮。除了 MOV 格式的视频文件，也可以用同样的方法导入 AVI、MPEG 或者 FLV 等视频格式。接着单击"下一个"按钮，如图 13-3-2 所示。

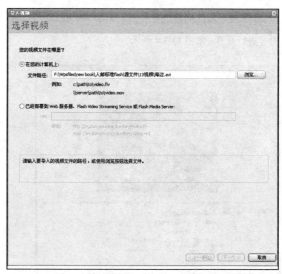

图 13-3-2

3. 在向导的"部署"页面中有几种部署的方式，默认为"从 Web 服务器渐进式下载"。该方法可以对视频进行流处理，并配置了新的 Flash CS3 视频组件来播放导入的视频，是一种 Flash 文件和视频本身分离的部署方法。不过它只适应于 Flash Player7 或更高版本的播放器。用于发布到 QuickTimer 的已链接的 QuickTime 视频，其中第 5 个选项只有在 Flash 文件发布为 Flash Play3 ~ 5 时才可以被选择。在页面右下角单击"下一个"按钮，进入向导的下一页，如图 13-3-3 所示。

图 13-3-3

4. 接下来进入"编码"页面，在该页的下边可以看到选择编码配置文件的列表，并且每一种文件的下面都有该配置的文字说明，包括使用的编解码器、数据速率、使用的音频解码器等。在该页的上边可以看到导入视频的预览，在预览下面的播放进度条上，拖动滑块可以对视频的内容进行查看，如图 13-3-4 所示。

图 13-3-4

5. 系统预设了 10 种编码配置文件，以适应不同的播放需求。在这里选择"Flash 8- 中等品质 (400kbit/s)"，如图 13-3-5 所示。

图 13-3-5

6. 在视频预览窗口除了可以查看播放进度外，还可以对导入视频的长度进行修剪，拖动进度条下边的两个半三角，可以任意指定视频新的起点和终点，而设定范围之外的部分将被忽略，不会出现在最终的导入内容中，如图 13-3-6 所示。

图 13-3-6

7. 单击"下一个"按钮，进入"外观"页面，在这里用户可以选择自己喜欢的播放器外观，如图 13-3-7 所示。

图 13-3-7

8. 继续单击"下一个"按钮，进入完成视频导入页面，并在该页面会列出用户导入视频的位置及一些相关提示信息，如图 13-3-8 所示。

图 13-3-8

9. 确认相关信息后，可以单击"完成"按钮，完成视频的导入。在这里不保存文档，单击"取消"按钮。

编码器的概念：

首先需要理解的是编解码器的概念，编解码器是一种压缩/解压缩的算法，能够控制视频文件在编码期间的压缩方式和回放期间的解压缩方式。或者说在视频导入时它作为一种压缩方式，而在视频播放时它作为解压缩的方式。

13.4 视频的相关设置

如果需要进一步修改视频，可以通过"视频"，"提示点"和"裁切与调整大小"3 个选项卡进行设置。

1. 默认的"视频"选项卡，在视频编解码器列表中，提供 On2 VP6 和 Sorenson Spark 两种编解码器。其中 On2 VP6 是 Flash 8 中最新支持的编解码器，也是默认的编解码器。On2 VP6 支持 Alpha 通道，并且能够在相同的数据速率下输出更高品质的视频。与老版本的 Sorenson Spark 编解码器相比，更适合用户使用。因此，这里在列表中选择"On2 VP6"。

一般情况下不选择"对 Alpha 通道编码"选项；帧频选择为"与源相同"；关键帧放置选择"自动"；品质选择"中"，其他选项保持默认，如图 13-4-1 所示。相关选项的功能解释如下。

图13-4-1

- 对 Alpha 通道编码：On2 VP6 支持 Alpha 通道，可以将删除背景后的视频编码为透明背景的文件，透明背景的视频更适合叠加或复合到其他 Flash 内容上。常见的用法是录制视频时用纯蓝色或纯绿色幕布作为背景来衬托主体，去除背景后，将主体合成到另一个图像背景的前面，比如天气预报。

- 帧频：它是用来对每秒显示的帧数进行设置的，建议选用默认值。

- 关键帧放置：此选项可以设定关键帧的间隔值，确定关键帧之间的帧数。关键帧间隔数值越小，文件就越大。关键帧是在视频中以相等间隔插入的完整数据的图像，而关键帧之间的普通帧只包含不同于前一帧的信息。

- 品质：此选项就是用来设定视频画面的质量。品质的设置决定了编码视频的数据率，数据率越高，嵌入的视频剪辑的画面质量就越好。在这里为用户提供了高、中、低3种可选品质。

- 调整视频的大小：是指调整视频的尺寸，为了避免画面比例失衡，通常要选择"保持高宽比"复选框。

- 音频编解码器：默认为MPEG Layer III（MP3）。

- 数据速率：该项的设置规则同样是质量越高，文件体积越大，而单声道比立体声小1/2。

2. 切换到"提示点"选项卡，用户可以通过播放头定位好要嵌入提示点的帧，然后单击"+"号插入一个提示点，提示点插入后，可以为每个提示点分配一个事件类型和一个参数。当已编码的FLV文件在Flash SWF文件中播放时，播放到某个提示点时就会触发用户指定的脚本动作。产生的动作有两种，一种是产生导航的作用，而另一种是触发Flash中的其他事件。

　　用户可以对Flash视频使用几种不同类型的提示点。可以使用ActionScript与在创建FLV文件时嵌入到FLV文件中的提示点进行交互，也可以与用ActionScript创建的提示点进行交互。

　　导航提示点：用户可以在编码FLV文件时，将导航提示点嵌入到FLV流和FLV元数据包中。使用导航提示点可以使用户搜索到文件的指定部分。

- 事件提示点：用户可以在编码FLV文件时，将事件提示点嵌入到FLV流和FLV元数据包中。还可以编写代码来处理在FLV回放期间于指定点上触发的事件。

- ActionScript提示点：使用ActionScript代码创建的外部提示点。用户可以编写代码来触发这些与视频回放有关的提示点。这些提示点的精确度要低于嵌入的提示点（最高时相差1/10s），因为视频播放器单独跟踪这些提示点，如图13-4-2所示。

图13-4-2

3. 切换到"裁切与修剪"选项卡，裁切用来调整视频剪辑的尺寸，用户可以删除视频中多余区域，从而突出特定的主体。裁切区会有4个文本框，单击并调整数值即可实现裁切。这些修剪数值还可以配合预览进度条下的两个半三角来设置内、外修剪点。在视频预览中，显示为虚线框，框外的部分将被删除，裁剪视频的同时，为避免画面扭曲，要依照视频画面的比率。例如，当修剪一个4像素×3像素的视频时（240像素×180像素，320像素×240像素等），从宽和高的各自长度分别截取4像素和3像素的画面，如图13-4-3所示。

图`13-4-3

4．调整好以上设置，选择播放器外观，进入完成视频导入页面。

5．单击"完成"按钮会出现存盘对话框。用户需要保存扩展名为 .FLA 的 Flash 源文件和扩展名为 .flv 的 Flash 视频文件，如图 13-4-4 所示。

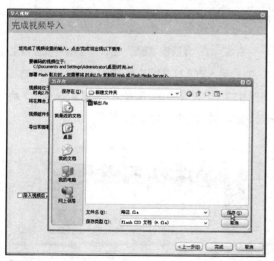

图 13-4-4

6．在保存设置完成后，将会弹出视频编码进度窗口，并在该窗口中详细列出了导入视频的设置参数。另外，还为用户提供了显示导出的运行、剩余和总时间以供参考，

如图 13-4-5 所示。

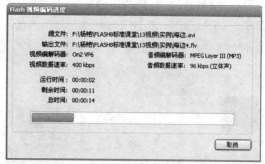

图 13-4-5

7．所有视频导入工作完成后，就可以按快捷键"Ctrl+Enter"进行预览了。在预览时会出现设置的视频画面和可控制的播放器。

13.5 视频组件的参数修改

在 Flash 中，是可以对当前视频播放组件"FLVPlayback"进行设置的。

1．在舞台中选择当前的播放器，也就是"FLVPlayback"组件。执行"窗口＞组件检查器"命令，调出"组件检查器"面板。在参数设置里，对"Skin"参数进行修改，并单击"Skin"参数右边的设置栏，如图 13-5-1 所示。

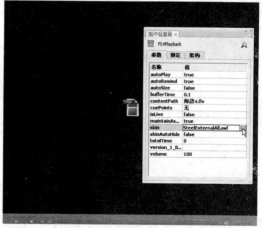

图 13-5-1

2．单击设置栏上的放大镜图标，就会进入"选择外观"窗口。在下面的"外观"列表中，可以非常方便地对视频播放器皮肤进行更换，而且还能够直接在预览中观察到新的外观，如图13-5-2和图13-5-3所示。

图13-5-2　　　　　　图13-5-3

3．以下是几种比较常见的播放器外观，如图13-5-4所示。

图13-5-4

4．执行"文件＞保存"命令存储文件，并关闭该文件。

13.6　视频与Flash内容的合成

在Flash中使用视频，最大的特色就是和各种Flash元素，包括图片、文字、交互等进行结合。

1．把刚才导入的视频所在图层隐藏。执行"文件＞导入＞导入到库"命令，导入一张素材图片，如图13-6-1所示。

图13-6-1

2．执行"修改＞文档"命令，将舞台的大小设置为506像素×338像素，背景颜色为"黑色"，如图13-6-2所示。

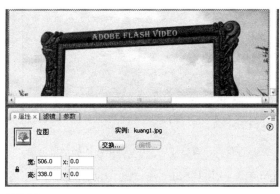

图13-6-2

3．新建一个"背景框"图层，把该图层拖到视频图层下面，并把导入的素材图片拖到该图层中。在属性检查器中将图片的大小设置为506像素×338像素，x轴和y轴的坐标均为"0"，如图13-6-3所示。

图13-6-3

4. 在视频图层的上方新建一个名为"色块"的图层，并在工具栏中选择"矩形工具"，将笔触颜色设置为"没有颜色"，填充色为"蓝色"。在色块层上绘制一个和图片中相框大小一样的矩形，如图 13-6-4 所示。

图 13-6-4

5. 改变蓝色矩形的 Alpha 值，使用户能够透过色块看到图片中的人，如图 13-6-5 所示。

图 13-6-5

13.6.1　制作视频遮片

1. 如果直接将视频放到图片中的相框中，就会把人物遮挡住，而之前将蓝色矩形修改为透明的矩形就是在为这一部分作准备。在工具栏中选择"套索工具"，在蓝色矩形上创建一个人物选区，如图 13-6-6 和图 13-6-7 所示。

图 13-6-6

图 13-6-7

2. 将选中的人物选区删除掉，再将蓝色矩形的 Alpha 值设置为"100%"。这样，视频的遮片就制作完成了，如图 13-6-8 所示。

图 13-6-8

13.6.2　创建视频遮罩

1. 取消视频图层隐藏。选择播放器，按快捷键"Alt+F7"打开组件检查器，单击参数设置里的"Skin"选项右侧的下拉按钮，打开"选择外观"对话框。将播放器的外观设置为"无"，如图 13-6-9 所示。

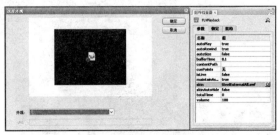

图 13-6-9

2. 将色块图层拖到视频图层上面，先将色块图层隐藏。再使用"任意变形工具"，将视频的大小调整为适合图片中相框的大小，如图 13-6-10 所示。

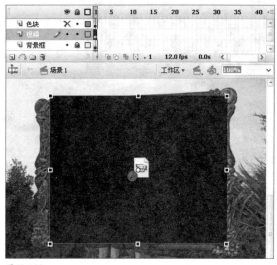

图 13-6-10

3．选择色块层，将其取消隐藏。在该层上单击鼠标右键，并在快捷菜单中选择"遮罩层"命令，为视频创建遮罩，如图 13-6-11 和图 13-6-12 所示。

图 13-6-11

图 13-6-12

4．新建一个文字图层，在工作区使用"文本工具"输入相关文字，并在属性检查器中对文字的属性进行具体设置，如图 13-6-13 所示。

图 13-6-13

5．选择文字并按快捷键"Ctrl+B"两次，将输入好的文字分离为图形编辑状态。接着在颜色中将文字填充为"线性"渐变，使其颜色由深变浅，如图 13-6-14 所示。

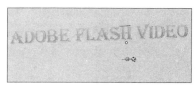

图 13-6-14

6．选择制作好的文字，将其移动到舞台中。注意将文字的位置和图片中相框的位置要保持一致，如图 13-6-15

和图 13-6-16 所示。

图 13-6-15

图 13-6-16

7. 执行"文件 > 存储"命令，存储文件并将文件关闭。

13.7 自我探索

找一个自己喜欢的视频，将其导入 Flash 中，使用本课中学到的知识进行视频导入设置练习。

1. 新建一个 Flash 文档，可以自己设定尺寸和颜色模式，也可以使用默认设置。

2. 执行"文件 > 导入 > 导入视频"命令，在导入的过程中对视频进行设置。

3. 为导入进来的视频更换外观，选择一款自己喜欢的外观作为播放器的皮肤。

4. 按照自己的想法对视频和 Flash 内容进行结合。

课程总结与回顾

回顾学习要点：

1. "视频预览"窗口下的进度条有哪些作用？

2. Flash CS3 中提供的视频编解码器有哪两种？

3. 如何为 FLVPlayback 组件更换外观？

4. 完成视频导入时，要保存为哪两种文件格式？

5. Flash 中的哪些元素可以与视频合成？

学习要点参考：

1. "视频预览"窗口除了查看播放进度外，还可以修剪导入视频的长度。进度条下面的两个半三角，是用来指定视频新的起点和终点。

2. 提供有"On2 VP6"和"Sorenson Spark"这两种编解码器。

3. 选择当前的播放器，按快捷键"Alt+F7"或执行"窗口>组件检查器"命令，将"组件检查器"面板调出。在它的参数设置中可以对"Skin"参数进行设置。单击"Skin"参数右侧，可以弹出选择外观对话框，并在该对话框中进行皮肤的设置。

4. 需要保存扩展名为 .fla 的 Flash 源文件和扩展名为 .flv 的 Flash 视频文件。

5. Flash 允许用户把视频、数据、图形、声音和脚本交互控制融为一体。

Beyond the Basics

自我提高

批处理与视频组件

13.8 批处理与视频组件

本课通过案例讲述批处理和视频组件。用户将学习如何导入多个视频文件；学习使用"Mediaplayback"组件控制视频的播放。通过本课的学习将实现多个视频的导入，还将对"Mediaplayback"组件有新的认识。

13.8.1 建立曲线

1. 视频导入向导也是有一定局限性的，即一次只能编码一段视频。如果需要批量编码视频，可以在Flash 开始程序组中找到 Adobe Flash CS3 Video Encoder 工具，它作为独立的程序，用来提供视频剪辑批量处理的解决方案，并且无需占用 Flash CS3 本身的工作进程。

它的主要功能其实就是把一般的 AVI、WMV、MOV等格式的视频文件转换成 Flash CS3 可直接调用、控制的专有格式 FLV。这种 FLV 格式可以直接使用非常普及的 Flash Player 查看，用来将视频合并到网页或 Flash 文档中。

Adobe Flash CS3 Video Encoder 允许用户批量处理视频文件，既可单独编码某个视频剪辑，也可同时编码多个视频剪辑。在向导的处理过程中，还可以对视频进行压缩、裁切和嵌入提示点，一些常用的编辑功能几乎全包含在其中。

用户可以在 Windows"开始"菜单中的"Adobe Design-premium CS3"程序组里找到该程序，注意，它和 Flash CS3 是完全分离的个体。

单击执行此程序，便进入 Adobe Flash CS3 Video Encoder 的软件界面。上边的大块白色区域为导入文件的列表区，下面是输出信息，包括文件路径、编码器类型等。右侧是功能区，包括"增加"、"设置"、"开始队列"等功能。

当单击"增加"按钮时，就可以加入硬盘中的视频文件，如果在打开窗口按"Shift"键进行多选，可一次添加多个视频，如图 13-8-1 和图 13-8-2 所示。

图 13-8-1

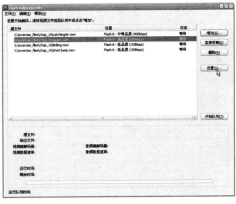

图 13-8-2

2. 在没有特殊要求的情况下，按上述流程编码视频就可以了。当然，用户还可对视频进行更进一步的设置。单击右侧的"设置"按钮进入"Flash 视频编码设置"对话框，从界面中能够看到，与 Flash CS3 导入视频时的"编码"界面是一样的，如图 13-8-3 所示。

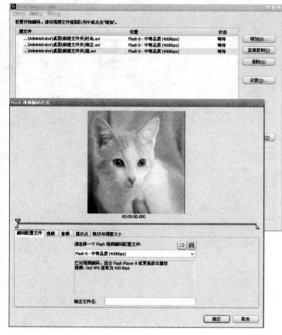

图 13-8-3

3. 设置完成后，返回主界面。单击右下角的"开始队列"按钮，就可以批量编码视频了。单击后，此按钮会变为"停止队列"，再次单击可暂停运行。在运行时，界面的下半部分，除了显示视频和音频编码的相关信息以外，还会显示具体的运行时间和编码进度。右下角会出现正在编码的视频画面预览，使用户在导入视频时能够更清晰地看到导入的进程和具体步骤，如图 13-8-4 所示。

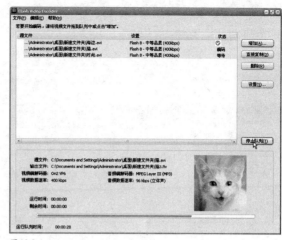

图 13-8-4

13.8.2 使用 Mediaplayback 组件控制视频

之前使用"FLVPlayback"组件来控制视频，它是视频导入时的默认形式，并且只被 FlashPlayer 8 以上版本所支持。

"Mediaplayback"组件被 FlashPlayer 6 / 7 所支持。之前在讲解声音部分的时候，曾用它来控制 MP3 音乐。

1. 首先执行"窗口 > 组件"，调出"组件"面板。从"Media"组中拖出"MediaPlayback"组件放置于舞台上，如图 13-8-5 所示。

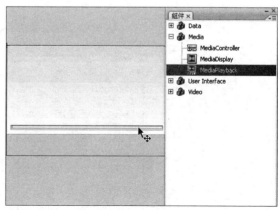

图 13-8-5

2. 执行"文件 > 保存"命令,将 Flash 的源文件保存到相应的目录下。这样做的目的就是为了方便后期添加视频的 URL 地址。因此,一定要将源文件的保存目录记清楚,如图 13-8-6 所示。

图 13-8-6

3. 按快捷键"Shift+F7",或执行"窗口 > 组件检查器"命令,调出"组件检查器"面板。它是用来设置组件的参数,在这个案例中选择"FLV"选项。在下面的"URL"文本框中粘贴入 FLV 的网址,也可以是计算机上的文件,该文件必须和当前存储的 .fla 源文件在同一目录。一般情况下对 FLV 视频的一些选项采用默认值即可,因为它的选项和制作 MP3 播放器时相同,如图 13-8-7 所示。

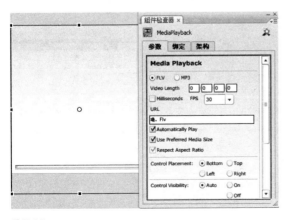

图 13-8-7

4. "Control Visibility"是设定是否显示播放控制按钮。其中"Auto"是指鼠标移上时才显示。"ON"和"OFF"分别是指显示与不显示,如图 13-8-8 和图 13-8-9 所示。

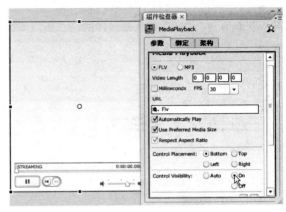

图 13-8-8

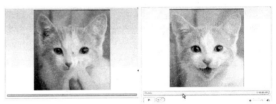

图 13-8-9

5. "Control Plancement"用来设置播放控制按钮在播放器上的位置,它共有 4 个选项"上、下、左、右",如图 13-8-10 所示。

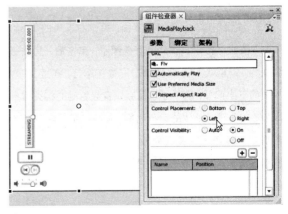

图 13-8-10

6. 对该视频进行预览，在预览动画中可以看到视频已经开始播放了。因为使用的是同一组件，它和 MP3 播放器一样，用户也可以对该视频播放器的样式进行变形和装饰，以达到好看的视频效果，如图 13-8-11 所示。

图 13-8-11

第14课

幻灯片模式

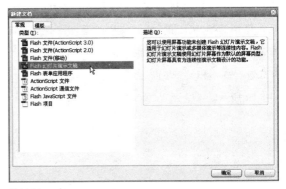

图 14-1-1

在本课中，您将学习到如何执行以下操作：

- 认识幻灯片模式的制作环境；
- 使用行为控制幻灯片之间的转换；
- 使用行为制作转场效果；
- 使用行为控制子屏幕；
- 使用按钮控制幻灯片的播放。

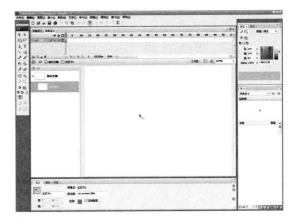

图 14-1-2

14.1 了解幻灯片模式

14.1.1 建立幻灯片文档

由于幻灯片拥有实用、有效的内容展示方式，所以它被广泛应用在日常的会议、教学、演讲中。Flash 的幻灯片模式有别于传统的制作模式。该环境拥有更直观的操作界面和特有的控制命令，用户可以很方便地在幻灯片中添加转场效果。在本课的第一部分将通过水果百科幻灯片的制作，来讲解 Flash 中幻灯片的制作方法。

1. 打开 Flash 软件，执行"文件＞新建"命令，并在"常规"选项卡下，选择"Flash 幻灯片演示文稿"选项，如图 14-1-1 所示。

2. 进入幻灯片模式后可以看到图 14-1-2 所示的结构。

3. 界面的左侧是添加和组织幻灯片结构的区域，左上角的添加符号 ✚ 可以用来添加幻灯片的数量，添加符号右边的 ━ 符号可以用来删除不必要的幻灯片。在屏幕上单击鼠标右键也可以添加或删除屏幕。单击添加符号为文档再添加两个幻灯片，所有的幻灯片会按顺序排列起来并自动添加序列号，幻灯片还会组成一个结构简单直观的树形目录结构，如图 14-1-3 所示。

4. 幻灯片的每一页就是一个"屏幕"，表现为每个

图 14-1-3

场的缩略图。幻灯片的顶层为主屏幕，默认情况下被称为"演示文稿"。演示文稿中嵌套了其下多个子屏幕，该文稿是不能被删除和移动的。上下级的屏幕有"父"与"子"的继承关系，同级别的屏幕则为"同辈"关系。

14.1.2 制作简单幻灯片

准备几张主题思想一致，大小也一样的图片作为素材。选择合适美观的素材图片，可以使幻灯片具有实用美观的效果。

1. 执行"文件＞导入＞导入到库"命令，按快捷键"Ctrl+L"打开"库"面板，选择"幻灯片1"，选中库中的"tomato"图片。将tomato图片拖到场景中，调整好图片的位置，如图14-1-4所示。

图14-1-4

2. 选择调整好的tomato图片，单击鼠标右键选择"复制"命令将该图片复制。再选择"幻灯片2"，在场景中单击右键选择"粘贴到当前位置"命令。打开属性检查器，在属性检查器中单击"交换"按钮，并在弹出的对话框中选择"pear"图片，将tomato图片交换为pear图片，如图14-1-5所示。

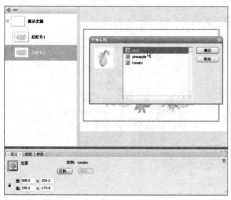

图14-1-5

备注：交换按钮可以将已选图片与库中图片进行交替使用，交换后的图片还保留有交换前图片的位置。该效果还可以用鼠标右键单击，并在快捷菜单中选择"交换位图"命令来实现。

3. 使用同样的方法将图片"pineapple"放入到"幻灯片3"。此时所有图片就全部被编辑为幻灯片。

4. 分别为这3个水果屏幕添加文字说明，如图14-1-6所示。

图14-1-6

14.1.3 为屏幕添加行为

为了使幻灯片可以按用户的要求进行播放，则需要在屏幕上添加行为。

1. 选择tomato屏幕的缩略图幻灯片1，按快捷键"Shift+F3"打开"行为"面板。在"行为"面板中单击左上角的➕按钮，并在弹出的列表中再选择"屏幕"选项，再选择"屏幕"下级菜单中的"转到下一幻灯片"选项，如图14-1-7所示。

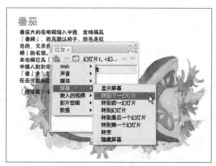

图14-1-7

2. 选择"转到下一幻灯片"选项后，"行为"面板中会出现已经添加的动作。在该动作的事件列表中可以看到，默认的事件为"mouseDown"，在这里选择"mouseUp"事件。该事件是当鼠标弹起时,执行"转到下一幻灯片"动作,如图 14-1-8 所示。

图 14-1-8

注意:在事件列表中可以随意设置产生动作的事件。mouseDown,当鼠标按下时执行动作;mouseOver,当鼠标从屏幕外移入时执行动作;keyDown,当按下键盘任意键时执行动作;allTransitionsInDone,当应用的此屏幕的所有"进入"过渡都完成后自动执行动作。

3. 继续为屏幕制作转场效果,单击"行为"面板左上角的添加行为按钮,执行"屏幕>转变"命令,弹出"转变"类型对话框。在该对话框中可以任意选择转场效果,并可以在左下方预览效果。还可以在右侧的效果设置选项中进一步设置需要的效果,如图 14-1-9 所示。

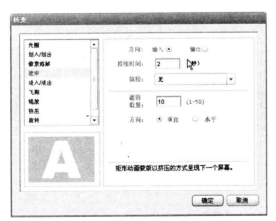

图 14-1-9

4. 选择"像素溶解"效果,在"放松"列表中选择"回弹"选项,水平溶解块数为"5",垂直溶解块数为"8",如

图 14-1-10 所示。

图 14-1-10

注意:在转场效果设置选项中,"方向"是用来确定转场效果是顺序还是倒序播放;"持续时间"是用来确定效果需用多长时间播放完毕;"放松"是用来控制转场的缓冲效果。每设置一项,就会在预览框预览设置后的效果。

5. 单击"确定"按钮后,按照同样的方法继续为幻灯片 2 添加行为和转场效果。

6. 在为幻灯片 3 添加行为时,要注意该幻灯片已是最后一个,这里需要的效果是:当播放到最后一个幻灯片时,单击鼠标左键由最后一个幻灯片转变成第一个幻灯片。因此,在"行为"面板中单击添加行为后选择"屏幕>转到第一个幻灯片"选项,将事件选择为"mouseUp"。执行该命令后单击最后一个幻灯片将跳转到第一个幻灯片,循环播放所有幻灯片,如图 14-1-11 所示。

图 14-1-11

7. 按快捷键"Ctrl+Enter"测试幻灯片效果,每次单击鼠标左键就会跳转到下一张图片。

8. 执行"文件 > 保存"命令,保存并关闭该文件。

14.2 制作复杂幻灯片

由于幻灯片的可嵌套性和各种控制行为,可以使种类繁多的图片得以分组编排,合理规划,同样也给幻灯片的制作提供了更大的创作空间。在本节的学习中,用户将学习如何制作项目繁多的幻灯片。

14.2.1 制作幻灯片

1. 新建一个 Flash 幻灯片演示文稿。执行"修改 > 文档"命令打开"文档属性"对话框,在标题和描述中输入该幻灯片的名称与关键词。并在尺寸中输入宽为"567 像素"高为"319 像素",背景颜色为"白色",如图 14-2-1 所示。

图 14-2-1

2. 将所需图片导入库中,在"库"面板中选择"新建文件夹"选项,将图片按组编排到文件夹中,方便管理图片。

3. 在屏幕结构面板中再插入 3 个幻灯片,分别为这 4 个幻灯片改名为"浅品"、"醉红"、"朱红"、"梦紫",如图 14-2-2 所示。

4. 最高层屏幕"演示文稿"位于所有屏幕的最上方,是向文档中添加所有内容的容器,用户可以在演示文稿中放置内容,但是不可以对其进行删除或移动操作。在演示文稿中放置的内容只显示在所有幻灯片内容的最下方,因此,可以在演示文稿中制作和幻灯片相匹配的背景图片。

5. 将库中的背景图形元件拖到演示文稿中,调整好背景元件的大小和位置,使其与舞台相匹配,如图 14-2-3 所示。

图 14-2-2 　　　　　　　图 14-2-3

6. 新建一个图层,将其命名为"文字"。在工具栏中选择"文本工具",将字体颜色设置为"#735500",字体大小为"39",字体类型为"汉仪粗篆繁",并将文本方向设置为"垂直,从右向左",如图 14-2-4 所示。

图 14-2-4

7. 在背景图片的左边拉出一个文本框,在文本框中输入"四月牡丹",如图 14-2-5 所示。

图 14-2-5

8. 选择"浅品"屏幕,把库中的浅品牡丹图片拖到舞台中,并将图片的大小和位置与背景搭配好,具体效果如图 14-2-6 所示。

图 14-2-6

9. 接着在"醉红"、"朱红"和"梦紫"屏幕中也放置好相应的图片。

14.2.2 创建嵌套屏幕

1. 在制作幻灯片时用户还可以为一个幻灯片文档添加多层次的屏幕。包含一个以上屏幕的屏幕称为"父屏幕",被嵌套的屏幕称为"子屏幕"。在添加行为时"子屏幕"继承了"父屏幕"的所有行为,在一个"父屏幕"下可以为其添加多个不同级别的"子屏幕",如图 14-2-7 所示。

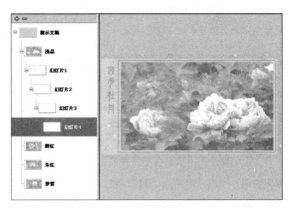

图 14-2-7

2. 选择"浅品"屏幕,在选中的状态下单击鼠标右键,并在快捷菜单中选择"插入嵌套屏幕"命令,如图 14-2-8 所示。

图 14-2-8

注意:添加子屏幕后,子屏幕继承了父屏幕的行为,并且还可以在动作脚本中应用目标路径从一个屏幕向另一个屏幕传递消息。

3. 将添加的嵌套屏幕命名为"浅品 A",打开库中的"浅品组"文件夹,将该文件夹中的图片拖入到浅品 A 屏幕中并调整好大小和位置。

4. 按需要为其他屏幕添加子屏幕。

14.2.3　添加行为

1. 选择"浅品"屏幕，执行"窗口>行为"命令打开"行为"面板。单击添加行为按钮，执行"屏幕>转到下一幻灯片"命令，并在事件列表中选择"allTransitionsInDone"，使该屏幕自动转到下一个幻灯片，如图 14-2-9 所示。

图14-2-9

2. 再次单击添加行为按钮，执行"屏幕>转变"命令。在对话框中选择"光圈"效果，并在转变设置项目中将持续时间设置为"3s"，放松选项设置为"强制输入"，启动位置为"右下角"，形状设置为"圆形"，如图 14-2-10 所示。

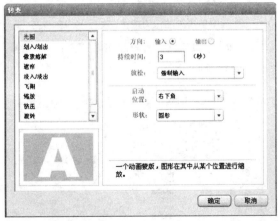

图 14-2-10

3. 因为"浅品"屏幕中包含有子屏幕，因此设置完转变类型后，在事件列表中选择"revealChild"选项，如图 14-2-11 所示。

注意：在转变行为发生事件中，"revealChild"选项表明所设置的行为发生在该屏幕的子屏幕上。

图14-2-11

4. 此时按快捷键"Ctrl+Enter"测试效果，可以看到"浅品"组屏幕已经按照设置好的行为进行播放了，如图 14-2-12 所示。

图 14-2-12

5. 在"醉红"屏幕中插入嵌套屏幕，并将该屏幕命名为"醉红 A"，接着将库中"醉红"文件夹中的图片拖到舞台中，调整好位置和大小。

6. 当用户发现舞台上的牡丹图片并不适合放在"醉红"组，而是适合放在"朱红"组时，需要通过移动屏幕来实现。在屏幕结构面板中选择需要移动的"醉红 A"屏幕，单击鼠标左键拖动该屏幕到"朱红"屏幕下，松开鼠标左键，"醉红 A"就移动到了"朱红"的子屏幕中，如图 14-2-13 所示。

图14-2-13

注意：在拖动需移动的屏幕时，移动到的屏幕下方就会出现一条线段，在线段的最左端有一个圆点如图 14-2-13 所示。当线段出现图 14-2-14 所示的情况时，被移动的屏幕将会变成移动到的屏幕的子屏幕；当线段出现图 14-2-15 所示的情况时，被移动的屏幕将会变成移动到的屏幕的同级屏幕。

图 14-2-14　　　　　　图 14-2-15

7. 将"醉红 A"移动为"朱红"的子屏幕后，双击该屏幕将其改名为"朱红 A"。在"醉红"的行为面板中也将转变事件设置为"revealChild"选项。

8. 为其他屏幕添加转变效果。

9. 最后一个屏幕除了添加转变效果，还需要为其添加转到第一个屏幕的行为，使整个幻灯片文档可以循环播放。在"梦紫"的行为面板中添加"转到第一个幻灯片"行为，在事件列表中选择"allTransitionsInDone"选项。当播放到最后一个屏幕时，即可自动转到第一个屏幕，如图 14-2-16 所示。

图14-2-16

14.2.4　使用按钮控制幻灯片

1. 在制作幻灯片时还可以使用按钮来控制幻灯片的播放。选择演示文稿屏幕，在时间轴的背景图层上添加一个名为"按钮"的图层。

2. 将库中已经制作好的按钮元件拖入到演示文稿舞台中，如图 14-2-17 所示。

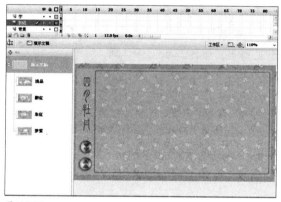

图 14-2-17

3. 选择靠上的一个按钮，执行"窗口＞行为"命令，在行为面板中单击添加行为按钮，执行"屏幕＞转到下一幻灯片"命令，在播放时用户单击该按钮便转到下一屏幕，如图 14-2-18 所示。

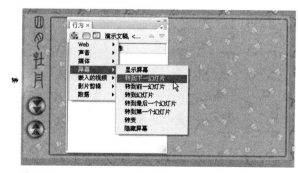

图 14-2-18

4. 在事件列表中将发生该行为的按钮事件设置为"按

下时"，当鼠标单击时转到下一幻灯片，如图 14-2-19 所示。

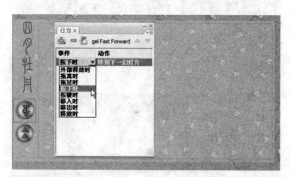

图 14-2-19

5. 再选择另外一个按钮，打开该按钮的行为面板，单击添加按钮后，执行"屏幕＞转到前一幻灯片"命令。并将事件设置为"按下时"。

6. 按快捷键"Ctrl+Enter"测试幻灯片，用鼠标单击上下按钮就可以自由控制幻灯片的播放，效果如图 14-2-20 和图 14-2-21 所示。

图 14-2-20

图 14-2-21

7. 执行"文件＞保存"命令，将该幻灯片文档保存起来。

14.3 自我探索

找几张自己喜欢的图像，将其导入进 Flash 幻灯片模式中，制作自己喜欢的幻灯片演示文稿。

1. 新建一个 Flash 幻灯片演示文稿，插入几个屏幕，满足所需的屏幕数量即可。

2. 将准备好的图片置入到舞台中，并为其添加自己喜欢的转变效果。

3. 制作各种控制幻灯片播放的效果。

课程总结与回顾

回顾学习要点：

1. 如何插入屏幕？

2. 如何为屏幕插入一个子屏幕？

3. 如何制作淡入淡出的屏幕转变效果？

4. 如何使用鼠标控制屏幕转到下一个屏幕？

5. 使用按钮控制幻灯片转到上一个屏幕的步骤有哪些？

学习要点参考：

1. 在屏幕结构面板中单击左上方的添加幻灯片按钮，或单击鼠标右键，并在快捷菜单中选择"插入屏幕"命令即可。

2. 在所需插入子屏幕的屏幕上单击鼠标右键，在快捷菜单中选择"插入嵌套屏幕"命令。

3. 打开"行为"面板，单击添加行为按钮，执行"屏幕>转变"命令，并在转变对话框中选择"淡入淡出"选项。

4. 在添加转到下一幻灯片行为后，将事件设置为"mouseUp"选项。

5. 首先将制作好的按钮元件拖到演示文稿舞台中，在行为面板中执行"添加行为>屏幕>转到前一幻灯片"命令，在事件中选择"按下时"。

Beyond the Basics
自我提高

相册

14.4 使用键盘控制幻灯片

本课通过案例讲述幻灯片的播放控制。用户将学习如何使用行为来制作键盘控制幻灯片播放；学习对使用行为控制幻灯片加深了解；学习到更多的幻灯片制作方法和技巧。当然，学习这些关键还在于实践工作中的需要，根据需要制作幻灯片是学习幻灯片模板的主要目的。

14.4.1 制作幻灯片图片

1. 新建一个 Flash 幻灯片演示文稿。在演示文稿中置入所需的背景元件，如图 14-4-1 所示。

图 14-4-1

2. 按快捷键"Ctrl+L"打开"库"面板，在空白处将太阳伞图形元件拖入舞台，如图14-4-2所示。

图14-4-2

3. 在工具栏中选择"文本工具"，将文字的字体设置为"华康墨字体"，大小为"16"，字体颜色为"黄色"，如图14-4-3所示。

图14-4-3

4. 在空白处拉出一个文本框，将键盘上输入设置为大写。在文本框中输入文字"YANGGUANG"，如图14-4-4所示。

图14-4-4

5. 再使用"刷子工具"在文字左边随意画出几条小线段，增加幻灯片的气氛，如图14-4-5所示。

图14-4-5

6. 继续使用"文本工具"在YANGGUANG字样的下面输入"走走拍拍"文字，字体类型为"华文行楷"，大小为"55"，颜色设置为"#99CC33"，如图14-4-6所示。

图14-4-6

7. 在屏幕结构面板中另外插入两个屏幕。分别为这3个屏幕命名为"photo1"、"photo2"和"photo3"。选择"photo1"，将与其相适的图片置入舞台中，并调整其大小位置，使该图片和舞台一样大，如图14-4-7所示。

图14-4-7

8. 在"photo1"中置入一张和演示文稿中一样的图片元件，制作出宽屏效果，如图14-4-8所示。

图 14-4-8

9. 继续为"photo2"和"photo3"添加图片。

14.4.2 添加行为

1. 选择"photo1"，按快捷键"Shift+F3"打开"行为"面板，单击添加行为按钮，在列表中选择"屏幕＞转到下一幻灯片"命令。

2. 在事件中选择"keyDown"选项，该事件表示按下键盘上的任意键即可执行相应的行为，如图14-4-9所示。

图 14-4-9

3. 为"photo1"添加转变行为，在"转变"对话框中选择"光圈"效果，启动位置为"左下角"，单击"确定"按钮，如图14-4-10所示。

图 14-4-10

4. 继续为"photo2"添加行为，如图14-4-11所示。

图 14-4-11

5. 将"photo3"的行为添加为"转到第一个幻灯片"，事件选择为"keyDown"，再为其添加"百叶窗"转变效果，如图14-4-12所示。

图 14-4-12

6. 按快捷键"Ctrl+Enter"测试幻灯片，只需按下键盘上的任意键即可控制幻灯片的播放，如图 14-4-13 所示。

"Flash 影片文件 (*.swf)"。然后单击"保存"按钮，如图 14-4-14 所示。

9. 在弹出的导出"发布设置"对话框中使用默认导出设置，最后单击"确定"按钮，如图 14-4-15 所示。

图 14-4-14

图 14-4-13

7. 执行"文件>保存"命令，将源文件保存到指定的位置。

8. 再执行"文件>导出>导出影片"命令，将制作好的幻灯片影片储存到和源文件一样的位置。并在文件名输入框中输入"阳光旅行社相册"，将文件格式选择为

图 14-4-15

第15课

使用脚本

在本课中，您将学习到如何执行以下操作：

- 脚本的概念；
- 使用脚本编辑器；
- 添加脚本的对象；
- 使用脚本助手；
- 脚本的基本术语。

15.1 脚本的概念

15.1.1 什么是ActionScript

每一个交互创作系统都使用一种语言或代码，来使系统内的控件可以互相传递信息。为了使 Flash 更适用于编程人员，Flash 的描述语言被称为 ActionScript。ActionScript 代码是一种编程代码，它模仿 JavaScript，可以将其添加到 Flash 文档中，以便这些文档响应用户的交互行为并更好地控制 Flash 文档的行为。

一般情况下，简单的 Flash 动画通常会按帧和场景的顺序播放影片。而在交互式影片中，观众可以通过键盘和鼠标来实现多种交互性操作，比如跳转到影片的其他部分，使用键盘来控制对象的位置移动，在表单中输入相应的信息等。

通过脚本的使用，不仅可以使用户动态地控制动画的

播放，而且还能够进行各种运算。以及通过各种方式来获取用户的动作并针对该动作做出相应的回应，可以有效地响应用户事件，并控制动画的播放。使 Flash 动画与用户之间有强大的交互性。若利用脚本作为动画制作工具，可以使动画按照用户的意图去播放，只需添加一些简单的 ActionScript 代码就可以实现非常精彩的动画效果。

15.1.2 动作面板

在 Flash 中用来编辑 ActionScript 代码的编辑器，称为"动作"面板。执行"窗口>动作"命令，或直接按下"F9"键打开"动作"面板。在"动作"面板可以分为 3 部分，分别是"动作工具箱"、"脚本导航器"和"脚本编写区"，如图 15-1-1 所示。

图 15-1-1

动作工具箱：在动作工具箱中可以浏览脚本语言元素（函数、类、类型等）的分类列表，并在编写过程中无需死记硬背大量的代码，可以直接将需要的代码添加到脚本编写区中。有 3 种方法可以将脚本代码插入到脚本编写区，一是双击该行代码，二是直接将它拖动到脚本编写区内，三是单击脚本编写区左上角的添加 🕂 按钮来将语言元素添加到脚本中。

脚本导航器：可以显示包含脚本的 Flash 元素列表，如影片剪辑、帧和按钮等。使用脚本导航器可以在 Flash

文档中的各个脚本之间快速移动。单击脚本导航器中的某一项目，则右侧的脚本编写区内会显示出与该项目关联的脚本。双击脚本导航器中的某一项，则该脚本将被就地固定。可以单击每个选项卡，在各个脚本间移动。

脚本编写区：脚本编写区为用户提供了一个全功能的脚本编辑器。它包括代码的语法格式设置和检查、代码提示、代码着色、调试，以及其他一些简化脚本创建的功能。

脚本助手：使用脚本助手，可以从"动作工具箱"中选择项目来编写脚本。单击某个项目，面板右上方会显示该项目的描述。双击项目，则在脚本编写区中将该项目添加到面板右侧的滚动列表中。在脚本助手模式下，可以添加、删除或者更改脚本编写区中语句的顺序；还可以在脚本编写区的文本框中输入动作的参数。通过脚本助手还可以查找和替换文本、查看脚本行号，以及固定脚本（即单击对象或帧以外的地方时，保持脚本编写区内的脚本）。

另外，在脚本助手和脚本编写区的中间有一行工具栏，主要用来辅助用户编写脚本简化 Flash 的编程工作，如图 15-1-2 所示。

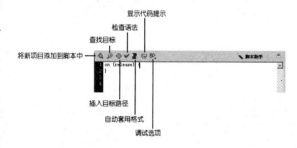

图 15-1-2

将新项目添加到脚本中：该选项在工具栏的最左边，是一个 ✚ 按钮。它和动作工具箱的功能一样，单击该按钮可以看到，它是以层级菜单的形式来显示和添加代码，如图 15-1-3 所示。只需选择需要的代码就可以添加到脚本编写区。

图 15-1-3

查找：排在工具栏的第 2 位，该选项可以在程序代码中对指定的文本和字符进行查找和替换，如图 15-1-4 所示。

图 15-1-4

插入目标路径：该功能的用处很大。在脚本中创建的许多动作都会影响影片剪辑、按钮和其他元件实例。要将这些动作应用到时间轴上的实例上，需要设置目标路径作为目标的实例地址。可以设置绝对或相对目标路径。在"动作"面板中提供的"目标路径"工具，会提示用户在脚本中输入选中的动作的目标路径。

图 15-1-5

语法检查：该选项可以用来检查当前用户编写的程序是否有语法错误。不必退出 Flash 文件就可以迅速检查 ActionScript 代码。语法错误列在"输出"面板中，如图 15-1-6 所示。另外还可以检查代码块两边的小括号、大括号或中括号是否齐全。

图 15-1-6

自动套用格式：也称为"专家模式"，通常在手工编写代码的情况下，会比较容易出现格式不规整，使用自动套用格式后可以实现正确的编码语法和更好的可读性。该功能还有检查错误的作用，若当前编写的代码有错误，在排错之前使用自动套用格式就不能被格式化。

显示代码提示：它是用来辅助程序编写的。即使不单击该按钮，在"动作"面板或"脚本"窗口中工作时，Flash 依然可以检测到正在输入的动作并显示代码提示。通常情况下有两种不同样式的代码提示，包含该动作的完整语法的工具提示和列出可能的方法或属性名的弹出菜单。当用户严格指定对象类型或严格命名对象时，会出现参数、属性和事件的弹出菜单。

调试选项：该选项可以在脚本中设置和删除断点，在调试 Flash 文档时可以停止然后逐行跟踪脚本中的每一行。

15.1.3　添加脚本的对象

由于添加脚本的目的各不相同，在具体的动画设计中通常都会把脚本添加到 3 种不同的位置上，它们分别为

帧、按钮和影片剪辑。

在帧中添加：为指定的帧添加上脚本，也就是说将该帧作为激活脚本程序的事件。当动画播放到添加有脚本的那一帧时，相应的脚本程序就会被执行。常用在控制动画的播放和结束时间。添加过脚本的帧上会出现一个小写的字母"a"，如图 15-1-7 和图 15-1-8 所示。

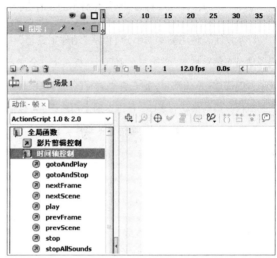

图 15-1-7

图 15-1-8

在按钮中添加：在观看 Flash 动画时，通常在开始的第 1 个画面上都会有一个播放按钮，只有单击该按钮才能够开始观看里面的内容。这就是最常见的为按钮添加脚本

的事件。为 Flash 动画添加类似的效果，会使作品增强与观众的互动性，很容易完成交互式界面的制作。若多个按钮同时作为实例出现在动画中，且都添加了脚本和不同的动作，那么每个实例都会各自有自己独立的动作，不会相互影响。通常这种添加方式是被添加的按钮在发生某些事件时执行相应的程序或动作，如常见的单击按钮、释放或鼠标划过等。

在影片剪辑中添加：这种添加方式在实际制作中应用的较少，不过使用起来会简化很多操作。通常为影片剪辑添加脚本是在其已经被载入的情况下，或是为了在某些过程中获取相关信息。任何一个元件体现在舞台上的所有实例都可以有自己不同的脚本程序和动作，而在执行中它们并不会相互影响。

15.2 脚本的基本术语

在使用脚本之前，要了解其中所需要使用到的一些特定的术语和规范。虽然 Flash 中的脚本语言与 JavaScript 结构相似，并具有一般编程语言的普遍特征，但是它也具有其本身的一些特色。在这里将对 Flash 脚本中常用的编写术语进行介绍。

15.2.1 基本术语

事件：通常在编写一个脚本动作时，该动作不是独立执行的，而是需要提供一定的执行该动作的条件。当该条件被实现的时候才能执行条件所引发的动作，这就是 Flash 脚本中的事件。最常见的就是鼠标的单击与释放，按下键盘上的某个键等。

常量：它与变量相对应，也被称为常数，在程序编写的过程中不能被改变，常用于数值的比较。

变量：变量是具有名字的可以用来存储可变化数据的存储空间，常见的有数字和字母。它可以被创建、改变和更新。计算机只能够通过用户的指令来进行运算，虽然给定的脚本语言有一套内建的属性和函数，而变量可以用来通过创建脚本语言中其他元素的快捷方式和别名的方法来减少编写脚本的工作量。

表达式：在编写 Flash 脚本的过程中，任何能产生一个值的语句都可以被称为一个表达式。它代表脚本中两种不同的代码片段。表达式可以是条件或循环语句中用来比较数值的一段代码，这种方式被称为条件表达式。还可以是在运行时被解释的代码，这种就被称为数值表达式和字符串表达式。

数据类型：在 Flash 中字符串、数字、布尔运算值，以及各种对象及影片剪辑等可以被应用并进行各种操作的数据都可以作为数据类型。在 Flash 中数据类型共有两种，原始数据类型和引用数据类型。其中原始数据类型是指一些字符串、数字、布尔值等具有一个常数值，可以包含它们所代表的元素的实际值，这些就被称为原始数据类型。引用数据类型指的是影片剪辑和对象，它们的值在一些情况下会发生更改，因此包含对该元素的实际值的引用。包含原始数据类型的变量与包含引用类型的变量在某些情况下的行为是不同的。另外还有空值和未定义这两类特殊的数据类型。

函数：函数其实就是一种子程序，为了方便代码在多个时间处理中重复使用，大大减少了代码量，提高了效率。它还可以执行多个动作，传递参数。但是必须要有一个唯一的名称，才可以正确调用函数。

关键字：在 Flash 的脚本程序语言中，会使用到一些含有特殊意义的保留字符。不能将它们作为函数名、变量名或标号名来使用。

实例名称：在编写脚本时，可以作为影片剪辑实例目标或者按钮实例目标的唯一名称。

15.2.2　常见数据类型

字符串：字符串可以包含有数字、字母和标点符号，并且可以通过加号"+"来进行两个字符串的连接操作。需要注意的是字符串类型的内容必须使用双引号来标记。

数值：数值类型的数据是指数字的算术值，该类型可以进行正确的数学运算。可以使用加"+"、减"-"、乘"*"、除"/"、求模"%"、递增"++"、递减"--"等算术运算符来操作数字，但是字符串是不可以这样操作的。当数字被包含在一对引号之内，该数字将被当做字符串来处理。

布尔值：布尔值只有 true 和 false 这两种，其中 true 的意思为"真"，false 的意思为"假"。在需要时，还可以将 true 和 false 转化为一个 0。通常和控制脚本流的逻辑运算符一起使用。

影片剪辑：影片剪辑对象是唯一引用图形元素的数据类型。该类型允许使用 MovieClip 类的方法来控制影片剪辑元件。可以在舞台上任意创建一个影片剪辑实例，然后只需使用点运算符调用影片剪辑类的属性和方法。

对象：数组是指拥有多个值的信息列表，每个值可以通过它在表中的位置来访问，而这些值一般都具有一些共通性。用户还可以使用脚本预定义的对象来访问和操作特定类型的信息。

15.2.3　基本语法

语法可以说是脚本编程的重要部分，用户只有对语法有了一定的了解才能在编程中应用自如。无需担心的是，Flash 中的脚本语法与其他一些专业程序语言相比较为简单，在本课的这一部分将对语法进行基本的讲解。

点语法：点语法是由于在语句中使用了一个点"."而得名的，它是用来表示与对象或实例相关联的属性或方法，以及影片剪辑的目标路径、函数和变量等。点语法的

使用非常简单，它以对象或影片剪辑的名称开头，后面加上一个"."来指定元素来结尾。比如"name.gotoAndPlay(5)"这一句简单的脚本，在该句中"name"就是影片剪辑名，在其后添加一个"."就表示"name"影片剪辑执行其后面的跳转并播放动作。

标点符号：常用的有"()"、"{}"、"；"。括号"()"通常用来放置函数的参数。在一些特殊情况中如 play()、stop()，虽然没有参数也同样需要括号。还可以使用括号来改变脚本操作符的优先级顺序，对一个表达式求值，以及提高脚本程序的可读性。需要注意的是，在编写脚本的过程中括号一定要是成对的，如果出现半个括号就会造成程序出错。大括号"{}"是用来将事件、类定义和函数组合成块。和括号一样也需要成对的使用，许多时候，使用自动套用格式功能可以自动为程序加上大括号。分号"；"的作用相当于一段文章中每结束一句后的句号，它在 Flash 的脚本编辑中表示一行代码的结束。在一些情况下由于 Flash 编程的容错性，即使不输入"；"程序也能正常使用，但是在这里建议用户在编写程序的时候注意添加分号，养成严谨的书写习惯。

字母的大小写：在编写过程中只有关键字是区分大小写的，其他代码没有这种要求。如果没有注意大小写的使用就会出现脚本错误。

使用注释：使用注释可以更好地理解和备忘自己编写的程序。这样做有利于帮助设计者或程序阅读者理解这些程序代码的意义。在添加注释的时候使用双斜杠"//"作为开头，在其后输入的内容就只会起到提示的作用，在运行时会被忽略掉。

15.3　使用脚本制作时钟

使用脚本制作一个简单的代码效果动画，该动画通过使用脚本来实现与现实时间同步的效果。

1. 新建一个 Flash 文档，执行"修改＞文档"命令将舞台大小设置为 228 像素 ×220 像素，如图 15-3-1 所示。

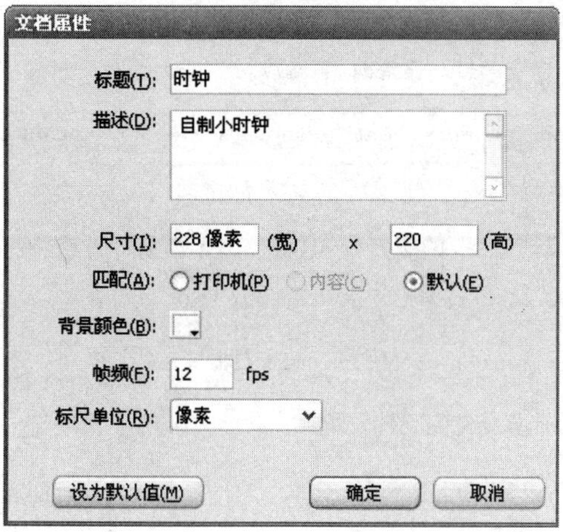

图 15-3-1

2. 执行"文件＞导入＞导入到库"命令，导入一张图片作为背景。将背景图片拖到舞台中，并使用"对齐工具"将背景图片与舞台对齐，如图 15-3-2 所示。

图 15-3-2

3. 在背景图层上新建一个图层，并在该层中制作表盘。使用"文本工具"在月亮上面写一个"Ⅻ"，表示为表盘上的 12 点，如图 15-3-3 所示。

图 15-3-3

4. 使用"任意变形工具"，将"Ⅻ"字的变形中心点拖到月亮的中心位置。按快捷键"Ctrl+T"将"变形"面板打开，设置旋转度数为"30°"，然后单击"复制并应用变形"按钮，复制出 12 个Ⅻ字，如图 15-3-4 所示。

图 15-3-4

5. 使用"文本工具"单击每一个Ⅻ字，分别将它们替换成表示数字 1～11，并再次使用"任意变形工具"将每个数字的位置旋转成水平方向书写的样子，如图 15-3-5 所示。

图 15-3-5

6. 新建一个影片剪辑元件，并将其命名为"时钟"。进入时针元件编辑状态，选择"线条工具"，在属性检查器中将笔触颜色设置为"#4D4D68"，笔触高度为"6"。画出一条位于中心点处的小线段作为时针。

7. 继续新建"分针"、"秒针"影片剪辑元件，在绘制分针和秒针时只需改变它们的笔触高度和长度即可，如图15-3-6所示。

8. 分别新建3个图层，将时针、分针、秒针对号入座放置在图层中，如图15-3-7所示。

图 15-3-6

图 15-3-7

9. 在属性检查器中将这3个指针的实例名分别命名为"hour"、"min"、"sec"，并在添加代码时方便对它们进行控制。

10. 在所有图层的最上方新建一个名为"ActionScript"的图层，选择该层的第1帧，打开"动作"面板，并在脚本编写区内输入以下代码，如图15-3-8所示。

图 15-3-8

```
now = new Date();

theHour = now.getHours();
```

// 定义时钟与当前系统时间一致

```
theMin  = now.getMinutes();
```

// 定义分针与系统时间一致

```
theSec  = now.getSeconds();
```

// 定义秒针与系统时间一致

```
hour._rotation =hour._rotation=theHour*30+theMin/2+theSec/120;
```

// 计算时针的旋转公式（注：由于当前秒针旋转度对时针影响较小，计算公式中"theSec/120"也可省去）

```
min._rotation=theMin*6+theSec/10;
```

// 计算分针的旋转公式

```
sec._rotation=theSec*6;
```

// 计算秒针旋转公式

11. 为了使这个时钟能够不停的循环走动，将所有图层都延长至第2帧。另外ActionScript层的第2帧需要插入为空白关键帧。并将"动作"面板打开，在第2帧中添加以下代码，如图15-3-9所示。

图 15-3-9

```
this.gotoAndPlay(_currentframe-1);
```

当前帧减去1，也就是返回到上一帧。使时钟可以循环运行。

12. 按快捷键"Ctrl+Enter"测试动画的效果，可以与当前的时间与动画的时间对照一下，观察动画中的时间是否正确，如图15-3-10所示。

图 15-3-10

13．执行"文件＞保存"命令，将制作好的时钟动画保存到指定的位置。

15.4 代码动画效果

在本课程的下一个部分中，将创建一个完全使用脚本来实现的放烟花的 Flash 动画。在创建该动画的过程中将结合运用到前面所学的知识，同时还会讲解更多的代码知识，以及在添加脚本时的注意事项。

15.4.1 准备素材

1．运行 Flash CS3 软件，新建一个 Flash 文件。使用文档的默认大小。

2．从外部导入一张和夜晚相关的图片，作为烟花背景，如图 15-4-1 所示。

图 15-4-1

3．新建一个影片剪辑元件，将该元件命名为"字母"。进入该元件的编辑状态，选择"文本工具"，在属性检查器中将文字类型设置为"Arial Black"，大小为"60"，颜色为"任意色"。并输入"happy new year"，如图 15-4-2 所示。

Happy New Year I

图 15-4-2

4．选择输入好的字母，单击鼠标右键，选择右键快捷菜单中的"分离"命令，或直接按快捷键"Ctrl+B"将"happy new year"字样分离成单个字母。接着再按快捷键"Ctrl+B"将单个字母再次分离成为可编辑状态，如图 15-4-3 所示。

Happy New Year

图 15-4-3

5．打开颜色，将填充类型设置为"放射状"。在色带上添加一个色标，从左到右分别将它们的色标颜色设置为红、黄、紫，如图 15-4-4 所示。将所有字母都填充为设置好的颜色。

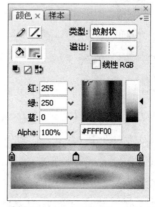

图 15-4-4

6．将字母的位置随意调整，如图 15-4-5 所示。

Happy New Year

图 15-4-5

7．在彩色字母图层上新建一个图层，将该层命名为"字框"。把彩色字母图形全选中后按快捷键"Ctrl+C",复制字母。接着选择"字框"图层单击鼠标右键,选择右键快捷菜单中的"粘贴到当前位置"命令,使字框层的字母与字母层的字母位置完全重合,如图15-4-6所示。

图15-4-6

8. 然后在工具栏中选择"墨水瓶工具",打开属性检查器,将笔触颜色设置为"白色",笔触高度为"5",类型为"实线"。单击字框层的"happy new year"字样,为它们描上白色的边,如图15-4-7所示。描边完毕后,将字框层的彩色字母删除掉,只留下边框。这样做的目的是,为了在之后的遮罩动画中,遮罩层只遮住边框而对字母没有影响。可以将背景颜色设置为黑色来查看效果。

![图15-4-7](Happy New Year)

图15-4-7

9. 新建一个名为"遮罩层"的图层,在该图层中使用"矩形工具"画出一个长方形,并将绘制好的长方形转换为图形元件。

10. 在遮罩层的第1帧中将其拖到字母的左边,在第40帧中插入关键帧,并将长方形拖至字母的右边。接着再将该层的第80帧中插入关键帧,同时把长方形拖回到左边。为遮罩层创建动画补间,并将其他层也都延长至第80帧,如图15-4-8所示。

图15-4-8

11. 在图层面板中选择遮罩层,单击鼠标右键,并在右键快捷菜单中选择"遮罩层"命令。制作出一个简单的文字遮罩动画,如图15-4-9所示。

图15-4-9

12. 在时间轴上拖动红色的播放头,测试动画效果,如图15-4-10和图15-4-11所示。

图15-4-10

图15-4-11

13. 新建一个图形元件,将该元件命名为"热气球"。使用"线条工具"画出一个气球的轮廓,然后再为其填充为黄色。填充完毕后把轮廓删掉,如图15-4-12所示。

14. 在颜色中将填充类型设置为"放射状",将色带上的色标设置为深黄色到亮黄色的渐变。再使用"渐变变形工具"调整出气球的颜色变化,如图 15-4-13 所示。

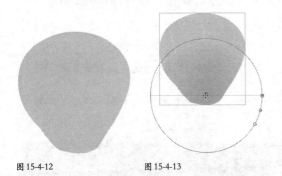

图 15-4-12   图 15-4-13

15. 使用"钢笔工具"和"填充工具"画出热气球的层次感,依次调整它们的渐变颜色,如图 15-4-14 所示。

16. 在颜色样本中选择最亮的柠檬黄,并使用"椭圆工具"画出热气球的亮部,然后再使用白色点出高光,如图 15-4-15 所示。

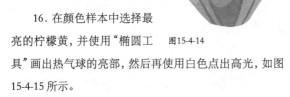

图 15-4-14

17. 接着再画出热气球的绳索和篮筐,具体效果如图 15-4-16 所示。

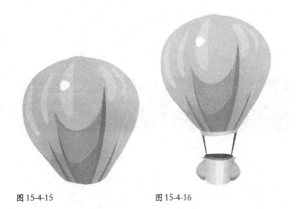

图 15-4-15   图 15-4-16

18. 在字母影片剪辑元件内新建一个图层,将制作好的热气球图形元件拖到该层中,用来装饰字母动画,如图 15-4-17 所示。

图 15-4-17

19. 新建一个影片剪辑元件,将其命名为"漂浮文字",并将文字影片剪辑拖进舞台。在第 100 帧中插入关键帧,并向左上角移动字母元件的位置;接着在第 220 帧中插入关键帧继续向右下角移动。然后在第 300 帧中再插入关键帧,把字母向右上角移动;再在第 400 帧中插入一个关键帧,并将字母元件向左上角移动,最后在各个关键帧中创建补间动画。

20. 接着制作燃放烟花所需要的素材,新建一个名为"升起"的影片剪辑元件。在该元件的编辑区内使用"椭圆工具"绘制一个升空过程中拖着尾巴的烟花,在第 4 帧中插入关键帧。返回到第 1 帧中,将烟花的尾巴拉长,具体效果如图 15-4-18 和图 15-4-19 所示。

图 15-4-18   图 15-4-19

21. 为了制作出更有真实感的效果,使用颜色和渐变变形工具为第 1 帧和第 4 帧中的图形添加渐变效果。选择第 1 帧,打开属性检查器,在补间选项中选择"形状",为它们添加形状补间动画。

22. 接着再制作炸开后的烟花碎片,由这一个碎片在脚本的控制下呈现出整个烟花的炸开效果。新建一个名为"碎片"的影片剪辑，选择工具栏的"多角星形工具"，在属性检查器中设置多边形样式为星形，边数为"5"，如图 15-4-20 所示。

图15-4-20

23．将笔触颜色设置为"没有颜色"，填充色为"白色"。绘制出一个白色的星星，如图 15-4-21 所示。

24．接着使用"椭圆工具"再画出一个白色的圆形，在颜色中将填充类型设置为"放射状"，并在色带上将这两个色标都设置为"白色"，其中右边的色标 Alpha 值为"0%"，如图 15-4-22 所示。

图15-4-21

图15-4-22

25．将这种圆形多复制出几个，并改变它们的大小，然后再将它们放置在星形的周围进行装饰，如图 15-4-23 所示。

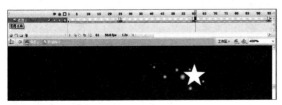

图15-4-23

26．新建一个名为"碎片动画"的影片剪辑元件，将碎片元件拖进来。在第 25 帧中插入关键帧。选择该帧中的碎片元件，按下"Shift"键的同时按着向右键"→"不松，

可以快速将选中的元件向右移动。移到需要的位置后，在第 26 帧上添加关键帧，延续第 25 帧中的元件状态。返回到第 25 帧，选择该帧中的碎片元件，在属性检查器中将该元件的 Alpha 值设置为"0%"。然后在第 1 帧中创建从第 1 帧～第 25 帧的动画补间，如图 15-4-24 所示。

图15-4-24

27．本例所需要的动画效果是，碎片在向右移动的同时由出现到消失，接着再由出现到消失，中间不需要由消失到出现的动画。所以接下来的第 60 帧和第 61 帧的制作方法和前面的一样，只是第 60 帧和第 61 帧中碎片的位置又向右移动了一段距离，如图 15-4-25 所示。

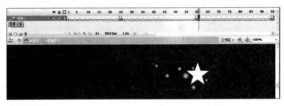

图15-4-25

28．最后在第 95 帧中插入关键帧，在该帧中碎片将会在慢慢的移动中消失。实际上在这里对碎片的动画制作，就是将来烟花的动画效果。接着在第 96 帧中插入空白关键帧，因为烟花在炸开后就消失在夜空中了，所以在这里需要让碎片动画播放完毕就不再出现。选择第 96 帧，

并按下"F9"键打开"动作"面板，在"动作"面板的脚本编写区中输入以下代码：

stop();

this.removeMovieClip();

当动画播放到第96帧时停止动画并删除该影片剪辑，如图15-4-26所示。

图15-4-26

29．新建一个名为"鼠标"的图形元件，使用"椭圆工具"绘制一个白色的正圆，在颜色中将填充类型设置为"放射状"，并将色带上其中一个色标设置为"白色"，另一个色标的十六进制值为"#9553F9"，Alpha值为"0%"。接着再使用"渐变变形工具"将白色正圆调整为图15-4-27所示的效果。

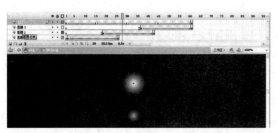

图15-4-27

30．接着再新建一个名为"鼠标动画"的影片剪辑元件，该元件将用来做鼠标的效果。将鼠标图形元件拖进来，并制作简单的变形动画，如图15-4-28所示。

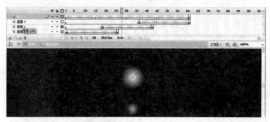

图15-4-28

15.4.2 添加效果脚本

1．选择库中的"碎片动画"影片剪辑元件，单击鼠标右键并在快捷菜单中选择"链接"命令，如图15-4-29所示。

图15-4-29

2．在链接属性框中输入标识符"star"，按照同样的方法为升起影片剪辑也添加标识符"tiao"，如图15-4-30和图15-4-31所示。

图15-4-30

图15-4-31

3. 新建一个名为"烟花"的影片剪辑元件, 在该元件中无需绘制任何内容, 只需在第1帧中添加以下代码即可, 如图15-4-32所示。

图15-4-32

```
//for 循环函数
for (n=0; n<80; n++){
    this.attachMovie("star", "star"+n, n);
```

// 从库中取得一个名为 start 元件并将其附加到影片剪辑中, 其新名称为 "star"+n, 其深度为 n

```
    this["star"+n]._rotation = random(360);
```

// 让名为 "star"+n 的新的影片剪辑随机旋转, 旋转随机度数在 0 ～ 360 之间

```
    dir = 20+random(20);
```

// 定义一个变量并赋值

```
    this["star"+n]._xscale = dir;
```

// 将新影片剪辑 "star"+n 的 x 轴以原来本身的百分

比大小进行随机缩小, 缩小至原来的 20% ～ 40%。

```
    this["star"+n]._yscale = dir;
```

// 将新影片剪辑 "star"+n 的 y 轴以原来本身的百分比大小进行随机缩小, 缩小至原来的 20% ～ 40%。

```
    this["star"+n].gotoAndPlay(random(9)+1);}
```

// 让影片剪辑开始播放随机在第 1 帧～ 10 帧之间。

注 意: random(number) 函 数, 返 回 一 个 0 ～ number-1 之间的随机整数, 参数 number 代表整数。

4. 回到场景1中, 将图层1命名为"背景", 并将导入的背景图片和漂浮文字影片剪辑拖到舞台中, 如图 15-4-33 所示。

图 15-4-33

5. 接着将库中的烟花元件也设置链接标识符以备后期编写代码需要, 如图 15-4-34 所示。

图 15-4-34

6. 再将制作好的鼠标动画元件拖入场景, 并设置其实例名为"mouse"。但是要将其放置在舞台外面, 这样就只有当鼠标放在影片中时才会出现鼠标动画, 如

图 15-4-35 所示。

图 15-4-35

7. 在背景图层上新建一个名为 "ActionScript" 的脚本
图层，选择该层的第 1 帧，打开 "动作" 面板，在动作面板
中输入以下代码：

```
// 鼠标拖动鼠标动画实例为真
startDrag("mouse", true);
// 鼠标隐藏
Mouse.hide();
// 定义变量并赋初始值为 0
i = 0;
// 定义一个颜色数组
color = new Array();
// 向数组赋值
color = ["0x00ffff","0xff0000", "0xff9900", "0x00ff00",
"0xffff00", "0x3399ff", "0xcc00ff", "0x663300", "0x330099",
"0x33ffff"];
// 在场景中创建一个空影片剪辑，作为一个"容器"
_root.createEmptyMovieClip("mc_flare",1);
// 定义一个鼠标按下的事件
_root.onMouseDown = function() {
// 添加库中名为 tiao 的影片剪辑，新名称为 "tiao"+i
    _root.attachMovie("tiao", "tiao"+i, i);
// 新影片剪辑 "tiao"+i 的 x 轴坐标等于鼠标的 x 轴坐标
```

```
    _root["tiao"+i]._x = _root._xmouse;
// 新影片剪辑 "tiao"+i 的 y 轴坐标等于舞台的高度，
即该影片正好位于舞台最底端
    _root["tiao"+i]._y = Stage.height;
// 把鼠标 y 轴的坐标保存在 heigh 变量中
    _root["tiao"+i].heigh = _root._ymouse;
// 为新影片剪辑 "tiao"+i 的深度赋值，初始值为 0
    _root["tiao"+i].num = i;
// 调用 jump 函数
    _root["tiao"+i].jump();
// 每执行一次该函数 i 的值就加 1
    i++;
// 为了实现程序的高效性，仅允许舞台上最多连续
出现 15 个影片实例。多余的将被后来加载上去的影片替
代掉
if(i>15){
    i=0;
}
};
// 定义 jump 函数
    MovieClip.prototype.jump = function() {
// 定义一个重复调用的函数
    this.onEnterFrame = function() {
// 通过计算来实时确定该影片剪辑的 y 轴坐标，表
现为影片快速射向鼠标位置
    this._y += (this.heigh-this._y)*0.12;
//if 判断语句，判断在鼠标与该影片 y 轴距离减小到
一定程度时，执行大括号里面的代码
    if (this.heigh-this._y>-20) {
```

// 把库中名为 flare 的影片剪辑添加到 mc_flare 的影片剪辑中并确定在场景中的位置

mc_flare = attachMovie("fireworks", "fireworks"+this.num, this.num, {_x:this._x, _y:this._y});

// 创建一个 Color 类的对象

c = new Color(mc_flare);

// 为影片剪辑 mc_flare 添加随机颜色

c.setRGB(color[random(9)+1]);

// 删除此影片剪辑

this.removeMovieClip();

// 删除此循环帧

delete this.onEnterFrame;

}

};

};

至此，代码部分已经输入完成，如图 15-4-36 所示。

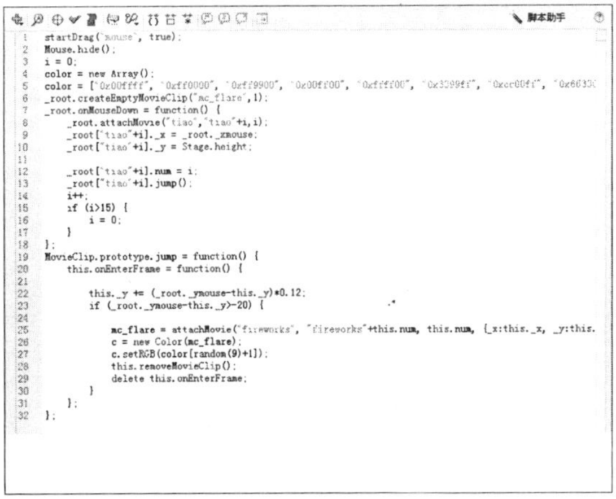

图 15-4-37

图 15-4-38

图 15-4-39

9. 还可以根据需要随意设置烟花炸开的时间长短，或炸开后形状的变化。而这些修改非常简单，只需在之前制作的图形元件和影片剪辑元件里稍作修改，就会有不同的烟花图案。

10. 执行"文件 > 保存"命令，将制作好的文档保存到指定的位置。

15.5　自我探索

使用脚本完全可以制作出形态各异、精彩纷呈的动画

图 15-4-36

8. 按快捷键"Ctrl+Enter"测试动画的效果，如图 15-4-37~ 图 15-4-39 所示。

效果，当然还可以将这些效果应用到动画中以增加动画的趣味性。尝试制作各种不同的脚本控制效果。

1．新建一个 Flash 文件，绘制可以与脚本相搭配的图形元件或影片剪辑元件。

2．使用代码控制这些元件，在添加代码时如果一些用户对代码并不是很熟悉，可以使用脚本助手来添加。

3．利用这些代码来制作一个动画效果或者简单的 Flash 游戏。还可以制作一些 Flash 的工具，比如说一个钟表，使用自己制作的工具那将是另一种美妙的感受。

课程总结与回顾

回顾学习要点：

1．简述脚本导航器的作用。

2．脚本的添加对象都有哪些？

3．简述什么是关键字？

4．如何添加注释？

5．查找目标选项的作用是什么？

学习要点参考：

1．可以在 Flash 文档中的各个脚本之间快速移动。单击脚本导航器中的某一项目，则右侧的脚本编写区内会显示出与该项目关联的脚本。双击脚本导航器中的某一项，则该脚本将被就地固定。可以单击每个选项卡，再在各个脚本间移动。

2．帧、按钮、影片剪辑。

3．在编写好的代码中显示为蓝色的词组就是关键字，它们被用于一些特定的环境中，不能用做函数或变量的名称。

4．添加注释前先输入"//"符号，再在该符号后面输入解释内容即可。

5．为动作插入目标路径作为目标的影片剪辑、按钮、元件实例的地址。

Beyond the Basics

自我提高

计算器

15.6 用脚本做简单数学计算题

本课通过案例讲述使用脚本制做简单数学计算器效果。通过为按钮添加脚本和动态文本的使用，来讲述各个元件与脚本的结合使用，以及如何编写 Flash 中的数学运算控制代码。

15.6.1 绘制计算器

1. 新建一个 Flash 文档，执行"插入>新建元件"命令。新建一个计算器图形元件。在工具栏的颜色选项中将笔触颜色设置为"没有颜色"，填充色为"#B4E214"。使用"椭圆工具"绘制出一个椭圆，如图 15-6-1 所示。

图15-6-1

2. 通过选择工具将这个椭圆修改成图15-6-2中的形状。

3. 接着在这个图形上画一个和它颜色不一样的矩形，并使用矩形在这个图形上剪切出一个缺口，如图15-6-3所示。

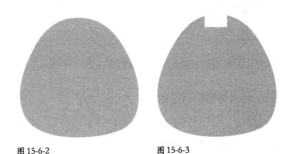

图 15-6-2 　　　　　　　图 15-6-3

4. 然后再使用"选择工具"将当前的图形调整成一个青蛙的形状，如图 15-6-4 所示。

5. 选择调整好的青蛙图形，将该图形组合成组。然后按快捷键"Ctrl+D"复制，并使用"任意变形工具"将复制出的青蛙图形缩小一些，使用"颜料桶工具"为其填充为"#D5F061"，如图 15-6-5 所示。

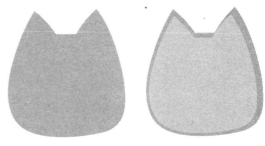

图15-6-4 　　　　　　　图 15-6-5

6. 再复制出两个同样的图形，使其中一个减去另外一个图形，制作出青蛙计算器的高光，最终效果如图 15-6-6 所示。

7. 选择高光图形，打开"颜色"面板，将填充类型设置为"线性"。将色带上的两个色标均设置为"白色"，其中一个色标的 Alpha 值设置为"0%"。并使用"渐变变形工具"调整渐变，如图 15-6-7 所示。

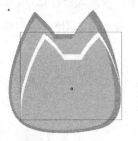 

图 15-6-6　　　　　　图 15-6-7

8. 在工具栏中选择"线条工具"，并将直线的笔触颜色设置为"深绿色"，高度为"5"，类型为"实线"。简单的画出眼睛，如图15-6-8所示

9. 然后使用"矩形工具"画出白色的数字显示框，并另外画出一个深绿色的矩形放在白色显示框的下面，作为阴影。最终效果如图15-6-9所示。

图 15-6-8　　　　　　图 15-6-9

15.6.2　绘制计算器的按键

1. 由于计算器的按键除了符号和数字的不同，其他的部分基本上相同，所以在制作按键时只需绘制出一个按键背景图案，然后再利用不同的数字和符号制作出所有的按键，这样可以为用户的工作节省出不少时间。

2. 新建一个按键背景图形元件，并选择"椭圆工具"绘制出一个正圆，如图15-6-10所示。

3. 如果按键比较大，不太适

图15-6-10

合放置在计算器上，就需要使用"任意变形工具"来改变它们的大小。而往往这样修改后它们的大小就不会统一，所以在绘制按键背景时就需要使画出的图形大小刚好适合计算器。回到主场景中，将按键背景元件中已经画出的简单圆形和计算器元件拖到场景中，如图15-6-11所示。

4. 从图中可以很明显的看出按键太大了，需要将其缩小一些，不过在调整按键图形时要双击进入按键背景元件的编辑状态，再对其进行修改。这样做的一个好处就是，在调整图形大小的时候可以看到场景中的所有图形，以场景中的图形为参照物将所需修改图形调整为适合场景的大小，如图15-6-12所示。

图 15-6-11　　　　　　图 15-6-12

5. 使用"颜色"和"渐变变形工具"，将按键背景图形制作成水晶按钮，如图 15-6-13 所示。

6. 然后就要开始制作计算器上的数字按键和功能按键了。新建一个按钮元件，将按键背景元件拖到图

图15-6-13

层1中，并在图层1上面新建一个图层，使用"文本工具"在背景上输入一个数字"1"。将数字1的字体设置为"Arial Black"，大小为"28"，颜色为"白色"。接着在"指针经过"帧中插入关键帧，并在该帧中将字体设置为"绿色"，当鼠标单击该键时，它的数字就变成绿色，如图15-6-14所示。

7. 按照同样的方法依次制作出其他的数字键和功能

键，如图 15-6-15 所示。

图 15-6-14

图 15-6-15

15.6.3　添加脚本

1．进入场景 1，新建一个图层，并将这个图层拖到计算器图层的下面作为背景图层。使用"椭圆工具"在背景图层中画出几个彩色的圆形作为背景，如图 15-6-16 所示。

图 15-6-16

2．然后在计算器图层上新建一个"按键"图层，将制作好的按键拖到计算器中，并将它们的位置排列整齐，如图 15-6-17 所示。

3．使用同样的方法再绘制一个青蛙图形，并放置在场景中，如图 15-6-18 所示。

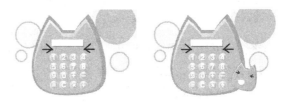

图 15-6-17　　　　　　图 15-6-18

4．新建一个输入框图层，选择"文本工具"，并将文本类型设置为"动态文本"。拉出一个和计算器图形中白色数字显示框一样大小的文本框，在属性检查器中设置文字的类型、大小和颜色，并在变量输入框中输入变量名"display"。在此处的设置就是在使用计算器时显示出来的数字效果，如图 15-6-19 所示。

图 15-6-19

5．新建一个名为"AS"的图层来添加主要控制代码，选择该层的第 1 帧，按下"F9"键打开"动作"面板，并在脚本输入区中输入以下代码，如图 15-6-20 所示。

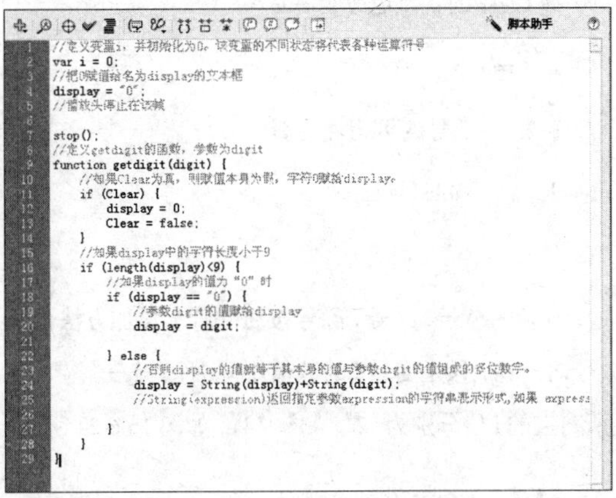

图 15-6-20

// 定义变量 i，并初始化为 0。该变量的不同状态将代表各种运算符号

var i=0;

// 把 0 赋值给名为 display 的文本框

display = "0";

// 播放头停止在该帧

stop();

// 定义 getdigit 的函数，参数为 digit

function getdigit(digit) {

// 如果 Clear 为真，则赋值本身为假，字符 0 赋给 display

```
    if (Clear) {
        Clear=false;
        display = "0";
    }
```

// 如果 display 中的字符长度小于 9

```
    if (length(display)<9) {
```

// 如果 display 的值为 "0" 时

```
        if (display == "0") {
```

// 参数 digit 的值赋给 display

```
            display = digit;
        } else {
```

// 否则 display 的值就等于其本身的值与参数 digit 的值组成的多位数字

```
            display= String(display) +String(digit) ;
```

//String(expression)

返回指定参数 expression 的字符串表示形式，如果 expression 是数字，则返回字符串为该数字的文本表示形式。

```
        }
    }
}
```

6．接着为每个数字按钮也添加上脚本来辅助实现主脚本的控制。选择写有数字 1 的按钮元件。在"动作"面板中为其添加以下代码，如图 15-6-21 所示。

图 15-6-21

// 当按下按钮时函数 getdigit 参数值为 1

```
on (release) {
        getdigit("1");
}
```

7．接着还需要为 2～9，包括 0 的数字按钮也添加上和按钮 1 一样的脚本，只是将"getdigit"的参数设置为与所选数字按钮相符合，如图 15-6-22 所示。

图 15-6-22

8. 选择加号按钮，为其添加计算时所需的脚本如图 15-6-23 所示。

图15-6-23

```
on (release) {
    // 把变量 i 的值赋为 1
    i = 1;
    // 将 display 的值存储在变量 operand 中
    operand = display;
```

```
    // 把 Clear 的状态更改为 true
    Clear = true;
    // 触发"＝"号的可用性为真
    result_btn.enabled = true;
}
```

9. 其余的减号、乘号、除号按钮的脚本添加方法也都和加号的一样，只是变量 i 的数值不同而已，"－"，"×"，"/"所对应的 i 值分别为"2"，"3"，"4"，如图 15-6-24 所示。

图 15-6-24

10. 其中比较特殊的一个按钮就是清除按钮，在清除按钮中添加以下代码如图 15-6-25 所示。

图 15-6-25

```
on (release) {
    // 把变量 display, operand 均赋值为 0
    display = "0";
    operand = "0";
}
```

11. 最后添加"="号按钮上的脚本，如图 15-6-26 所示。该按钮作为一个动作触发器，也是整个作品中较为重要的控制按钮。具体代码如下。

```
1   on (press) {
2      //如果变量i值为1时，执行加法运算，并把运算结果赋给display
3      if (i == 1) {
4          display = Number (operand)+Number (display);
5      }
6      //如果变量i值为2时，执行减法运算，并把运算结果赋给display
7      if (i == 2) {
8          display = Number (operand)-Number (display);
9      }
10     //如果变量i值为3时，执行乘法运算，并把运算结果赋给display
11     if (i == 3) {
12         display = Number (operand)*Number (display);
13     }
14     //如果变量i值为4时，执行除法运算，并把运算结果赋给display
15     if (i == 4) {
16         display = Number (operand)/Number (display);
17     }
18     //设置"="号按钮的可用性为假，连续第二次单击该按钮无效。
19     result_btn.enabled = false;
20  }
21
```

图 15-6-26

```
on (press) {

    // 如果变量 i 值为 1 时，执行加法运算，并把运算结果赋给 display

    if (i == 1) {

        display = Number(operand)+Number(display);

    }

    // 如果变量 i 值为 2 时，执行减法运算，并把运算结果赋给 display

    if (i == 2) {

        display = Number(operand)-Number(display);

    }

    // 如果变量 i 值为 3 时，执行乘法运算，并把运算结果赋给 display

    if (i == 3) {

        display = Number(operand)*Number(display);

    }

    // 如果变量 i 值为 4 时，执行除法运算，并把运算结果赋给 display

    if (i == 4) {

        display = Number(operand)/Number(display);

    }

    // 设置"="号按钮的可用性为假，连续第 2 次单击该按钮无效

    result_btn.enabled = false;

}
```

12. 测试该动画的最终效果，在计算器中进行一些简单的运算，测试计算是否正确，如图 15-6-27 所示。

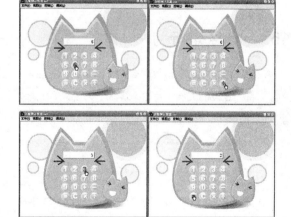

图 15-6-27

13. 执行"文件＞保存"命令将文件保存。

第16课
使用行为

在本课中，您将学习到如何执行以下操作：

- 了解行为的概念；
- 行为的使用原则；
- 加载外部图片；
- 使用行为控制声音的播放。

16.1 什么是行为

在 Flash CS3 中行为是预先编写的 ActionScript 脚本，它可以将 ActionScript 编码的强大功能、控制能力和灵活性添加到文档中，而不必用户自己创建 ActionScript 代码。对一些 ActionScript 编码并不是很精通的用户来说，无疑是一件非常方便的事，让创作动画更加简洁快速。

用户可以对实例使用行为以便将其排列在帧上的堆叠顺序中，以及加载、卸载、播放、停止、直接复制或拖动影片剪辑，或者链接到 URL。此外，还可以使用行为将外部图形或动画遮罩加载到影片剪辑中。

16.2 行为的使用原则

行为是预先编写的代码片断，可将它立即添加到 Flash 文件的各部分中。由于某些行为的添加方式不符合常见的、理想的工作流程，因此在 Flash 中引入行为增加

了确定最佳做法的复杂性。所以，在使用行为时还需要注意一些使用原则。

使用行为有多条原则，其中最主要的是一致性。如果向 Flash 文件添加 ActionScript，需要将代码放在添加行为的同一位置上，然后记录下添加代码的方式和位置。在添加行为时可以按照一定的规律将代码放置的位置统一起来。

有时在工作中可能由于代码的放置位置不一致，因此项目变得难以管理。比如，将代码放在舞台的实例上、主时间轴上和类文件中，则应检查文件结构。但是，如果是有逻辑地使用行为，并且将代码构建为围绕这些行为以特定方式工作（将所有内容放在对象实例上），则工作流程将合乎逻辑并具有一致性，以后文档也会较容易修改，这一点是工作中应该非常重视的。

16.3 行为的使用方法

在前面几课中已经讲解了一些使用行为的实例。它可以用来载入外部图片，控制幻灯片的播放并添加转场动画，还可以控制音频和视频的播放等功能。

16.3.1 控制影片剪辑

在使用行为控制影片剪辑时，需要使用"行为"面板将行为应用于触发对象（如按钮）。还需要指定触发行为的事件（如释放按钮），选择受行为影响的目标对象（影片剪辑实例），并在必要时指定行为参数的设置（如帧号或标签）。这里将对影片剪辑的控制选项进行详细讲解。

执行"窗口>行为"命令，将"行为"面板打开，单击行为面板左上角的添加 ✚ 按钮，在添加行为列表中选择影片剪辑选项，并在影片剪辑的选项中可以看到它的 4 个选项："加载图像"、"加载外部影片剪辑"、"转到帧或

标签并在该处停止"、"转到帧或标签并在该处播放",如图16-3-1所示。

图 16-3-1

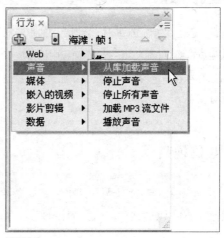

图 16-3-2

加载图像：通过指定 JPEG 文件的路径和文件名、接收图形的影片剪辑或屏幕的实例名称，把外部 JPEG 文件加载到影片剪辑或屏幕中。

加载外部影片剪辑：可以将外部 SWF 文件的 URL 和接收 SWF 文件的影片剪辑或屏幕的实例名称输入到目标栏内，将外部 SWF 文件加载到目标影片剪辑或屏幕中。

转到帧或标签并在该处停止：这和动作面板中的时间轴控制命令"gotoAndStop"一样，用于控制影片跳转到某一帧或标签处就停止播放。

转到帧或标签并在该处播放：控制指定的影片剪辑，使其跳转到某一帧或标签处并开始播放。也和动作面板的时间轴控制命令"gotoAndPlay"一样。

16.3.2　控制声音

除了影片剪辑，还可以控制声音的播放。打开"行为"面板，在声音选项中可以看到："从库加载声音"、"停止声音"、"停止所有声音"、"加载 MP3 流文件"、"播放声音"这几个选项，如图16-3-2所示。

从库加载声音：使用此项需要先将库中的声音设置链接 ID 号，接着将设置好的 ID 号输入到图 16-3-3 所示的对话框中，并为该实例命名。

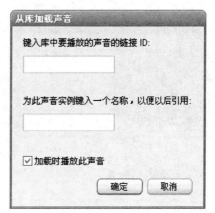

图 16-3-3

停止声音：选择该选项后，会和从库加载声音一样，弹出一个对话框，并在对话框中输入需要停止的声音 ID 和实例名。它可以使指定的声音停止播放。

停止所有声音：选择该项将会使所有声音都停止播放。

加载 MP3 流文件：在该选项的对话框中，添加网络音乐的 URL 链接地址，可以将网络音乐加载到 Flash 动画中以供用户使用,并设置其实例名称。

播放声音:通常在制作 Flash 时,会把库中的声音拖到舞台中来使声音播放。而使用"行为"面板中的播放声音选项就可以直接在指定的帧或按钮上添加声音,并控制声音的播放。

16.3.3 控制视频

在"行为"面板中,视频行为提供一种方法控制视频播放。视频行为使用户可以播放、停止、暂停、后退、快进、显示及隐藏视频剪辑。

使用行为控制视频剪辑,可以先将行为应用于触发对象(如影片剪辑)。而且需要指定触发行为(如释放影片剪辑)的事件,选择目标对象(行为影响的视频),并在必要时选择行为的设置,如后退的帧数。下面是"行为"面板中控制视频的一些选项,如图16-3-4 所示。

图16-3-4

停止:停止目标实例视频的播放。

播放:播放目标实例视频。

显示:显示指定的实例视频。

暂停:暂停指定的实例视频。

隐藏:隐藏指定的实例视频。

选择每个控制选项时都会出现一个对话框,在对话框中可以选择需要应用到的视频实例名称,如图16-3-5所示。

图 16-3-5

16.4 使用行为制作拼图动画

在本课的学习中,将使用行为来制作一个拼图 Flash 动画,通过该动画来讲解行为的具体使用方法。

16.4.1 准备素材

1. 在开始课程前,执行"修改 > 文档"命令,在 Flash 中将默认的舞台大小修改为 580 像素 ×400 像素,并对文档设置标题和添加描述,如图 16-4-1 所示。

图 16-4-1

2. 单击"确定"按钮后,再执行"文件 > 导入 > 导入到库"命令,将准备好的图片导入到库中,如图 16-4-2 所示。

图 16-4-2

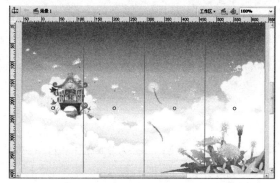

图 16-4-4

3. 执行"窗口>库"命令或按快捷键"Ctrl+L"打开
"库"面板，将图片拖到舞台中。执行"窗口>对齐"命令，
将"对齐"面板调出来，使用"对齐"面板将图片与舞台对
齐且大小一样，如图 16-4-3 所示。

图 16-4-3

图 16-4-5

6. 分别将整个图片的 4 个部分导出为单个图片，在
导出对话框中将图片格式设置为 JPG 格式，并为这 4 张
图片分别命名为 P1.jpg、P2.jpg、P3.jpg、P4.jpg，如图 16-4-6
所示。

4. 执行"视图>标尺"命令或按快捷键"Ctrl+Shift+
Alt+R"，将舞台中标尺打开，从标尺栏中拖出辅助线，并
将图片等分为 4 份，如图 16-4-4 所示。

5. 选择图片，执行"修改>分离"命令或按快捷键
"Ctrl+B"，将图片分离。接着将分离后的图片按照辅助线
的划分裁成 4 张图片，并将这 4 张图片均转换为图形元
件，如图 16-4-5 所示。

图 16-4-6

注意: 在保存图片时一定不能存在中文文件名, 否则
会调用失败

7. 单击"保存"按钮后, 在弹出的导出设置对话框
中, 将包含选项设置为"最小影像区域"。单击"确定"
即可将文件保存为设置好的类型和目录, 如图 16-4-7
所示。

图 16-4-7

备注: 在导出设置中, 最小影像区意味着 Flash 将以
工作区中所有图像的范围作为图片大小, 并导出图片。而
完整文档大小则是以舞台的大小作为图片大小并将图片
导出。

8. 图片素材准备完成后, 接着需要来制作用来放置
图片的"容器"。执行"插入 > 新建元件"命令或按快捷键
"Ctrl+F8"新建一个影片剪辑元件, 将该元件命名为"图
片区"。

9. 进入图片区影片剪辑, 在工具栏中选择"矩形工
具", 并在绘制区中画出一个 145 像素 ×400 像素的白色
矩形。由于这个白色矩形的位置就是图片载入的位置, 所
以, 必须将这个白色矩形的位置标准化, 为了方便识别可
以将它的位置放置在绘制区的原点位置。原点位置被一
个小"+"号标识出来, 很容易找到, 还可以在属性检查器
中直接将白色矩形的 x 轴、y 轴的坐标位置都设置为"0",
如图 16-4-8 所示。

图 16-4-8

10. 接着再新建一个影片剪辑元件, 将该元件命名为
"图片框"。进入图片框元件的编辑状态, 将制作好的图片
区元件拖进来放在图层 1 中。并在属性检查器中将图片区
元件的实例名设置为"room", 如图 16-4-9 所示。

图 16-4-9

11. 接着在图层 1 上面新建一个图层, 并在该层中绘
制边框。选择"矩形工具", 将填充色设置为"没有颜色",
笔触颜色为浅蓝色"#AFDDF3", 笔触高度为"3", 类型
为"实线", 如图 16-4-10 所示。

图 16-4-10

12. 画出一个浅蓝色的矩形框, 在属性检查器中将这
个矩形框的大小设置为 145 像素 ×400 像素。为了和图片
区元件保持一致, 将边框的位置 x 轴、y 轴都设置为 0, 如
图 16-4-11 所示。

图 16-4-11

13. 然后将图片区元件放置在画好的边框中间空白的地方，使其类似一个相框，将背景颜色设置为黑色来观察它们的位置是否准确，如图 16-4-12 所示。

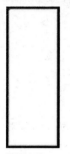

图 16-4-12

14. 执行"文件＞保存"命令，将制作好的元件保存。

16.4.2　添加行为

1. 回到主场景中，从"库"面板中将图片框影片剪辑元件拖到舞台中。并将其再复制 3 个，在属性检查器中分别为这 4 个图片框实例命名为"part1"、"part2"、"part3"、"part4"，如图 16-4-13 所示。

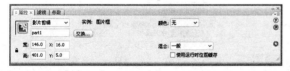

图 16-4-13

2. 选择时间轴上的第 1 帧，执行"窗口＞行为"命令或按快捷键"Shift+F3"调出"行为"面板，在面板中单击添加行为按钮"⊕"。并在添加列表中选择"影片剪辑"选项，再选择影片剪辑选项中的"加载图像"选项，如图 16-4-14 所示。

图 16-4-14

3. 在弹出的"加载图像"设置框中，输入需要加载的图片的名称"P1.jpg"，要加载到的影片剪辑为"part1"中的"room"实例，它就是之前建立的用来导入图片的白色矩形影片剪辑，如图 16-4-15 所示，然后单击"确定"按钮如图 16-4-16 所示。

图 16-4-15

图 16-4-16

4.接着再继续执行"添加行为>影片剪辑>加载图像"命令,将图片"P2.jpg"加载到"part2"的"room"实例中,如图 16-4-17 所示。

图 16-4-17

5.按照同样的方法将另外两张图片也加载进来,在"行为"面板中会将所有加载图像的动作列出来,如图 16-4-18 所示。如果加载的外部图片有名称改动或操作过程中有错误,都可以选中需要修改的动作并双击,就可以打开之前设置的对话框,在对话框中进行修改或调整。

图 16-4-18

6.执行"窗口>动作"命令或按下"F9"键,打开"动作"面板,在该面板中就可以看到在"行为"面板中添加的动作,全部在这里以代码的形式出现,如图 16-4-19 所示。由此可见,复杂的脚本编程在"行为"面板中变成了

简单的为对象指定目标的操作,这无疑为动画的创作节省了时间,还可以使一些对脚本不太熟悉的用户制作出有脚本效果的动画来。

图 16-4-19

7.接下来就需要对每个图片框添加行为,以实现对动画的控制。选择实例名为"part1"的图片框元件,打开"行为"面板,执行"添加行为>影片剪辑>开始拖动影片剪辑"命令,如图 16-4-20 所示。

图 16-4-20

8.在"开始拖动影片剪辑"设置框中,选择"part1"元件。然后单击"确定"按钮,这样该对象就有了可以被拖动的特性,相当于 ActionScript 中的 startDrag 命令,如图 16-4-21 所示。

图 16-4-21

9. 单击"确定"按钮后,为图片框添加的拖动动作就被添加到了列表中。而这个拖动动作的默认事件为"释放时",这是不正确的。为避免和其他行为产生冲突,将事件选择为"按下时",如图 16-4-22 所示。

图16-4-22

10. 在图片比较多的情况下,后面的图片就比较容易被前面的图片遮挡住。所以就需要继续为"part1"元件添加动作,执行"添加行为>影片剪辑>移到最前"命令,在弹出的对话框中依然选择"part1",并将该动作的发生事件也设置为"按下时"。这样在测试动画时,当前选择的图片就会被放置在最前面,如图 16-4-23 和图 16-4-24 所示。

图 16-4-23

11. 拖动完以后需要让图片停下来,然后再添加使图片停下来的动作。执行"添加行为>影片剪辑>停止拖动图片"命令,最后再将该动作的事件设置为"释放时"。也就是说当单击鼠标左键把图片拖动到适合的位置时,松开鼠标图片就停止不动了,如图 16-4-25 所示。

图 16-4-24　　　　　　　　图 16-4-25

12. 然后按照同样的方法,继续为"part2"、"part3"、"part4"添加同样的动作。

13. 按快捷键"Ctrl+Enter"测试图片是否已经按照设置的路径载入到相应位置中,如图 16-4-26 所示。

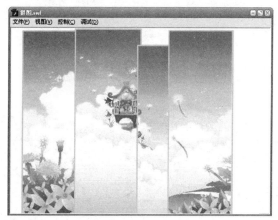

图 16-4-26

14. 此时就需要拖动图片框,测试动画是否是按照用户设定的效果来实现。

15. 测试无误后,执行"文件>保存"命令,将制作好的源文件保存到和载入的图片一样的目录下。

16.5　自我探索

找一张自己喜欢的图像,将其导入到 Flash 中,并将其分割制作成拼图 Flash 动画。

1. 新建一个 Flash 文档,可以自己设定舞台尺寸,也可以使用默认设置。

2. 将准备好的图片导入到 Flash 中,可以按照一定的规律或比例来分割这张图片,然后将分好的一块块图片导出。

3. 使用行为来载入图片块,为它们添加上行为,制作自己喜欢的拼图游戏。

课程总结与回顾

回顾学习要点:

1. 简述什么是行为。

2. 行为的基本功能有哪些?

3. 使用行为时为什么要保持一致性?

4. 如何使用行为控制声音播放?

5. 如何使用行为载入外部图片?

学习要点参考:

1. 行为是一些预定义的 ActionScript 函数,用户可以将它们附加到 Flash 文档中的对象上,而无须自己创建 ActionScript 代码。

2. 加载外部 SWF 文件和 JPEG、控制影片剪辑的堆叠顺序、影片剪辑拖动,以及声音的播放控制等功能。

3. 保持行为的一致性,就是将代码构建为围绕这些行为以特定方式工作(将所有内容放在对象实例上),这样工作流程将合乎逻辑并且是一致的,以后文档也会容易修改。

4. 在库中对声音进行链接设置,为所选声音命名。指定一个按钮实例,在"行为"面板中执行"添加行为>声音>从库加载声音"命令,将准备好的声音名称链接上。对该动作的发生事件进行设置,测试动画时通过某个动作就可以使声音播放。

5. 首先在 Flash 文档中创建一个用来放置外部图片的影片剪辑。接着在舞台中选择放置外部图片的影片剪辑,打开"行为"面板,执行"添加行为>影片剪辑>加载图像"命令输入外部图片的名称,并将其指定到准备好的影片剪辑实例。

Beyond the Basics

自我提高

音乐播放器

16.6 行为对声音的控制

本课通过案例讲述使用行为控制声音。用户将学习如何使用行为调用库中的音乐，并通过行为来控制声音的播放和暂停。在该例中还将行为与 ActionScript 的一些简单脚本相结合，来控制声音与动画的同步播放。

16.6.1 准备素材

1．新建一个 Flash 文件，执行"修改>文档"命令，将舞台设置为 220 像素 ×115 像素的大小，并将背景颜色设置为"黑色"，如图 16-6-1 所示。

图16-6-1

2．从外部导入一张图片，并将该图片作为一个音乐播放环境，用做音乐背景，如图 16-6-2 所示。

图 16-6-2

3．新建一个按钮元件，并将其命名为"播放"。使用"椭圆工具"和"渐变变形工具"绘制出一个按钮图形，如图 16-6-3 所示。

图 16-6-3

4．继续再绘制出一个表示停止的按钮元件，如图 16-6-4 所示。

图 16-6-4

5．再新建一个名为"音波"的影片剪辑元件，在第 1 帧中使用"线条工具"绘制出两条线段。

6．接着在第 2 帧中插入关键帧，并在该帧中添加几条和第 1 帧中一样的小线段，只是颜色不一样。按照同样的方法，将第 3 帧～第 6 帧中内容依次添加各种颜色的小线段，如图 16-6-5 所示。

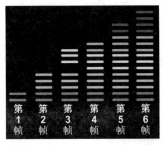

图 16-6-5

7. 新建一个跳动音波影片剪辑，将制作好音波的逐帧动画拖到图层 1 中。将动画延长至第 11 帧，接着再新建一个图层 2，再次将音波拖到该层中。并使该层的前两帧为空白帧，当图层 1 播放到第 2 帧时，图层 2 才开始播放。使用同样的方法，再新建几个图层，并将每个图层的开始帧延迟到第 1 帧以后，随意设置它们的播放长度。但是结束帧都在第 11 帧上，如图 16-6-6 所示。

图 16-6-6

16.6.2 编排场景

1. 回到场景 1 中，在背景图层上新建图层，并将播放按钮放置到该层中。另外再建一个用来放置停止按钮的图层，将停止按钮放置到该层中，如图 16-6-7 所示。将这两个图层分别命名为"播放"、"停止"。

图 16-6-7

2. 选择音乐背景层的第 2 帧，按下"F5"键将它延伸

至第 2 帧。再选择"播放"层和"停止"层分别将这两个图层的第 2 帧中插入关键帧。

3. 新建一个用来放置跳动的音波的图层，在该层的第 2 帧中插入空白关键帧，并将跳动音波元件拖到该帧中，如图 16-6-8 所示。也就是说当播放头播放到第 1 帧时音波不出现，等到第 2 帧它才出现。

图 16-6-8

4. 制作好这些以后，执行"文件＞导入＞导入到库"命令，导入一首自己喜欢的音乐。

5. 执行"窗口＞库"命令或按快捷键"Ctrl+L"，打开"库"面板。选择导入的音乐，单击鼠标右键，并在右键快捷菜单中选择"链接"命令，如图 16-6-9 所示。

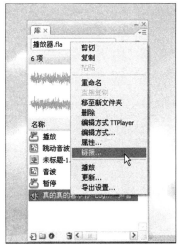

图 16-6-9

6. 在弹出的"链接属性"对话框中，将标识符设置为"song"，如图 16-6-10 所示。

图 16-6-10

16.6.3　添加行为

1.选择播放按钮元件，执行"窗口>行为"命令或按快捷键"Shift+F3"打开"行为"面板。执行"添加行为>声音>从库加载声音"命令，并在弹出的对话框中输入声音的链接 ID"song"，这就是之前在设置声音链接时的标识符，如图 16-6-11 所示。

图 16-6-11

2.单击"确定"按钮，将引发该动作的事件设置为"按下时"，如图 16-6-12 所示。当鼠标单击该按钮时就从库中加载指定的音乐并播放。

3.接着再选择"停止"按钮，打开"行为"面板，执行"添加行为>声音>停止声音"命令。按照同样的方法在停止声音对话框

图16-6-12

中输入"song"和"song1"，如图 16-6-13 所示，当单击暂停键时，声音停止播放。

4.单击"确定"按钮，将停止按钮的动作事件也设置为"按下时"，如图 16-6-14 所示。

图 16-6-13

图 16-6-14

16.6.4　添加简单的 ActionScript

由于本例最终需要的效果是，单击"播放"键时音乐开始播放，而相应的音乐动画就也随着音乐开始播放。当单击停止按钮时音乐就不再播放，音乐动画也就不再播放了。为了使这一系列动作能够按要求执行，就需要为它们添加简单的脚本来协助行为动作。

1.选择跳动音波图层的第 1 帧，执行"窗口>动作"命令或者直接按下"F9"键打开"动作"面板。在"动作"面板中执行"全局函数>时间轴控制"命令，并在时间轴控制选项中选择"stop"停止命令，双击该项就将停止命令添加到了跳动音波的第 1 帧上，如图 16-6-15 所示。即在没有任何其他命令执行时，场景中的所有动画都停止不动。

图 16-6-15

2.选择"播放"按钮，并打开"动作"面板。在脚本编辑区所有代码的开头处，写上"on (release){ "，再按下"Enter"键添加一行，在该行中添加"gotoAndStop (2); "换行并输入"}"，如图16-6-16所示。在之前使跳动音波影片剪辑元件只出现在第2帧，目的就是为了配合在这一步中添加的"gotoAndStop(2)"命令。

图16-6-16

3.同样选择"停止"按钮，并打开"动作"面板。在脚本编辑区内所有代码的开头处，写上"on (release){ "，再按下"Enter"键添加一行，在该行中添加"gotoAndStop

(1); "换行并输入"}"，如图16-6-17所示，即播放头返回到第1帧并停止在该帧。

图16-6-17

16.6.5　测试并保存文档

1.添加完毕后，执行"控制＞测试影片"命令，测试最终的动画效果，如图16-6-18和图16-6-19所示。

图16-6-18　　　　图16-6-19

2.测试无误后，将文件保存到指定的目录下。